KESS 4 – Kompetenzen und Einstellungen von Schülerinnen und Schülern am Ende der Jahrgangsstufe 4 in Hamburger Grundschulen

HANSE
Hamburger Schriften zur Qualität im Bildungswesen

Band 1

Waxmann Münster / New York
München / Berlin

Wilfried Bos, Marcus Pietsch (Hrsg.)

KESS 4 – Kompetenzen und Einstellungen von Schülerinnen und Schülern am Ende der Jahrgangsstufe 4 in Hamburger Grundschulen

Waxmann Münster / New York
München / Berlin

Bibliografische Informationen der Deutschen Nationalbibliothek
Die Deutsche Nationalbibliothek verzeichnet diese Publikation
in der Deutschen Nationalbibliografie; detaillierte bibliografische
Daten sind im Internet über http://dnb.d-nb.de abrufbar.

HANSE – Hamburger Schriften zur Qualität im Bildungswesen, Band 1

ISSN 1864-2225
ISBN 978-3-8309-1773-1

Postfach 8603, 48046 Münster

www.waxmann.com
info@waxmann.com

Umschlaggestaltung: Pleßmann Kommunikationsdesign, Ascheberg
Titelbild: Pixtal
Satz: Heike Poppendieker, Hamburg
Druck: Hubert & Co., Göttingen
Gedruckt auf alterungsbeständigem Papier, säurefrei gemäß ISO 9706

Inhalt

I. Zusammenfassung wichtiger Ergebnisse zu Kompetenzen und Einstellungen von Hamburger Schülerinnen und Schülern

Wilfried Bos, Marcus Pietsch, Jan Poerschke, Ulrich Vieluf

Mit dem hier vorgelegten Band werden die Ergebnisse der Studie ‚Kompetenzen und Einstellungen von Schülerinnen und Schülern – Jahrgangsstufe 4' (KESS 4) vorgestellt. Neben den Lernständen von Kindern beim Übergang in die Sekundarstufe I werden mit KESS 4, erstmalig für die Hansestadt Hamburg, ausgewählte Rahmenbedingungen schulischen Lernens am Ende der Grundschulzeit und strukturelle Merkmale des Grundschulbildungsgangs auf Basis einer flächendeckenden Erhebung berichtet.

KESS 4 steht damit einerseits in der langjährigen Tradition der Hamburger Lernstandserhebungen (LAU), knüpft darüber hinaus aber auch an die national und international vergleichenden Schulleistungsstudien der letzten Jahre – und hier insbesondere an die Internationale Grundschul-Lese-Untersuchung (IGLU) – an und schließt eine Wissenslücke in der systematischen Beobachtung von Bildungsergebnissen in Hamburg.

Wie die Erfahrungen aus den Ländern, die in internationalen Schulleistungsstudien regelmäßig sehr gut abschneiden (z. B. Kanada, England, Finnland, die Niederlande und Schweden), zeigen, wirkt sich die regelmäßige ‚Outputkontrolle' lang- und mittelfristig ausgesprochen förderlich auf die Kompetenzentwicklung der Schülerschaft aus. Allerdings müssen diese ‚Outputkontrollen' in ein Evaluations- bzw. Schulentwicklungssystem eingebettet sein, das es den Kollegien erlaubt, die Ergebnisse für die eigene professionelle Weiterbildung zu nutzen. Dies schließt die Transparenz der Evaluation ebenso ein wie die systematische Entwicklung eines Qualitätsmanagementsystems und den Aufbau eines Unterstützungssystems für die Schulen. Hamburg hat seit längerem diese erfolgversprechende Verschiebung von der Input- zur Outputsteuerung in die Wege geleitet und hat damit in Deutschland deutliche Akzente gesetzt.

Wie in groß angelegten Schulleistungsstudien üblich, wurden neben den Lernständen weitere Informationen von Schülerinnen und Schülern, Eltern, Lehrkräften und Schulleitungen mit Hilfe umfassender Fragebögen erhoben. Die auf diese Weise im Rahmen von KESS 4 gewonnenen Erkenntnisse erlauben es, die Sonderstellung der

Grundschule im Hamburger Bildungssystem angemessen zu berücksichtigen, soll die Hamburger Grundschule doch dazu beitragen, dass alle Kinder unabhängig von Herkunft, Geschlecht, Persönlichkeit und Vorwissen in einem gemeinsamen Bildungsgang grundlegende Fähigkeiten und Wissen für den weiteren Bildungs- und Lebensweg erwerben. Dieser integrativen und ausgleichenden Funktion der Grundschule wird im Rahmen des KESS-4-Untersuchungsberichts Rechnung getragen. So werden Themen aufgegriffen, die in dem im Jahre 2003 veröffentlichten ‚Bildungsplan Grundschule' der Freien und Hansestadt Hamburg als Bildungs- und Erziehungsauftrag der Grundschule genannt werden. Neben Ergebnissen zu erreichten Lernständen sowie Lehr- und Lernprozessen stehen die Rückmeldungen der Leistungsergebnisse an die Schulen im Mittelpunkt dieses Berichts.

Die Befunde zeigen, dass Hamburger Kinder am Ende der Grundschulzeit den Leistungsvergleich mit Kindern aus anderen Ländern in Deutschland nicht zu scheuen brauchen. Der Hamburger Grundschule gelingt es darüber hinaus, die Lernfreude der Kinder zu fördern und ihnen im Hinblick auf ihre Kompetenzen ein positives Selbstbewusstsein zu vermitteln. Gleichwohl zeigt sich auch, dass es in vielen anderen Nationen noch deutlich besser gelingt, Kindern eine anschlussfähige Grundbildung mit auf den weiteren Bildungsweg zu geben als in Deutschland. Vor allem im Bereich der Förderung leistungsstarker Kinder besteht in Hamburg offensichtlich ein Handlungsbedarf – die eingeleiteten Maßnahmen zur Förderung besonders leistungsschwacher Kinder scheinen dagegen in Hamburg gegriffen zu haben.

Neben den positiven Leistungsbefunden zeigen die KESS-4-Ergebnisse aber auch sehr deutlich, dass es der Grundschule in Hamburg vielfach nicht gelingt, soziale, ökonomische, kulturelle und ethnische Benachteiligungen noch auszugleichen. Die sprachliche Förderung von Kindern mit Migrationshintergrund muss ausgebaut und intensiviert werden, Kinder, die zu Hause nicht das anregungsreiche Lernmilieu vorfinden, das zur optimalen Entwicklung ihrer Potentiale erforderlich wäre, sind auf eine entsprechende Unterstützung angewiesen. Ein kooperatives sozial- und bildungspolitisches Risikomanagement ist darüber hinaus nötig, um die Integrationsfunktion der Grundschule in Hamburg nachhaltig zu stärken.

Zusammenfassende Bemerkungen zu den Beiträgen

Vor dem Hintergrund des Bildungs- und Erziehungsauftrags der Grundschule haben wir uns entschieden, nach einem Überblick über den Aufbau und die Durchführung der KESS-4-Studie den vorliegenden Band mit einem Beitrag zu den Rahmenbedingungen an Hamburger Grundschulen im nationalen und internationalen Vergleich zu eröffnen.

Eva-Maria Lankes und *Nike Janke* zeigen in ihrem Beitrag, dass die Lehr-Lernbedingungen an Hamburger Grundschulen in Bezug auf die personelle und materielle Ausstattung als relativ günstig anzusehen sind. So unterscheiden sich die Hamburger Grundschulklassen – ebenso wie in vielen anderen Ländern in Deutschland – kaum von der im internationalen Vergleich eher geringen Klassengröße. Allerdings ist das Schüler-Lehrer-Verhältnis in Hamburg günstiger als in vielen anderen Ländern in Deutschland. Mehr als die Hälfte der Kinder besucht eine Schule, an der für die Viertklässlerinnen und Viertklässler zusätzliches Lehrpersonal für Leseförderung zur Verfügung steht. Ein entsprechend hoher Stellenwert wird der Förderung sowohl leistungsschwacher als auch leistungsstarker Kinder zugemessen. Hamburger Grundschulen sind besonders gut mit Schul- und Klassenbibliotheken ausgestattet, die jedoch eher selten genutzt werden. Auch die Ausstattung mit Computern liegt weit über der in anderen Ländern der Bundesrepublik Deutschland und nähert sich in Bezug auf die Menge und die Verfügbarkeit im Klassenzimmer der Situation in Schweden, den Niederlanden und England an. Sowohl personell als auch materiell zeigen sich Hamburgs Grundschulen im Schuljahr 2002/03 besser ausgestattet als die im nationalen IGLU-Vergleich berichteten Länder im Schuljahr 2000/01. Deutsche Grundschülerinnen und -schüler erhalten im internationalen Vergleich eher weniger Unterricht. Sprach- und Leseaktivitäten nehmen in den Ländern unterschiedlich viel Raum ein. In Hamburg liegt die Versorgung mit Unterricht und die Verwendung der Zeit für Sprach- und Leseaktivitäten im nationalen Vergleich im mittleren Bereich. Trotz der im nationalen Vergleich sehr niedrigen Unterrichtsverpflichtung der Schulleitungen an Hamburger Grundschulen kommen die in KESS 4 erfragten schulinternen Maßnahmen, die als Hinweise auf einen fortgeschrittenen Schulentwicklungsprozess gewertet werden können, eher selten vor.

Wilfried Bos, Marcus Pietsch und *Tobias C. Stubbe* weisen in ihrem Beitrag zur internationalen, nationalen und regionalen Verortung der KESS-4-Leistungsergebnisse nach, dass sich die schulischen Leistungen Hamburger Kinder beim Übergang in die Sekundarstufe I im Lesen sowie in der Orthographie und in Mathematik seit LAU 5 aus dem Jahr 1996 deutlich verbessert haben. Im nationalen Vergleich zeigt sich, dass die Leistungen der Hamburger Viertklässlerinnen und Viertklässler im Lesen knapp unter dem Bundesdurchschnitt liegen. Im naturbezogenen Lernen erreichen die Leistungen der Hamburger Grundschülerinnen und Grundschüler den deutschen Durchschnitt. Der Anteil der Schülerinnen und Schüler an Hamburgs Grundschulen mit erheblichen Problemen im Leseverständnis liegt vergleichsweise im mittleren Bereich – das ist für eine Metropole durchaus bemerkenswert. 11,9

Prozent aller an KESS 4 teilnehmenden Grundschülerinnen und Grundschüler gehören zur Gruppe der ,Risikokinder' im Lesen und verfügen nur über basale Fähigkeiten. Unzureichend ist der unterdurchschnittliche Anteil an Spitzenleistungen der getesteten Schülerinnen und Schüler (13,3 % in Hamburg gegenüber 18,1 % im Bundesdurchschnitt). Dabei ist zu berücksichtigen, dass an einzelnen Schulstandorten Hamburgs selbst im internationalen Vergleich extrem gute bzw. extrem schlechte Testleistungen zu verzeichnen waren. Ausgesprochen gut gelingt es den Hamburger Grundschulen, den Anteil von Kindern, die nicht gerne lesen, gering zu halten. Dies ist eine wichtige pädagogische Leistung, denn motivierte Kinder lesen in der Regel besser. Die Rechtschreibleistungen der Hamburger Viertklässlerinnen und Viertklässler wurden im Rahmen von KESS 4 mit zwei verschiedenen Tests (DoSE, HSP) erfasst, so dass Vergleiche sowohl auf Bundesebene (IGLU) als auch auf Landesebene (frühere Hamburger Untersuchungen PLUS, LAU 5) gezogen werden konnten. Die orthographische Kompetenz der getesteten Schülerinnen und Schüler liegt unterhalb des Bundesdurchschnitts und geht am Ende der Grundschule sehr weit auseinander. Wie in anderen Ländern gelingt es auch in Hamburg in vielen Fällen nicht, Kinder aus Familien mit Migrationshintergrund an das durchschnittliche Leistungsniveau einheimischer Kinder heranzuführen. Jedoch zeigt sich, dass es in Hamburg deutlich besser als in vielen anderen Ländern der Bundesrepublik Deutschland gelingt, Kinder aus Familien mit einem Migrationshintergrund an ihre tatsächlichen schulischen Möglichkeiten heranzuführen. Ebenso ist auch in Hamburg die Kopplung vom Bildungserfolg der Kinder an die soziale Lage der Eltern bereits am Ende der Grundschulzeit stark ausgeprägt. Der Vergleich der Ergebnisse weist darauf hin, dass auch in Hamburg, ähnlich wie internationale Erfahrungen, z. B. aus Finnland, Kanada, den Niederlanden und Schweden zeigen, die regelmäßige externe Überprüfung von erreichten Lernständen insgesamt einen Lernzuwachs auf Seiten der Schülerinnen und Schüler nach sich zieht.

Rosemarie Mielke, Martin Goy und *Marcus Pietsch* vertiefen in ihrem Beitrag die Analysen zum Leseverständnis und wenden sich dem Leseselbstkonzept von Kindern am Ende der Grundschulzeit zu. Trotz gruppenspezifischer Schwankungen gelingt es Hamburger Schülerinnen und Schülern, im Laufe ihrer Grundschulzeit, ein relativ einheitliches Vertrauen in ihre Lesefähigkeit aufzubauen. Auffällig ist hierbei, dass der Vorsprung in der Leseleistung, den Mädchen gegenüber Jungen erzielen, sich nicht in signifikanten Unterschieden im Leseselbstkonzept wiederfindet. Der Hamburger Grundschule scheint es zu gelingen, entgegen traditioneller Geschlechterstereotype, auch Jungen den Aufbau eines hohen Vertrauens in ihre Lesefähigkeit zu ermöglichen – dass sie sich dabei, verglichen mit ihren tatsächlichen Leistungen, leicht überschätzen, ist nicht kritisch zu bewerten, zumal ihr Vertrauen in ihre Lesefähigkeit eine günstige Voraussetzung für den weiteren Kompetenzerwerb in der Sekundarstufe darstellt. Insgesamt bringen die Hamburger Viertklässlerinnen und Viertklässler am Ende der Grundschulzeit mit ihrem positiven Leseselbstkonzept günstige Voraussetzungen für den weiteren Unterricht mit. Allerdings sind die Einflüsse des sozioökonomischen Status und des Migrationshintergrunds auf das Leseselbstkonzept zu beachten. So hat sich gezeigt, dass Kinder aus bildungsfernen Elternhäusern doppelt benachteiligt sind. Neben der geringeren Leseleistung sind sie offensichtlich auch weniger gut als Kinder aus bildungsnahen Elternhäusern in der Lage, ein positives Leseselbstkonzept aufzubauen. Demgegenüber wirkt sich ein Migrationshintergrund eher stützend auf das Leseselbstkonzept aus. Die ermittelten Werte zeigen zudem, dass die befragten Kinder im Laufe der Grundschulzeit schon ein relativ realistisches Einschätzungsvermögen der eigenen Lesefähigkeit entwickeln konnten. Dies ist eine wichtige Voraussetzung für das selbstregulierte Lernen, das in ihrer weiteren Schullaufbahn zunehmend an Bedeutung gewinnt.

Peter May geht in seinem Beitrag genauer auf die Rechtschreibleistung am Ende der Grundschulzeit ein und zeigt, dass schwache Rechtschreiber lediglich die Lautstrukturen einfach aufgebauter Wörter wiedergeben können, während fortgeschrittene Lerner am Ende der Grundschulzeit bereits alle wesentlichen orthographischen Phänomene weitgehend beherrschen. Gegenüber dem Bundesdurchschnitt (IGLU) weisen die Hamburger Schülerinnen und Schüler in der Rechtschreibung einen deutlichen Leistungsrückstand auf. Im Vergleich zu Untersuchungen aus den 1990er Jahren (PLUS, LAU 5) sind die durchschnittlichen Rechtschreibleistungen zwar besser geworden, der im Rahmen des PLUS-Projekts Ende der 1990er Jahre erzielte erhebliche Leistungsanstieg in sozialen Brennpunktschulen konnte jedoch nicht ganz gehalten werden. Mädchen beherrschen auch in Hamburg die orthographischen Regeln sicherer als Jungen und kontrollieren ihre Schreibungen sorgfältiger. Von der inhaltlichen Bedeutsamkeit der Wörter ist die Rechtschreibleistung der Jungen stärker beeinflusst als die der Mädchen. Zweisprachige Kinder weisen bei allen linguistischen Rechtschreibkategorien deutlich schwächere Ergebnisse als einsprachig deutsche Kinder auf. Das Gleiche gilt für Kinder aus benachteiligten sozialen Lagen. Die von Seiten der Schülerinnen und Schüler eingeschätzte diagnostische Kompetenz und ein auf den Lehrstoff ausgerichtetes Verhalten der Lehrkräfte korrelieren positiv mit den Rechtschreibleistungen, nicht jedoch ein an den einzelnen Schülerinnen und Schülern orientiertes Lehrerverhalten. Beim Lernklima in der Schule hängt die Wertigkeit, die der Leistung und der Disziplin entgegengebracht wird, mit der Leistung der Schülerinnen und Schüler zusammen, nicht jedoch die Art der Zuschreibung von Misserfolg.

Marcus Pietsch und *Günther Krauthausen* zeigen in ihrem Beitrag, dass die Mathematikleistungen von Hamburger Kindern am Ende der Grundschulzeit deutlich mit der sozialen Lage der Schülerfamilien und dem Migrationsstatus konfundiert sind: Je höher der Sozialstatus der Schülerfamilien ist, desto höher sind die in KESS 4 gemessenen Kompetenzen der Schülerinnen und Schüler, und Kinder, deren beide Elternteile im Ausland geboren wurden, liegen weit unter dem Kompetenzniveau der Kinder aus einheimischen Familien. Weiterhin zeigt sich, dass die mathematischen Leistungen von Mädchen deutlich unterhalb der mittleren Leistung der getesteten Jungen liegen. Das insgesamt hohe Interesse der Viertklässlerinnen und Viertklässler an der Mathematik zeigt, dass bei ihnen am Ende der Grundschulzeit eine ausgeprägte Bereitschaft besteht, sich mit mathematischen Themen auseinander zu setzen. Mit einer hohen mathematischen Kompetenz gehen darüber hinaus eine hohe Selbstwirksamkeitserwartung und Anstrengungsbereitschaft einher. Deutlich zeichnet sich aber auch Handlungsbedarf in der Lehreraus- und -weiterbildung ab. So wird weniger als die Hälfte der Kinder von Mathematiklehrkräften unterrichtet, die im Rahmen ihres universitären Studiums mindestens zwei fachdidaktische Veranstaltungen besucht haben, und mehr als die Hälfte der Kinder wird darüber hinaus von Lehrkräften unterrichtet, die angeben, im Studium nur ein unterdurchschnittliches Interesse an Mathematik gehabt zu haben. Für den Bereich der Lehrerfortbildung lassen sich mit den Testergebnissen viel versprechende Hamburger Initiativen der Lehrerfortbildung im Bereich des Mathematikunterrichts in der Grundschule bestätigen und stützen. Drei Viertel aller Schülerinnen und Schüler werden von Lehrkräften unterrichtet, die im Zweijahreszeitraum vor der KESS-4-Erhebung an einer Fortbildung zu mathematischen Inhalten teilgenommen haben. Was die inhaltlichen Angebote für zukünftige Fortbildungen betrifft, so lassen sich aus den Erkenntnissen aus KESS 4 nahe liegende Ausrichtungen solcher Angebote ableiten.

Nike Janke widmet sich in ihrem Beitrag der Wahrnehmung der Deutschlehrkräfte im Unterricht durch deren Schülerinnen und Schüler. In Hamburg werden die Lehrkräfte der Grundschulen von ihren Schülerinnen und Schülern überwiegend positiv wahrgenommen. Bei den Analysen auf Ebene der Schulklassen zeigen sich allerdings deutliche Unterschiede. Manche Lehrerinnen und Lehrer werden in den einzelnen Dimensionen von der ganzen Klasse durchweg positiv, andere negativ beurteilt. Die Berufszufriedenheit der Lehrkräfte und das Empfinden der Lehrtätigkeit als Belastung scheinen mit der Beurteilung durch ihre Schülerinnen und Schüler zusammenzuhängen. Die Analysen zeigen darüber hinaus, dass die Schulfreude der Viertklässlerinnen und Viertklässler hauptsächlich durch ein positives Verhältnis zur Lehrkraft bestimmt wird, für die Lernmotivation ist die wahrgenommene diagnostische Fähigkeit der Lehrkraft von Bedeutung. Letzteres gilt vor allem für die Mädchen, bei denen außerdem das wahrgenommene Durchsetzungsvermögen die Schulfreude deutlicher steigert. Für den Unterricht und die Lehrkraft bedeutet dies, dass die Schulfreude bzw. Lernmotivation der Schülerinnen und Schüler möglicherweise deutlich gesteigert werden kann, indem zwischen der Lehrkraft und den Schülerinnen und Schülern ein Verhältnis gepflegt wird, das von Vertrauen gekennzeichnet ist bzw. in dem der Unterricht für jede einzelne Schülerin / jeden Schüler verständlich und im angemessenem Tempo gestaltet ist. Gelingt es, dass die gesamte Klasse die Durchsetzungsfähigkeit positiv wahrnimmt, also wenig Disziplinprobleme berichtet, kann hierdurch die Lernmotivation deutlich gesteigert werden.

Knut Schwippert und *Kerstin Michalik* gehen in ihrem Beitrag näher auf das naturbezogene Lernen ein und stellen fest, dass der Sachunterricht in Hamburg ein höheres Gewicht auf die Förderung von Mädchen im Bereich Physik bzw. allgemein im Bereich der unbelebten Natur legen sollte. Zum einen gilt es, einen Ausgleich für die fehlenden vor- und außerschulischen Erfahrungen der Mädchen mit unbelebter Natur und Technik zu bieten, zum anderen könnte der Unterricht stärker spezifische Interessen der Mädchen aufgreifen. Aus den vorgelegten Befunden kann weiterhin die Forderung abgeleitet werden, dass Kinder, die zu Hause keine entsprechende Förderung bzw. Anregung erhalten, durch die Schule die Gelegenheit zum Kompetenzerwerb erhalten sollten. Wie den Analysen entnommen werden kann, handelt es sich hierbei insbesondere um Kinder aus Familien mit jüngerer Migrationsgeschichte bzw. um Familien aus unteren sozialen Lagen. Darüber hinaus weisen die Analysen darauf hin, dass eine Verbesserung der Ausbildung von Sachunterrichtslehrkräften an der Universität und am Studienseminar sinnvoll und notwendig wäre und außerdem Fortbildungsangebote für Grundschullehrkräfte notwendig sind, um eine höhere Qualität der naturwissenschaftlichen Bildung in der Grundschule zu erreichen.

Peter May widmet sich in seinem zweiten Beitrag den Rahmenbedingungen und den Kompetenzen im Englisch-Hörverstehen. Er weist nach, dass die meisten Kinder am Ende der Grundschulzeit mindestens einzelne Aussagen verstehen und Fragen beantworten können. In der oberen Leistungsgruppe verstehen die Kinder einen englisch vorgetragenen Text auch schon im Zusammenhang und können Textpassagen verknüpfen. Im Unterschied zu anderen Lernbereichen unterscheiden sich die am Ende der vierten Klasse erreichten Lernstände im Englisch-Hörverstehen zwischen Jungen und Mädchen vergleichsweise gering. Kinder verschiedener sozialer Lagen erzielen erwartungsgemäß auch im Englischen unterschiedliche Leistungen. Migranten erzielen zwar auch im Englischen durchschnittlich schwächere Leistungen als einsprachig deutsche Kinder, jedoch weisen Kinder aus Familien, in denen ein Elternteil im Ausland geboren wurde, keine nennenswert schwächeren Leistungen auf. Zwischen der Qualifikation der Lehrkräfte und den Leistungen der Schülerinnen und

Schüler zeigt sich ein deutlicher Zusammenhang. Die meisten Lehrkräfte orientieren sich bei der Unterrichtsplanung am Hamburger Rahmenplan für Grundschulenglisch und scheinen dabei gut zu fahren, denn Klassen, in denen die Lehrkräfte eigene Lehrpläne erstellen, erzielen etwas schwächere Durchschnittsleistungen.

Marcus Pietsch, *Martin Bonsen* und *Wilfried Bos* berichten in ihrem Beitrag über die Rückmeldung der Ergebnisse aus KESS 4 an die Hamburger Grundschulen. Um Schulen möglichst relevante Informationen zur Verfügung stellen zu können, wurde die Rückmeldung der Befunde unter Einbezug sozialer Hintergrundmerkmale der jeweiligen Schülerschaften vorgenommen. Durch die Nutzung eines Index, der die soziale Belastung der Einzelschulen abbildet, konnten den Schulen und Klassen Informationen mit hoher Relevanz zur Verfügung gestellt werden, da sie sich mit Institutionen, die unter ähnlichen Bedingungen ihre pädagogische Arbeit leisten, vergleichen können. Der Rückmeldeprozess an die Schulen wurde zusätzlich begleitet und evaluiert. Für die Hamburger Grundschulen konnte eine hohe Bereitschaft zur Auseinandersetzung mit den Befunden der Studie und zur Nutzung der Rückmeldungen für die Initiierung schulischer Entwicklungsprozesse ausgemacht werden.

II. Anlage und Durchführung der Studie ‚Kompetenzen und Einstellungen von Schülerinnen und Schülern – Jahrgangsstufe 4 (KESS 4)'

Wilfried Bos, Uta Brose, Svenja Bundt, Carola Gröhlich, Nina Hugk, Nike Janke, Peter May, Marcus Pietsch, Tobias C. Stubbe, Andreas Voss

Die Studie ‚Kompetenzen und Einstellungen von Schülerinnen und Schülern – Jahrgangsstufe 4 (KESS 4)' untersucht die Lernstände von Hamburger Kindern am Ende der vierten Jahrgangsstufe im Lesen, Rechtschreiben, Texte-Verfassen, in Mathematik, im naturbezogenen Lernen und Englisch-Hörverstehen. KESS 4 erfasst damit zentrale Kompetenzen von Kindern am Übergang in die Sekundarstufe I, die für den weiteren Bildungs- und Lebensweg eine Grundlage bilden.

KESS 4 steht in der Tradition der in Deutschland in jüngster Zeit durchgeführten internationalen Schulleistungsuntersuchungen und in der Hamburger Tradition der Lernausgangslagen-Untersuchungen (LAU). Die zentrale Bedeutung der Grundschule – sowie der vorschulischen Bildung – wird durch die vorgelegten Befunde aus KESS 4 verdeutlicht. Die Grundschule ist die Einrichtung, die im Rahmen des deutschen Bildungssystems für die Förderung aller Schülerinnen und Schüler unabhängig von ihrer sozialen und kulturellen Herkunft und den bereits erbrachten Vorleistungen zuständig ist. Die Grundschule hat gerade im deutschen und hamburgischen Bildungswesen eine zentrale Förder- und Ausgleichsfunktion, die weiter ausgebaut werden muss.

Mit den Ergebnissen von KESS 4 soll der Hamburger Grundschule, aber auch den weiterführenden Schulen eine belastbare Datenbasis über die Kompetenzen und Einstellungen der Schülerinnen und Schüler am Ende der vierten Jahrgangsstufe zur Verfügung gestellt werden, die eine Grundlage zur sachlichen Diskussion um Stärken, Schwächen und Verbesserungsmöglichkeiten in Hamburger Schulen bietet.

1. Die Organisation des Projekts

Die Verwirklichung eines Projekts wie der Studie KESS 4 erfordert vielfältige und elaborierte Kompetenzen und Erfahrungen in der Anlage und Durchführung großflächig angelegter Schulvergleichsuntersuchungen. Diese konnten durch die Kooperation der an der Universität Hamburg beheimateten erziehungswissenschaftlichen

Arbeitsgruppe um Prof. Dr. Wilfried Bos und Dipl.-Päd. Marcus Pietsch mit weiteren Institutionen und Einrichtungen in der Hansestadt Hamburg zusammengeführt und gebündelt werden.

Mit der Organisation der Feldarbeit sowie der Datenerhebung und Datenerfassung wurde das IEA-DPC (*Data Processing Center* der *International Association for the Evaluation of Educational Achievement*) betraut. Frau Svenja Bundt und Frau Nina Hugk waren hier verantwortlich für die Planung und Organisation der Erhebung sowie für die Kodierung von offenen Antworten in Fragebögen und Tests. Herr Jens Gomolka zeichnete für die Datenerfassung und Datenverarbeitung verantwortlich.

Die Abteilung ‚Qualitätsentwicklung und Standardsicherung' des Hamburger Landesinstituts für Lehrerbildung und Schulentwicklung um Herrn Ulrich Vieluf, Herrn Dr. Peter May, Frau Uta Brose und Herrn Oliver Groth übernahm die Aufgabe, die Testdurchführung in den Schulen vorzubereiten und zu koordinieren. Darüber hinaus war das Landesinstitut bei der Auswahl und Auswertung der Tests beteiligt, entwickelte eigens für KESS 4 einen Englisch-Hörverstehenstest und übernahm die Auswertung der freien Schreibungen.

Als verantwortlicher Projektleiter in der Behörde für Bildung und Sport war Herr Dr. Jan Poerschke vom Referat für Schulforschung und Schulleistungsuntersuchungen für die Koordination der Untersuchung zwischen den beteiligten Institutionen verantwortlich.

Nicht zuletzt ist die erfolgreiche Durchführung von KESS 4 auch dem Einsatz der studentischen Mitarbeiterinnen und Mitarbeiter an der Universität Hamburg – Herrn Uwe Hügle, Frau Kathrin Meusel, Frau Katja Repschläger und Frau Agnes Stancel – zu verdanken.

2. Untersuchungspopulation und Beteiligungsquoten

Insgesamt nahmen 263 Hamburger Grundschulen mit 638 Klassen an KESS 4 teil. Innerhalb von Schulen gab es die Möglichkeit, einzelne Kinder von den Tests auszuschließen: Schülerinnen und Schüler fremder Muttersprache, die weniger als ein Jahr in der Landessprache unterrichtet worden sind; körperlich und geistig behinderte Schülerinnen und Schüler, die nicht in der Lage waren, die Tests auszuführen, oder die nicht an den regulären Klassenarbeiten teilnehmen. Von 14.252 Schülerinnen und Schülern wurden 114 von den Tests ausgeschlossen. Darüber hinaus hatten 28

Kinder ihre Schulen vor Testbeginn aufgrund eines Wohnortwechsels verlassen, so dass schließlich 14.110 Schülerinnen und Schüler an der Untersuchung teilnahmen.

Die Teilnahme an den Leistungstests war für die Kinder verbindlich und die Beteiligungsquote mit 95,8 Prozent am ersten und 95,7 Prozent am zweiten Testtag entsprechend hoch. Die Teilnahme an der Kontextbefragung der Viertklässlerinnen und Viertklässler, ihrer Eltern, Fachlehrkräfte und Schulleitungen hingegen war für alle Befragten freiwillig. Die Schülerfragebögen bearbeiteten am ersten Testtag 75,9 Prozent und am zweiten Testtag 76,4 Prozent aller Kinder (vgl. Tab. II.1). Diese relativ hohe Beteiligungsquote der Kinder wurde erreicht, obwohl für rund ein Fünftel der Kinder eine schriftliche Elterngenehmigung, die notwendig war, um an der Befragung teilzunehmen, fehlte.

Tabelle II.1: Teilnahmequoten in Prozent[1]

	KESS 4 1. Testtag	KESS 4 2. Testtag
Test	95,8	95,7
Schülerfragebogen[2]	75,9	76,4
Fragebogen für die Mathematiklehrkraft		70,0
Fragebogen für die Sachunterrichtslehrkraft		64,0
Fragebogen für die Deutschlehrkraft		68,0
Elternfragebogen		68,9
Schulleiterfragebogen		98,5

[1] 0,8 % der Schüler wurden vom Test ausgeschlossen, 0,2 % haben die Schule verlassen.
Gemäß den Vorgaben aus vergleichbaren Studien konnten folgende Schüler vom Test ausgeschlossen werden:
a) Schüler fremder Muttersprache, die weniger als ein Jahr in deutscher Sprache unterrichtet worden sind,
b) körperlich behinderte Schüler und
c) geistig behinderte Schüler.
[2] 19,8 % der Schüler hatten keine Elterngenehmigung.

BBS / IFS / LI : Kompetenzen und Einstellungen von Schülerinnen und Schülern © KESS 4

Dementsprechend haben rund 69 Prozent der Eltern die KESS-4-Fragebögen ausgefüllt, die nur in deutscher Sprache verfasst waren. Eine für die Schulforschung vergleichsweise hohe Teilnahmebereitschaft zeigte sich bei den Mathematik-, Sachunterrichts- und Deutschlehrkräften, die zwischen 64 und 70 Prozent der ausgegebenen Fragebögen zurückgaben. Der Rücklauf bei den Schulleiterfragebögen war mit 98,5 Prozent sehr hoch.

3. Test- und Fragebogenentwicklung

3.1 *Literacy* als Rahmenkonzept für die Testentwicklung

Die in KESS 4 eingesetzten Tests orientieren sich überwiegend an den Testinstrumenten der Studien IGLU und IGLU-E (vgl. Lankes et al., 2003). Das dort entwickelte Testdesign wiederum orientiert sich an einem Rahmenkonzept, das sich auf die internationale Diskussion über Grundbildung oder grundlegende Lese- und Schreibkompetenz bezieht. Vorhandene Kompetenzen von Schülerinnen und Schülern werden als Ergebnisse komplexer Lernprozesse in schulischen und außerschulischen Kontexten betrachtet (vgl. Abb. II.1). Kompetenzen werden hier als Fähigkeiten betrachtet, die über den unterrichtlichen Rahmen hinaus für die alltägliche Lebensbewältigung von Grundschulkindern in konkreten Anwendungssituationen nützlich sind.

Abbildung II.1: Rahmenmodell für den Zusammenhang zwischen Schülerleistungen und deren Bedingungen

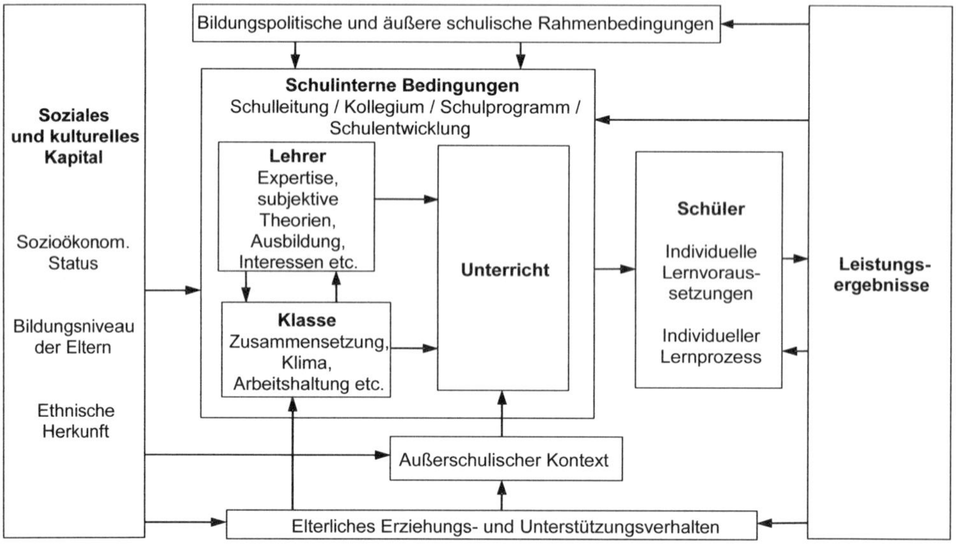

IEA: Progress in International Reading Literacy Study © IGLU-Germany

3.2 Fragebögen

Um das Geschehen im Unterricht und die vielfältigen Bedingungen, die die Schülerleistungen beeinflussen, möglichst mehrdimensional und mehrperspektivisch in den

Blick nehmen zu können, wurden alle der im oben beschriebenen Modell genannten Gruppen befragt (vgl. Abb. II.2). Eltern und Kinder gaben Auskunft über die familiären Hintergründe der Schülerinnen und Schüler und über lern- und leistungsrelevante Merkmale des Kindes. Schülerinnen und Schüler, Lehrkräfte und Schulleitungen wurden nach ihrer jeweiligen Einschätzung und Wahrnehmung des Unterrichtsgeschehens befragt. Lehrkräfte und Schulleitungen lieferten Informationen über leistungsrelevante Rahmenbedingungen an der Schule.

Abbildung II.2: KESS-4-Kontextfragebögen und damit erhobene Merkmale

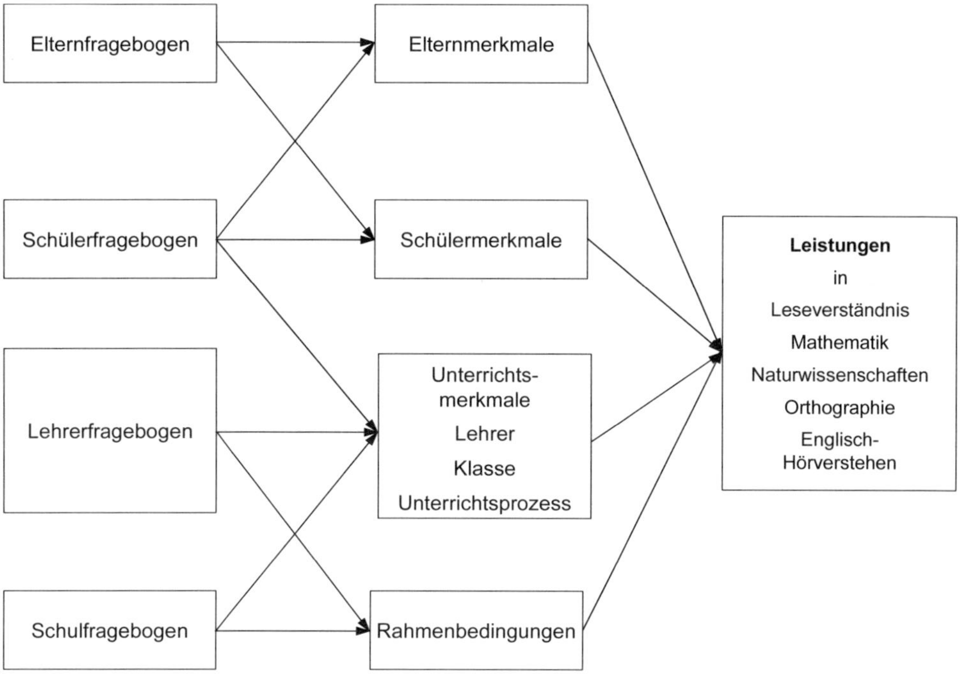

BBS / IFS / LI : Kompetenzen und Einstellungen von Schülerinnen und Schülern © KESS 4

Der *Schülerfragebogen* erfragte Aspekte der familiären und schulischen Erfahrungen des Kindes, darunter auch Unterrichtserfahrungen, Selbstkonzept und Einstellungen, außerschulische Lerngewohnheiten, Unterstützung durch Familie und Peer-Group und grundlegende demographische Informationen. Darüber hinaus beantworteten die Kinder am ersten Testtag einen Fragebogen, in dem sie die Qualität und Angemessenheit sowie den Motivationsgehalt und das Zeit- und Klassenmanagement im Deutsch-, Mathematik- und Sachunterricht einschätzen sollten.

Der *Elternfragebogen* erfragte neben soziodemographischen Merkmalen lern- und leistungsrelevante Bedingungen im Elternhaus, wie Unterstützungsverhalten, Zufriedenheit mit den Schulleistungen des Kindes und der persönlichen Einstellung zum Lesen. Hinzu kamen Fragen nach Erwartungen zum weiteren Bildungsweg des Kindes, zum Elternengagement in der Schule und zu gemeinsamen Aktivitäten von Eltern und Kindern. Schließlich wurden die Eltern zu ihren Einstellungen und Werthaltungen zu den Themengebieten Mathematik, Naturwissenschaften und Sprache (Weltbilder) befragt.

Die *Lehrerfragebögen* richteten sich an die Lehrkräfte im Deutsch-, Mathematik- und Sachunterricht. Neben der Angabe von Klassencharakteristika wurden auch Informationen zur Unterrichtsgestaltung und zu den Unterrichtsmethoden erhoben. Die Lehrerinnen und Lehrer gaben darüber hinaus Auskunft über die Ausstattung von Schulen und Klassenräumen, Methoden der Leistungsbewertung und Kooperation im Kollegium. Die Fragebögen enthielten weiterhin Fragen zu persönlichen Belastungen im Berufsalltag und zum persönlichen Werdegang der Fachlehrkräfte.

Im *Schulleiterfragebogen* wurden die Schulleitungen nach den besonderen Charakteristika ihrer Schule, wie z. B. Standort, Angebote innerhalb der Schule und in der näheren Umgebung und sozioökonomischer Hintergrund der Schülerschaft, gefragt. Weitere Fragen umfassten schulinterne Regelungen zum Leseunterricht, Unterrichtszeit und die Verfügbarkeit materieller und personeller Ressourcen sowie die Einschätzung der Schulleitung zur Zusammenarbeit mit den Elternhäusern und zum Schulklima.

4. Testdesign und Testdurchführung

4.1 Vorbereitung der Erhebung

Vorbereitung der Erhebung in den Schulen: Der Erstkontakt zu den an der KESS-4-Erhebung teilnehmenden Schulen erfolgte durch das Amt für Schule. Die Schulen wurden über die Zielsetzung der Erhebung informiert und um ihre Unterstützung bei der Erhebung gebeten.

In einem zweiten Anschreiben durch das KESS-Projektbüro am Landesinstitut für Lehrerbildung und Schulentwicklung wurden die Schulen über organisatorische Fragen informiert und zunächst gebeten, einen Schulkoordinator bzw. eine Schulkoordinatorin zu benennen, um die Erhebung in den Schulen vorzubereiten. Beigefügt war dem Schreiben außerdem eine Klassenliste, in der der Schulkoordinator alle vierten Klassen seiner Schule mit der aktuellen Schülerzahl aufführte und die Liste im Anschluss daran an das KESS-Projektbüro zurücksandte.

Die Klassenlisten wurden an das DPC weitergeleitet. Dort wurden die aus den Listen ersichtlichen Daten in eine Datenbank übertragen, aus der anschließend sowohl die so genannten Schülerteilnahmelisten für die an der Erhebung beteiligten Klassen erzeugt als auch der Druck der Testinstrumente gesteuert wurde. Auf den Schülerteilnahmelisten wird für alle Schülerinnen und Schüler einer Klasse neben einer Vielzahl von individuellen Daten wie Geschlecht, Geburtsdatum, Zensuren etc. notiert, wie der Teilnahmestatus an den Testtagen war.

Die Schulen erhielten mit einem dritten Anschreiben ein durch das DPC erstelltes ausführliches Schulkoordinatoren-Manual, ein Manual für Lehrkräfte (das die Durchführung des zweiten Testtages beschrieb) und die durch den Schulkoordinator um individuelle Schülerdaten zu ergänzenden Schülerteilnahmelisten. Außerdem war für alle Schülerinnen und Schüler der für die Erhebung vorgesehenen Klassen ein von der Projektleitung bereitgestelltes Elternanschreiben und ein Informationsfaltblatt über die Studie beigefügt. Auf diese Weise wurden die Schülerinnen und Schüler und ihre Eltern über den Test informiert und die schriftliche Einwilligung der Eltern zur Teilnahme ihrer Kinder an der Schülerbefragung durch den Schulkoordinator eingeholt. Die Kommunikation mit den Schulen erfolgte ausschließlich über die Mitarbeiter im KESS-Projektbüro.

Um im Vorwege der Testdurchführung die Akzeptanz der Studie innerhalb der Schulen zu erhöhen, wurde eine zentrale Schulleiterinformationsveranstaltung initiiert, auf der die Zielsetzung und Inhalte der Längsschnitterhebung dargestellt und organisatorische Abläufe verdeutlicht wurden.

Rekrutierung, Koordination und Schulung der externen Testleiter: Damit die Tests in den beteiligten Klassen einer Schule parallel ablaufen konnten, wurde für jede zu testende Klasse ein Testleiter benötigt. Das KESS-Projektbüro rekrutierte für die Testdurchführung ca. 160 externe Testleiter und übernahm die Zuweisung der Testleiter auf die Schulen. Das DPC führte drei halbtägige Schulungen durch, auf denen die künftigen Testleiter detailliert in ihre Aufgaben eingewiesen wurden. Rechtzeitig vor dem Testfenster setzten sich die Testleiter mit den Schulkoordinatoren der einzelnen Schulen in Verbindung, um die endgültigen Testtermine festzulegen und sich nach dem Stand der Testvorbereitung innerhalb der Schule zu erkundigen.

Druck und Ausgabe der Testinstrumente: Nach Vorgabe der wissenschaftlichen Leitung an der Universität Hamburg übernahm das DPC die Fertigstellung der Druckvorlagen für Testhefte und Fragebögen. Zudem koordinierte es den Druckablauf mit der verantwortlichen Druckerei und stellte sicher, dass die Testmaterialien für die Testleiter einige Tage vor dem Testtermin beim KESS-Projektbüro zur Abholung bereitlagen. Durch die dortigen Mitarbeiterinnen und Mitarbeiter wurden dann die Testmaterialien an die Testleiterinnen und Testleiter ausgegeben.

4.2 Aufbau der Untersuchung

Die KESS-4-Untersuchung wurde an zwei aufeinander folgenden Tagen an den Schulen durchgeführt. Am ersten Tag wurden Tests aus den Bereichen Leseverständnis, Mathematik, Naturwissenschaften bzw. Englisch-Hörverstehen eingesetzt (vgl. Tab. II.2). Zusätzlich waren im Testheft einige Hintergrundfragen zur Wahrnehmung des Unterrichts enthalten.

Tabelle II.2: Studiendesign und Testheftrotation, Testhefte erster Testtag

Zeit	Testhefte					
(165 Min)	Testheft 1	Testheft 2	Testheft 3	Testheft 4	Testheft 5	Testheft 6
15 Min	Kognitiver Fähigkeitstest (figural/verbal)					
40 Min	Lesetest Text 1 (IGLU)	Lesetest Text 2 (IGLU)	Lesetest Text 3 (IGLU)	Lesetest Text 4 (IGLU)	Lesetest[1] Text 1 (IGLU)	Lesetest[1] Text 2 (IGLU)
10 Min	Pause					
25 Min	Mathematiktest (IGLU + LAU)					
25 Min	Lesetest (LAU)					
15 Min	Pause					
20 Min	Naturwissenschaftstest (IGLU)			Englisch-Hörverstehenstest		
5 Min	Pause					
10 Min	Schülerfragebogen Teil 1					

1 Aufgrund des Multimatrixdesigns der Studie wurden die Texte 1 und 2 in jeweils zwei Testheftversionen eingesetzt.

BBS / IFS / LI : Kompetenzen und Einstellungen von Schülerinnen und Schülern © KESS 4

Die reine Testzeit betrug am ersten Tag ca. drei Schulstunden. An diesem Testtag wurden die Testhefte 1–3 oder 4–6 jeweils innerhalb einer Klasse eingesetzt und systematisch an die Schülerinnen und Schüler dieser Klasse verteilt, so dass jeder dritte Schüler die gleiche Version des Testhefts bearbeitete.

Am zweiten Testtag schrieben die Schülerinnen und Schüler als Rechtschreibtest ein Diktat und erhielten deshalb innerhalb einer Klasse jeweils die gleiche Testheftversion (vgl. Tab. II.3). Hier gab es zwei unterschiedliche Testheftversionen, die systematisch über alle beteiligten Klassen verteilt wurden. Die Erhebung an diesem Tag nahm ca. zwei Schulstunden in Anspruch, in denen die Befragung zu Hintergrundmerkmalen (per Schülerfragebogen) stattfand und die Schülerinnen und Schüler einen Rechtschreibtest sowie eine Schreibaufgabe bearbeiteten.

Tabelle II.3: Studiendesign und Testheftrotation, Testhefte zweiter Testtag

Zeit (100 Min)	Testhefte: Testheft 1	Testhefte: Testheft 2
20 Min	Rechtschreibtest I (Hamburger Schreibprobe)	Rechtschreibtest II (Dortmunder Schriftkompetenzermittlung)
5 Min	Pause	
40 Min	Schülerfragebogen Teil 2	
5 Min	Pause	
30 Min	Kreative Schreibaufgabe (PLUS)	

BBS / IFS / LI : Kompetenzen und Einstellungen von Schülerinnen und Schülern © KESS 4

Das Testdesign war insgesamt so angelegt, dass die Instrumente pädagogisch anspruchsvoll gestaltet waren und die Zeiten zur Bearbeitung durch Pausen in einzelne Sequenzen unterteilt wurden.

4.3 Skalierung der Leistungstests

Untersuchungsgegenstand von KESS 4 sind Schülerkompetenzen in unterschiedlichen Fähigkeitsdomänen. Um festzustellen, über welche Fähigkeiten, Fertigkeiten und Kenntnisse die Hamburger Viertklässlerinnen und Viertklässler verfügen, wurden ihnen zu einzelnen Themengebieten jeweils mehrere Testaufgaben zur Beantwortung vorgelegt (vgl. Abb. II.3). Das Leseverständnis wurde beispielsweise mit mehreren Texten und einer Vielzahl von dazugehörigen Verständnisaufgaben ermittelt. Die Genauigkeit und Zuverlässigkeit, mit der die Fähigkeiten der Kinder in den unterschiedlichen Kompetenzbereichen bestimmt werden können, ist direkt abhängig von der Anzahl der bei einem Test eingesetzten Aufgaben. In KESS 4 wurden in der Regel mehr als 20 Aufgaben pro Test genutzt, um die Schülerkompetenzen in den Bereichen Leseverständnis, mathematische und naturwissenschaftliche Fähigkeiten, Orthographie sowie Englisch-Hörverstehen bestimmen zu können.

Abbildung II.3: In KESS 4 erfasste Schülerkompetenzen und deren Operationalisierung

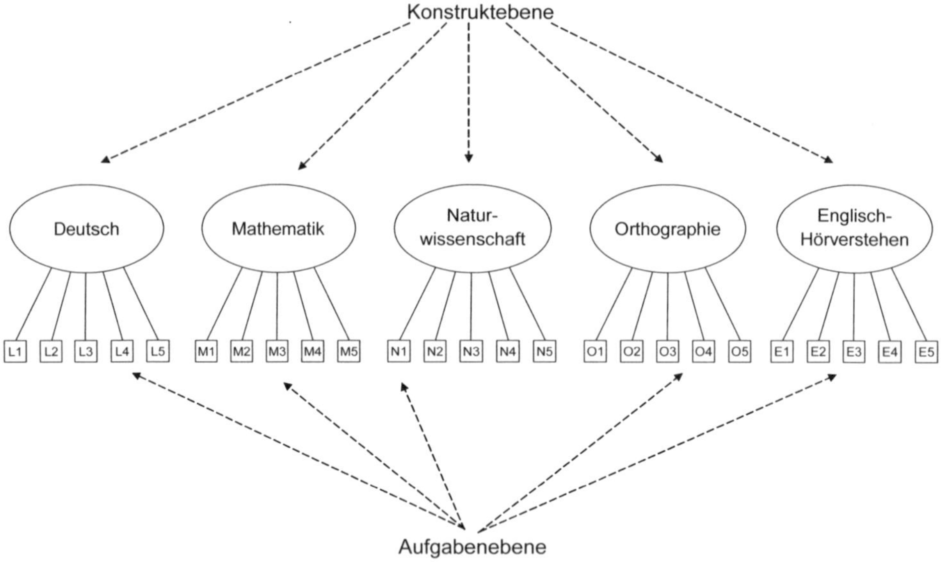

BBS / IFS / LI : Kompetenzen und Einstellungen von Schülerinnen und Schülern © KESS 4

Das hierzu genutzte Verfahren der Skalierung ermöglicht es, Schülerfähigkeiten und Aufgabenschwierigkeiten direkt aufeinander zu beziehen. Übersteigt die ermittelte Fähigkeit des Kindes die Schwierigkeit einer bestimmten Aufgabe, so kann mit hoher Wahrscheinlichkeit davon ausgegangen werden, dass es auch Aufgaben mit geringerer Schwierigkeit richtig lösen würde. Darüber hinaus können durch die inhaltliche und formale Analyse der eingesetzten Aufgaben unterschiedliche Fähigkeitsniveaus definiert werden. Durch den Vergleich von Kompetenzwerten und Testaufgaben, die charakteristisch für spezifische Fähigkeitsniveaus sind, kann schließlich bestimmt werden, ob Schülerinnen und Schüler innerhalb von Klassen, Schulen oder ganzen Schulsystemen angestrebte Lernziele erreicht haben.

Um dies zu ermöglichen, wurden die Werte auf einen Mittelwert von 100 und eine Standardabweichung von 30 Punkten standardisiert. Im Durchschnitt liegen die Leistungen von ca. 70 Prozent aller Schülerinnen und Schüler somit im Bereich zwischen 70 und 130 Skalenpunkten und rund 95 Prozent der Leistungen im Bereich zwischen 40 und 160 Skalenpunkten. Die Schwellenwerte, an denen ein Kompetenzniveau endet und ein neues Kompetenzniveau beginnt, wurden empirisch ermittelt. 50 Prozent aller getesteten Schülerinnen und Schüler sind so im mittleren Kompetenzbereich vertreten, 25 Prozent sind dem oberen und 25 Prozent dem unteren Kompetenzbereich zugeordnet.

4.4 Anbindung der Leistungstests an IGLU 2001

Neben der originären Skalierung der KESS-4-Leistungsdaten, bei der die Referenzgruppe ausschließlich die 14.110 teilnehmenden Grundschulkinder darstellen, war ein weiteres Ziel von KESS 4, die Leistungen der Hamburger Schülerinnen und Schüler im Nachhinein auf den, im Rahmen von IGLU 2001 gebildeten, Kompetenzskalen einordnen zu können, um so einen überregionalen Vergleich zu ermöglichen. Hierfür wurden die Skalen in zweierlei Weise verankert. Einerseits erfolgte die Anbindung der Mathematik- und Naturwissenschaftsfähigkeiten mit Hilfe des einparametrischen logistischen Raschmodells (vgl. Rasch, 1960), andererseits wurden die Lesefähigkeiten der Kinder, den internationalen Vorgaben von PIRLS 2001[1] folgend (vgl. Gonzales, 2003) unter Zuhilfenahme des dreiparametrischen logistischen Modells nach Birnbaum (1968) post hoc in die internationale IGLU-2001-Kompetenzskala integriert.

Zur Berichtslegung von nationalen bzw. internationalen Referenzwerten für Mathematik bzw. die naturwissenschaftlichen Anteile des Sachunterrichts – in Hamburg ‚naturbezogenes Lernen' genannt – war bei der Itemauswahl für KESS 4 zu überlegen, welche Vergleiche im Vordergrund stehen sollten. In IGLU wurden Testaufgaben aus der TIMSS-I-Population verwendet, um eine annähernde internationale Verortung der deutschen Testleistung – wenn auch zeitversetzt – zu gewährleisten. Da die TIMSS-I-Testaufgaben auf dem angloamerikanischen *Literacy*-Konzept basieren, wurde in IGLU für Deutschland eine Reihe zusätzlicher, dem Curriculum näherer Testaufgaben ergänzt (vgl. Prenzel, Geiser, Langeheine & Lobemeier, 2003, 2004). Um einen Querschnittsvergleich der Mathematikkompetenzen von LAU 5 (vgl. Lehmann, Peek & Gänsfuß, 1997) zu KESS 4 zu ermöglichen, mussten in KESS 4 außerdem genügend Ankeritems aus LAU 5 eingesetzt werden. Da eine jeweilige Verortung von KESS 4 in LAU 5, IGLU (national) und TIMSS I (international) die Itemanzahl und die Testheftrotation unverhältnismäßig erhöht hätte, wur-

1 IGLU wurde international unter der Bezeichnung *Progress in International Reading Assessment* (PIRLS) durchgeführt.

den nur solche Testaufgaben ausgewählt, die einen Vergleich mit IGLU auf nationaler Ebene und einen Querschnittsvergleich zu LAU 5 ermöglichen. Auch bei diesen Vergleichen ist darauf hinzuweisen, dass Alterskohorteneffekte nicht auszuschließen und entsprechende Ergebnisse als eine vorsichtige Annäherung zu verstehen sind.

Abbildung II.4: Mathematikleistungen am Ende der Grundschule (vierte Jahrgangsstufe) für einige Länder der Bundesrepublik Deutschland

Land	M	(SE)	SD
Baden-Württemb.	313	(2,5)	56
Hamburg	**309**	**(0,5)**	**61**
Hessen	301	(3,1)	62
Deutschland	300	(1,6)	60
Bayern	300	(2,7)	59
Nordrhein-Westf.	298	(3,3)	59
Bremen*	279	(5,2)	57

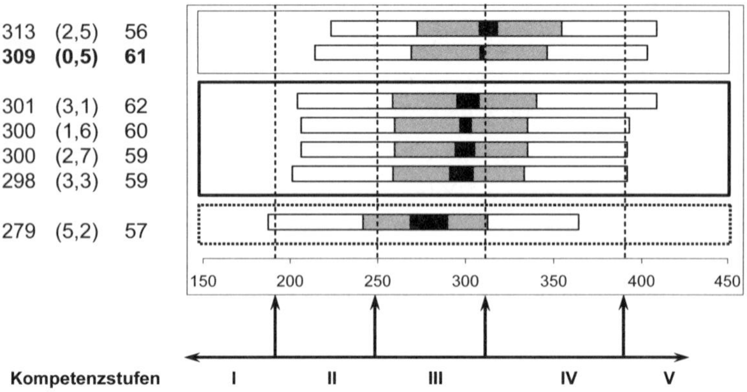

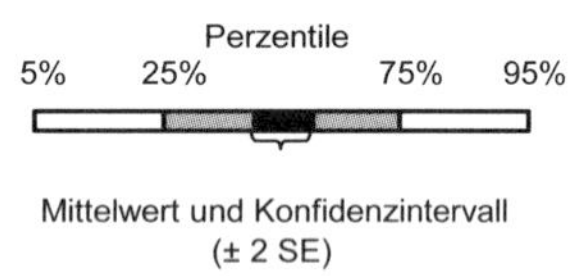

□ Signifikant (p < .05) über dem deutschen Mittelwert liegende Länder.
■ Nicht signifikant vom deutschen Mittelwert abweichende Länder.
⬚ Signifikant (p < .05) unter dem deutschen Mittelwert liegende Länder.

* Zu Besonderheiten der Stichproben vgl. Bos et al., 2004.
Die Daten für die Vergleichsländer basieren auf der Erhebung im Rahmen von IGLU aus dem Jahr 2001.

BBS / IFS / LI : Kompetenzen und Einstellungen von Schülerinnen und Schülern © KESS 4

Um die Mathematik- und Naturwissenschaftsleistungen aus KESS 4 mit den IGLU-Ergebnissen vergleichen zu können, wurden die beiden Tests gemeinsam skaliert. Die Daten wurden dabei dem internationalen Vorgehen entsprechend gewichtet. Die fünf Bundesländer aus der IGLU-Studie und Hamburg (KESS 4) haben daher jeweils das gleiche Gewicht. Die Werte für Deutschland, die auf einen Mittelwert von 300 und eine Standardabweichung von 60 normiert wurden, sind also als Durchschnittswerte der sechs berichteten Bundesländer zu interpretieren.[2] Die Kinder aus Baden-Württemberg und Hamburg schneiden in Mathematik signifikant oberhalb dieses deutschen Mittelwertes ab, die Grundschulkinder aus Bremen liegen dagegen signifikant unterhalb (vgl. Abb. II.4). Das gute Abschneiden Hamburger Kinder aus

2 Diese Ergebnisse weichen sehr geringfügig von den in der Druckfassung des Kurzberichts und in der Internetfassung vom 03.09.2004 berichteten Werten ab, da dort u. a. zunächst ein anderes Gewichtungsverfahren angewandt wurde.

IGLU bestätigt sich, wenn man die Unterschiede der Mathematikleistungen aus LAU 5 aus den Jahren 1996 und 2003 vergleicht.

In den Naturwissenschaften (vgl. Kap. IX in diesem Band) liegen die Kompetenzen der Hamburger Schülerinnen und Schüler ebenfalls nahe am deutschen Mittelwert (vgl. Abb. II.5) und im Bereich aller übrigen hier berichteten Länder der Bundesrepublik Deutschland.

Abbildung II.5: Naturwissenschaftsleistungen am Ende der Grundschule (vierte Jahrgangsstufe) für einige Länder der Bundesrepublik Deutschland

Land	M	(SE)	SD
Baden-Württemb.	307	(3,2)	61
Bayern	306	(2,7)	59
Hamburg	**304**	**(0,7)**	**60**
Hessen	304	(2,9)	60
Deutschland	300	(1,8)	60
Nordrhein-Westf.	294	(3,2)	59
Bremen*	285	(6,3)	58

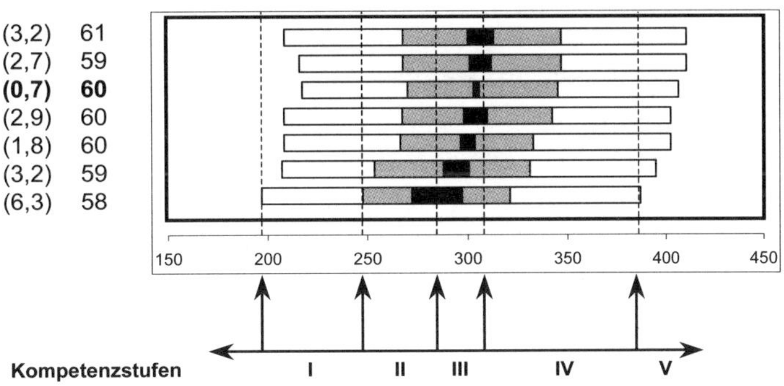

□ Nicht signifikant vom deutschen Mittelwert abweichende Länder.

Perzentile: 5% 25% 75% 95%

Mittelwert und Konfidenzintervall (± 2 SE)

* Zu Besonderheiten der Stichproben vgl. Bos et al., 2004.
Die Daten für die Vergleichsländer basieren auf der Erhebung im Rahmen von IGLU aus dem Jahr 2001.

BBS / IFS / LI : Kompetenzen und Einstellungen von Schülerinnen und Schülern © KESS 4

Die Verankerung der Lesefähigkeit auf der PIRLS-2001-Metrik wurde mit Hilfe der Software PARSCALE (Muracki & Bock, 1991; Version 4.1) auf Basis des dreiparametrischen logistischen Modells vorgenommen. In diesem Falle wurde die Hamburger Population wie ein eigenständiger Staat behandelt und entsprechend gewichtet. Da verschiedene Verfahren der Verankerung psychometrischer Skalen möglich sind (vgl. Kolen & Brennan, 2004) wurden Unterschiede und Gemeinsamkeiten zwischen den einzelnen Möglichkeiten geprüft und gegeneinander abgewogen.

In einem ersten Schritt wurde die Hamburger Population mit Hilfe vorhandener Itemparameter auf der PIRLS-2001-Metrik verankert. Dieses Vorgehen hat den Vorteil, dass sich alle bereits im Rahmen von PIRLS 2001 veröffentlichten Kennwerte nicht verändern. In einem weiteren Schritt wurde jedoch auch überprüft, welchen Effekt eine gemeinsame Schätzung neuer Itemparameter für die Kennwerte aus PIRLS 2001 und KESS 4 hat. Dieser zweite Schritt wurde sowohl für das einparametrische logistische als auch für das dreiparametrische logistische Modell durchgeführt.

Bei der Anbindung der Hamburger Werte an die internationale Leseskala wurden für KESS 4 nur die 55 Items verwendet, die auch in der internationalen PIRLS-2001-Erhebung eingesetzt wurden; entsprechend wurden die Ankeritems aus der LAU-5-Erhebung bei diesem Skalierungslauf ausgeschlossen. Der eingesetzte Lesetest war für die Hamburger Gesamtpopulation, mit im Mittel 51 Prozent richtig gelösten Aufgaben, angemessen. Jedoch haben die an KESS 4 teilnehmenden Hamburger Schülerinnen und Schüler, ebenso wie beispielsweise die an IGLU 2001 teilnehmenden Kinder aus Bremen, insbesondere solche Aufgaben mit einem hohen Prozentsatz gelöst, die im Lesetest besonders gut diskriminieren, die also besonders trennscharf sind. Dies hat einen Einfluss auf die Ausprägung der Hamburger Werte auf der PIRLS-2001-Skala. Da entsprechend dem PIRLS-2001-Vorgehen das Muster der Itemantworten zur Schätzung der Personenparameter herangezogen wurde und darüber hinaus die Wahrscheinlichkeit, dass die getesteten Kinder eine richtige Antwort mit 25 Prozent erraten können, bei Schätzung der Lesefähigkeit berücksichtigt wurde, hat der hohe Lösungsanteil der KESS-4-Kinder bei extrem stark diskriminierenden Testaufgaben einen nachweisbaren Effekt auf die Ausprägung der mittleren Leseleistung.[3]

Wie sich zeigte, sind die Unterschiede eher marginal, und Konsequenzen in Form von Rangplatzverschiebungen ergeben sich lediglich für Staaten und Länder deren Leistungskennwerte sehr dicht beieinander liegen (vgl. Tab. II.4).

3 Während die Hamburger KESS-4-Population bei Bestimmung der Lesefähigkeit mit Hilfe des einparametrischen logistischen Modells im IGLU-Ländervergleich Platz 25 eingenommen hätte, verändert sich bei Berücksichtigung der beiden weiteren Einflussgrößen (Parameter) die Position Hamburgs auf der internationalen IGLU-Lesekompetenzskala um acht Rangplätze nach oben.

Tabelle II.4: Verankerung der Testleistungen im Leseverständnis der KESS-4-Population im Vergleich zu einer gemeinsamen Skalierung der KESS-4-Daten mit den PIRLS-2001-Daten (Vergleichsgruppe 1 und 2)

	IGLU-Bericht (Hamburg verankert)				Gemeinsame 3PL-Skalierung ohne Konditionierung				Abweichung Skalierung gegenüber Verankerung
Teilnehmerstaat	Score	(SE)	Schätz-methode	Rang	Score	(SE)	Schätz-methode	Rang	
Schweden	561 [1]	(2,2)	PV	1	560 [1]	(2,1)	WLE	1	–
Niederlande*	554 [1]	(2,4)	PV	2	552 [1]	(2,6)	WLE	2	–
England*	553 [1]	(3,5)	PV	3	549 [1]	(3,4)	WLE	3	–
Bulgarien	550	(3,8)	PV	4	548	(3,8)	WLE	4	–
Baden-Württemb.	549	(4,3)	PV	5	546	(4,5)	WLE	5	–
Bayern	546	(3,4)	PV	6	544	(3,4)	WLE	6	–
Lettland	545	(2,3)	PV	7	541	(2,2)	WLE	8	↑
Hessen	544	(3,1)	PV	8	542	(3,2)	WLE	7	↓
Kanada (O,Q)*	544	(2,4)	PV	9	541	(2,4)	WLE	9	–
Litauen	543	(2,6)	PV	10	541	(2,5)	WLE	11	↑
Ungarn	543	(2,2)	PV	11	541	(2,0)	WLE	10	↓
USA*	542	(3,8)	PV	12	539	(4,0)	WLE	12	–
Italien	541	(2,4)	PV	13	537	(2,5)	WLE	13	–
Deutschland	539	(1,9)	PV	14	537	(1,8)	WLE	14	–
Tschechien	537	(2,3)	PV	15	533	(2,4)	WLE	15	–
Nordrhein-Westf.	531	(5,2)	PV	16	530	(4,7)	WLE	16	–
Hamburg	531 [2]	(0,7)	WLE	17	529 [2]	(0,8)	WLE	17	–
Neuseeland	529	(3,7)	PV	18	525 [2]	(3,8)	WLE	19	↓
Schottland*	528 [2]	(3,5)	PV	19	525 [2]	(3,4)	WLE	21	↓
Singapur	528	(5,2)	PV	20	524	(5,3)	WLE	23	↓
Russ. Föderation*	528	(4,3)	PV	21	526	(4,2)	WLE	18	↑
Hong Kong	528 [2]	(3,1)	PV	22	524 [2]	(3,3)	WLE	22	–
Brandenburg	526 [2]	(4,4)	PV	23	525	(4,8)	WLE	20	↑
Frankreich	525 [2]	(2,4)	PV	24	522 [2]	(2,5)	WLE	25	↓
Griechenland*	524 [2]	(3,6)	PV	25	522 [2]	(3,7)	WLE	24	↑
Slowakei	518 [2]	(2,8)	PV	26	514 [2]	(2,8)	WLE	26	–
Island	512 [2]	(1,2)	PV	27	511 [2]	(1,2)	WLE	27	–
Rumänien	512 [2]	(4,7)	PV	28	508 [2]	(4,7)	WLE	28	–
Bremen*	507 [2]	(8,5)	PV	29	501 [2]	(8,8)	WLE	29	–
Slowenien	502 [2]	(1,9)	PV	30	498 [2]	(2,7)	WLE	31	↓
Norwegen	499 [2]	(2,9)	PV	31	498 [2]	(1,9)	WLE	30	↑
Zypern	494 [2]	(2,9)	PV	32	490 [2]	(2,6)	WLE	32	–
Moldawien	492 [2]	(4,1)	PV	33	486 [2]	(4,2)	WLE	33	–

* Zu Besonderheiten der Stichprobe vgl. Bos 2003, 2004.
[1] Signifikant über dem deutschen Mittelwert liegende Länder.
[2] Signifikant unter dem deutschen Mittelwert liegende Länder.

Entgegen dem Vorgehen in PIRLS wurden in KESS 4 keine *Plausible Values* (PV), (vgl. Mislevy, Beaton, Kaplan & Sheehan, 1992) ermittelt, da die durch das Boston College zur Bestimmung plausibler Schätzwerte genutzte Software MGROUP zur Zeit der Berichtslegung noch nicht frei zugänglich war. Aus diesem Grunde wurde auf das klassische Verfahren der Bestimmung von *Weighted-Likelihood-Estimation*-Schätzern (WLE-Schätzer) (vgl. Warm, 1989) zurückgegriffen. Es kann davon ausgegangen werden, dass der für Hamburg bestimmte WLE-Schätzwert für die mittlere Leseleistung nicht verzerrt ist (vgl. OECD, 2005; Wu, 2005). Da WLE-Schätzer im Vergleich zu konditionierten *Plausible Values* jedoch einen größeren Messfehler aufweisen, bringt es das gewählte Vorgehen mit sich, dass die Varianz der Messwerte auf Gesamtgruppenebene für die Hamburger Population überschätzt wird (vgl. Wu, 2005). Für die hier vorgenommenen Mittelwertvergleiche ist dies aber ohne Bedeutung. Die Ergebnisse zeigen, dass die Zuordnung der Länder zu den signifikant voneinander zu unterscheidenden Ländergruppen von der jeweiligen Skalierungs- bzw. Verankerungsweise, bis auf die Werte von Neuseeland und Brandenburg, die bei beiden Verfahren im Grenzbereich liegen, unberührt bleiben, da alle verfahrensbedingten Abweichungen den üblichen Messfehlerbereich der Mittelwertschätzung nicht überschreiten.

4.5 Die Beschreibung sozialer Unterschiede in KESS 4

Um in KESS 4 soziale Unterschiede zwischen den Herkunftsfamilien der Kinder beschreibbar zu machen, wurden im Elternfragebogen die Eltern nach ihrem derzeit ausgeübten Beruf gefragt. Der tatsächlich ausgeübte Beruf wurde nach der Klassifikation des Internationalen Arbeitsamtes (International Labour Office, 1990), der *International Standard Classification of Occupations* von 1988 (ISCO-88), klassifiziert. Auf Basis dieser Angaben konnten verschiedene Indizes, Skalen und Klassenschemata gebildet werden, die es ermöglichen, die soziale Position der Familien der an KESS 4 teilnehmenden Kinder zu bestimmen. So konnte das von Treiman (vgl. Ganzeboom & Treiman, 1996) entwickelte Berufsprestigemaß *Standard Index of Occupational Prestige Scores* (SIOPS), nach dem Berufe hierarchisiert werden, gebildet werden. Als sozioökonomischer Index konnte darüber hinaus der von Ganzeboom (vgl. Ganzeboom & Treiman, 2003) entwickelte *International Socio-Economic Index* (ISEI) gebildet werden, der den Vorteil hat, dass hier die ökonomische Stellung vom Berufsprestige getrennt werden kann. Neben einer Klassifikation der Berufe wurde ein qualitatives Maß zur Bestimmung sozialer Unterschiede herangezogen. Das von Erikson, Goldthorpe und Portocarero (1979) entwickelte Klassenschema (EGP) erlaubt die Charakterisierung von Personengruppen anhand anschaulicher Beschreibungen und hat zum Ziel, gesellschaftliche Mobilitätsprozesse und damit Chancenstrukturen beschreibbar zu machen. Zur Erstellung der EGP-Klassen, auch Dienstklassen genannt (vgl. z. B. Baumert & Schümer, 2001; Schwippert, Bos & Lankes, 2003), werden berufliche Merkmale so kombiniert, dass Personengruppen einerseits anhand ihrer Einkommensquellen und der damit verbundenen ökonomischen Sicherheit sowie andererseits anhand ihrer sozialen Position im Erwerbsprozess und der damit verbundenen Macht, Autorität und Autonomie im Beruf zusammengefasst werden (vgl. Tab. II.5).

Tabelle II.5: Beschreibung der Dienstklassen (EGP) nach Erikson, Goldthorpe und Portocarero

Dienstklasse	Bezeichnung und Beispiele
I	*Obere Dienstklasse:* Zur oberen Dienstklasse gehören die Angehörigen von freien akademischen Berufen, führende Angestellte und höhere Beamte, selbständige Unternehmer mit mehr als 10 Mitarbeitern und alle Hochschul- und Gymnasiallehrer.
II	*Untere Dienstklasse:* Zu dieser Klasse zählen Angehörige von Semiprofessionen, Angehörige des mittleren Managements, Beamte im mittleren und gehobenen Dienst und technische Angestellte mit nicht manueller Tätigkeit.
IIIa-b	*Routinedienstleistungen in Handel und Verwaltung:* Hierzu zählen die klassischen Büro- und Verwaltungsberufe mit Routinetätigkeiten, Berufe mit niedrig qualifizierten, nicht manuellen Tätigkeiten wie zum Beispiel Verkaufs- und Servicetätigkeiten.
IVa-c	*Selbständige (...) und selbständige Landwirte:* Zu dieser Klasse zählen alle Selbständigen aus manuellen Berufen mit und ohne Mitarbeiter. Freiberufler werden dieser Klasse zugeordnet, wenn sie keinen hoch qualifizierten Beruf ausüben.
V, VI	*Facharbeiter und Arbeiter mit Leitungsfunktionen sowie Angestellte in manuellen Berufen:* Dazu gehören Vorarbeiter, Meister, Techniker, die in manuelle Arbeitsprozesse eingebunden sind, sowie Aufsichtskräfte im manuellen Bereich und abhängig Beschäftigte mit manueller Tätigkeit.
VIIa-b	*Un- und angelernte Arbeiter sowie Landarbeiter:* Dieser Klasse zugeordnet werden alle un- und angelernten Berufe aus dem manuellen Bereich, einige Dienstleistungstätigkeiten mit weitgehend manuellem Charakter und geringem Anforderungsniveau, ferner alle Arbeiter, gelernt oder ungelernt, in der Land-, Forst- und Fischwirtschaft sowie der Jagd.

BBS / IFS / LI : Kompetenzen und Einstellungen von Schülerinnen und Schülern © KESS 4

Die Zuweisung zu den einzelnen Dienstklassen erfolgt hierbei über die Verknüpfung der beruflichen Stellung (z. B. Arbeiterin / Arbeiter, Angestellte / Angestellter oder Selbständige / Selbständiger), der Weisungsbefugnis (keine, geringe, große) sowie dem ausgeübten Beruf, der auch hier der Klassifikation des Internationalen Arbeitsamtes folgend kodiert ist. Auf diesem Wege werden inhaltlich voneinander unterscheidbare soziale Erwerbsklassen gebildet, die nicht in einer hierarchischen

Ordnung stehen. Vielmehr unterscheiden sich die Personen in diesen Klassen vor allem durch ihre Berufscharakteristika sowie durch Einstellungen, Werthaltungen und alltägliche Handlungsmuster voneinander.

In KESS 4 hat ein Anteil von Personen die an sie gerichteten Fragebögen nicht oder nur unvollständig beantwortet. In Analysen zeigte sich, dass insbesondere Eltern aus bildungsferneren Milieus nicht an der Hintergrundbefragung teilgenommen haben. Um systematische Verzerrungen in den Analysen zu vermeiden, wurden daher durch den Einsatz aktueller Methoden der empirischen Sozialforschung fehlende Daten bei bestimmten Fragestellungen in angemessenem Umfang mehrfach geschätzt (multiple Imputation). In KESS 4 wurden Informationen aus den Fragebögen und Tests der Kinder, Hintergrundinformationen, die zur Testerhebung durch die Schulen bereitgestellt wurden, sowie Daten des Statistischen Landesamtes Hamburg genutzt, um die fehlenden Informationen der Eltern mit Hilfe des Programms AMELIA (vgl. Honaker, Joseph, King, Scheve & Singh, 2003) modellbasiert durch plausible Schätzwerte zuverlässig zu ersetzen (vgl. King, Honaker, Joseph & Scheve, 2001; Little & Rubin, 1987; Sinharay, Stern & Russell, 2001). Der überwiegende Anteil der im Folgenden berichteten Analysen, die auf die soziale Lage und den sozioökonomischen Status der Schülerfamilien Bezug nehmen, basiert auf diesen durch multiple Imputationen vervollständigten Daten.

4.6 Durchführung der Erhebung

Die KESS-4-Untersuchung wurde an zwei aufeinander folgenden Tagen an den Schulen durchgeführt. Am ersten Tag wurden Tests aus dem Bereich Leseverständnis, Mathematik, Naturwissenschaften bzw. Englisch-Hörverstehen eingesetzt. Zusätzlich waren im Testheft einige Hintergrundfragen zum Unterricht enthalten. Die reine Testzeit betrug am ersten Tag ca. drei Schulstunden.

Der erste Testtag wurde durch die vom DPC geschulten externen Testleiter, der zweite Tag von einer Lehrkraft der zu testenden Klasse durchgeführt. Die Erhebung an diesem Tag nahm ca. zwei Schulstunden in Anspruch, in denen die Befragung zu Hintergrundmerkmalen (per Schülerfragebogen) stattfand und die Schülerinnen und Schüler einen Rechtschreibtest sowie eine Schreibaufgabe bearbeiteten.

Die Erhebung lief an beiden Tagen nach einem standardisierten Skript ab, in dem alle Zeitvorgaben und Anweisungen an die Schülerinnen und Schüler genau festgelegt waren. Besondere Vorkommnisse während der Testdurchführung konnten in einem so genannten Testsitzungsprotokoll aufgeführt werden. Nach Abschluss des

Tests in den Schulen wurde das Testmaterial durch Testleiter und Schulkoordinator versiegelt, durch einen Kurierfahrer des KESS-Projektbüros abgeholt und an das DPC geliefert.

Befragung der Eltern, Lehrkräfte und Schulleitungen: Bereits einige Zeit vor dem Test erhielten die Schulen die Fragebögen für die Schulleitung und die Lehrkräfte, die bis zum Testtermin ausgefüllt werden sollten. Der externe Testleiter nahm die Fragebögen in verschlossenen Umschlägen in Empfang und versiegelte sie, so dass sie zusammen mit den übrigen Testmaterialien an das DPC weitergegeben werden konnten.

Am ersten Testtag wurde an alle teilnehmenden Schülerinnen und Schüler vom externen Testleiter ein Elternfragebogen ausgeteilt. Die Eltern wurden gebeten, den Fragebogen auszufüllen und ihn ihren Kindern möglichst umgehend wieder mit in die Schule zu geben. Dort wurden die zurückgekommenen Elternfragebögen vom Schulkoordinator gesammelt und ca. eine Woche nach dem Test zusammen mit nachträglich eingegangenen Lehrer- oder Schulleitungsfragebögen an das DPC versandt.

4.7 Qualitätsmonitoring

Für die Qualitätskontrolle in KESS 4 wurde auf ein Verfahren zurückgegriffen, das bereits im Rahmen der IGLU-Studie zum Einsatz kam und im IEA-Handbuch für die Überwachung von Qualitätskontrollen (*IEA Manual for International Quality Control Monitoring*) beschrieben ist. An 10 Prozent der an KESS 4 teilnehmenden Schulen wurde die Testdurchführung durch Projektmitarbeiterinnen und Projektmitarbeiter der Universität Hamburg kontrolliert. Die Testsitzungen wurden in standardisierten Beobachtungsbögen protokolliert. Darüber hinaus wurden im Anschluss an die Testsitzungen Gespräche mit den Schulkoordinatoren geführt und der Gesprächsinhalt dokumentiert. Des Weiteren wurden die Testleiterinnen und Testleiter durch das Landesinstitut für Lehrerbildung und Schulentwicklung zu den Rahmenbedingungen der Testdurchführung befragt. Insgesamt zeigten sich leichte Probleme bei der Einhaltung von Pausen während der Testungen. Ansonsten wurden keine größeren Abweichungen im Testablauf beobachtet. Sowohl Zeitlimits für einzelne Testteile als auch die vorher definierte Ablaufstruktur der Testsitzungen wurden eingehalten. Sowohl Testleiter als auch Schulkoordinatoren waren kooperativ. Die überwiegende Mehrheit der befragten Testleiterinnen und Testleiter fühlte sich darüber hinaus gut auf ihren Einsatz vorbereitet, empfand die Organisation der Testung als gut und beurteilte die Motivation der Schülerinnen und Schüler, an KESS 4 teilzunehmen, als sehr hoch.

4.8 Kodierung und Datenerfassung

Nach Eingang im DPC begann sogleich die Sichtung des bearbeiteten Testmaterials durch zwei Mitarbeiter, die in ca. 1.000 Arbeitsstunden das gesamte Material für die weitere Datenerfassung vorbereiteten. Die Datenerfassung erfolgte auf zweierlei Wegen. Während die Testhefte zunächst in die so genannte Kodierung, d. h. Bewertung der in den Tests enthaltenen Aufgaben mit offenen Antwortformaten, gingen, wurden alle Fragebögen per Scannertechnik eingelesen.

Das DPC war für die Kodierung folgender Tests verantwortlich: Deutsch-Leseverständnis – hier handelte es sich um die aus der IGLU-Erhebung übernommenen Lesetexte – Englisch-Hörverstehen und Rechtschreibung (Hamburger Schreibprobe / Dortmunder Schriftkompetenzermittlung). Sowohl für die Leseverständnisaufgaben als auch für die Kodierung der beiden Rechtschreibtests wurden die gleichen Kodieranweisungen zugrunde gelegt, die auch schon in der IGLU-Erhebung (vgl. Bos et al., 2003) Anwendung gefunden hatten. Die Kodierung der Diktate erfolgte dabei auf zwei Ebenen. Zum einen wurden Wortfehler erfasst (d. h. ganzes Wort korrekt oder fehlerhaft), zum anderen wurde auf der Basis der Buchstaben- bzw. Graphemfehler die so genannte Fehlerdichte bestimmt.

Für die Kodierung der Schülerantworten wurden innerhalb des DPC 15 Kodiererinnen und Kodierer eingesetzt. Dabei handelte es sich in der Mehrzahl um Germanistik- bzw. Lehramtsstudenten (mit Fach Deutsch), von denen etwa die Hälfte bereits über umfassende Kodiererfahrungen (z. B. aus der IGLU-Erhebung) verfügte. Vor der eigentlichen Kodierung durchliefen die Kodierer eine dreiwöchige Schulungsphase, in deren Verlauf sie zunächst allgemein in die Kodierung der verschiedenen Testteile eingewiesen wurden und sich dann anhand von Übungsmaterialien (Original-Schülerantworten) sorgfältig in die Bewertung der einzelnen Aufgaben einarbeiteten. Die Schulungsphase wurde mit einem Übereinstimmungstest abgeschlossen, für den alle Kodierer parallel eine bestimmte Anzahl von Schülerantworten bewerteten, die schließlich mit einer durch Mitarbeiter des DPC erstellten ‚Master-Kodierung' verglichen wurden. Jeder Kodierer erhielt im Anschluss an den Test eine individuelle Rückmeldung zu der von ihm erreichten Übereinstimmung mit der ‚Master-Kodierung', die im Schnitt aller Kodierer bei erfreulichen knapp 90 Prozent Übereinstimmung lag.

Nach Abschluss der Schulungsphase begann die Kodierung der Original-Testhefte. Die für die einzelne Schülerantwort oder die Erfassung der in den Rechtschreibtests vorgekommenen Fehler vergebenen Codes wurden von den Kodierern auf so genannte *coding sheets* (Kodierblätter) übertragen. Im nächsten Schritt wurden diese *coding sheets* – wie auch alle Fragebögen oder Testheftteile, die lediglich Multiple-Choice-Fragen enthielten – eingescannt, um sie in den Prozess der Datenerfassung einzuspeisen.

Nach der Datenerfassung wurden die Datensätze von Fehlern bereinigt und für die weitere Datenanalyse aufbereitet. Die Weitergabe der Datensätze an die wissenschaftliche Leitung der KESS-4-Studie erfolgte termingerecht.

Literatur

Baumert, J. & Schümer, G. (2001). Familiäre Lebensverhältnisse, Bildungsbeteiligung und Kompetenzerwerb. In J. Baumert, E. Klieme, M. Neubrand, M. Prenzel, U. Schiefele, W. Schneider, P. Stanat, K.-J. Tillmann & M. Weiß (Hrsg.), *PISA 2000. Basiskompetenzen von Schülerinnen und Schülern im internationalen Vergleich* (S. 323–407). Opladen: Leske + Budrich.

Birnbaum, A. (1968). Some latent trait models and their use in infering an examinee's ability. In F. M. Lord & M. R. Norvik (Hrsg.), *Statistical theories of mental test scores* (S. 395–479). Reading: Addison-Wesley.

Bos, W., Lankes, E.-M., Prenzel, M., Schwippert, K., Valtin, R. & Walther, G. (Hrsg.). (2004). *IGLU. Einige Länder der Bundesrepublik Deutschland im nationalen und internationalen Vergleich*. Münster: Waxmann.

Bos, W., Lankes, E.-M., Prenzel, M., Schwippert, K., Walther, G. & Valtin, R. (Hrsg.). (2003). *Erste Ergebnisse aus IGLU. Schülerleistungen am Ende der vierten Jahrgangsstufe im internationalen Vergleich*. Münster: Waxmann.

Erikson, R., Goldthorpe, J. H. & Portocarero, L. (1979). Intergenerational class mobility in three Western European societies: England, France and Sweden. *British Journal of Sociology*, *30*, 341–415.

Ganzeboom, H. B. G. & Treiman, D. J. (1996). Internationally comparable measures of occupationel status for the 1988 International Standard Classification of Occupation. *Social Science Research*, *25*, 201–239.

Ganzeboom, H. B. G. & Treiman, D. J. (2003). Three internationally standardised measures for comparative research on occupational status. In J. H. P. Hoffmeyer-Zlotnik & C. Wolf (Hrsg.), *Advances in cross-national comparison. A European working book for demographic and socio-economic variables* (S. 159–193). New York: Kluwer Academic Press.

Gonzales, J. G. (2003). Scaling the PIRLS reading Assessment Data. In M. O. Martin, I. V. S. Mullis & A. M. Kennedy (Hrsg.), *PIRLS 2001 Technical Report* (S. 151–168). Chestnut Hill: Boston College.

Honaker, J., Joseph, A., King, G., Scheve, K. & Singh, N. (2003). *Amelia. A program for missing data (Version 2.1)*. Cambridge: Harvard University.

International Labour Office. (1990). *ISCO-88. International standard classification of occupations*. Geneve: International Labour Office.

King, G., Honaker, J., Joseph, A. & Scheve, K. (2001). Analyzing incomplete political science data: An alternative algorithm for multiple imputation. *American Political Science Review, 95* (1), 49–70.

Kolen, M. & Brennan, R. L. (2004). *Test equating, scaling, and linking. Methods and practices*. New York: Springer.

Lankes, E.-M., Bos, W., Mohr, I., Plaßmeier, N., Schwippert, K., Sibberns, H. & Voss, A. (2003). Anlage und Durchführung der Internationalen Grundschul-Lese-Untersuchung (IGLU) und ihrer Erweiterung um Mathematik und Naturwissenschaften (IGLU-E). In W. Bos, E.-M. Lankes, M. Prenzel, K. Schwippert, G. Walther & R. Valtin (Hrsg.), *Erste Ergebnisse aus IGLU. Schülerleistungen am Ende der vierten Jahrgangsstufe im internationalen Vergleich* (S. 7–28). Münster: Waxmann.

Lehmann, R. H., Peek, R. & Gänsfuß, R. (1997). *Aspekte der Lernausgangslage von Schülerinnen und Schülern der fünften Klassen an Hamburger Schulen. Bericht über die Untersuchung im September 1996*. Hamburg: Behörde für Schule, Jugend und Berufsbildung.

Little, R. J. A. & Rubin, D. B. (1987). *Statistical analysis with missing data*. New York: John Wiley and Sons.

Mislevy, R. J., Beaton, A. E., Kaplan, B. & Sheehan, K. M. (1992). Estimation population characteristics from sparse matrix of item responses. *Journal of Educational Measurement, 29* (2), 133–161.

Muracki, E. & Bock, R. D. (1991). *PARSCALE: Parameter scaling of rating data*. Chicago: Scientific Software, Inc.

OECD. (2005). *PISA 2003 Data analysis manual*. Paris: OECD.

Prenzel, M., Geiser, H., Langeheine, R. & Lobemeier, K. (2003). Das naturwissenschaftliche Verständnis am Ende der Grundschule. In W. Bos, E.-M. Lankes, M. Prenzel, K. Schwippert, G. Walther & R. Valtin (Hrsg.), *Erste Ergebnisse aus IGLU. Schülerleistungen am Ende der vierten Jahrgangsstufe im internationalen Vergleich* (S. 143–187). Münster: Waxmann.

Prenzel, M., Geiser, H., Langeheine, R. & Lobemeier, K. (2004). Naturwissenschaftliche Kompetenz am Ende der Grundschulzeit: Vergleich zwischen einigen Ländern der Bundesrepublik Deutschland. In W. Bos, E.-M. Lankes, M. Prenzel, K. Schwippert, R. Valtin & G. Walther (Hrsg.), *IGLU. Einige Länder der Bundes-*

republik Deutschland im nationalen und internationalen Vergleich (S. 93–115). Münster: Waxmann.

Rasch, G. (1960). *Probabilistic models for some intelligence and attainment tests*. Kopenhagen: Nielson & Lydiche.

Schwippert, K., Bos, W. & Lankes, E.-M. (2003). Heterogenität und Chancengleichheit am Ende der vierten Jahrgangsstufe im internationalen Vergleich. In W. Bos, E.-M. Lankes, M. Prenzel, K. Schwippert, G. Walther & R. Valtin (Hrsg.), *Erste Ergebnisse aus IGLU. Schülerleistungen am Ende der vierten Jahrgangsstufe im internationalen Vergleich* (S. 265–302). Münster: Waxmann.

Sinharay, S., Stern, H. S. & Russell, D. (2001). The use of multiple imputation for the analysis of missing data. *Psychological Methods*, *6*, 317–329.

Warm, T. A. (1989). Weightend likelihood estimation of ability in item response models. *Psychometrika*, *54*, 427–450.

Wu, M. L. (2005). The role of plausible values in large scale surveys. *Studies in Educational Evaluation (Special Issue in Memory of R. M., edited by N. Postlethwaite)*, *31* (2–3), 114–128.

III. Rahmenbedingungen an Hamburger Grundschulen im nationalen und internationalen Vergleich

Eva-Maria Lankes, Nike Janke

Die Grundschule in Deutschland ist eine gemeinsame Schule für fast alle Kinder. Sie zielt auf einen gemeinsamen Grundstock an Bildung ab, auf dem anschließende Bildungsprozesse aufbauen können, sie soll gleichzeitig dazu beitragen, eine ‚ungleiche' Bildung für bestimmte Bevölkerungsschichten zu vermeiden (vgl. Einsiedler, 2003). Internationale Vergleiche verweisen auf Unterschiede zwischen Staaten in Hinblick auf Rahmenbedingungen des Unterrichts, aber auch in der Praxis des Unterrichts. Im ersten Band zur IGLU-Studie wurden die Unterschiede zwischen den Teilnehmerländern auf internationaler Ebene, im zweiten Band auf nationaler Ebene verglichen (vgl. Lankes, Bos, Mohr, Plaßmeier & Schwippert, 2003; Lankes, Plaßmeier, Bos & Schwippert, 2004). Hamburg hatte mit Blick auf die geplante KESS-4-Studie auf die Teilnahme an dem im Rahmen der IGLU-Studie 2001 durchgeführten Vergleich zwischen den Ländern der Bundesrepublik Deutschland verzichtet. Mit der im Rahmen von KESS 4 realisierten Vollerhebung konnte zugleich die nachträgliche Einbeziehung Hamburgs in den IGLU-Ländervergleich erfolgen. In KESS 4 wurden zu diesem Zweck in den begleitenden Fragebögen auch Fragen aus der IGLU-Studie eingesetzt. Das macht es möglich, die Befunde aus der KESS-4-Studie nachträglich international mit europäischen Nachbarstaaten und national mit den sechs anderen Ländern zu vergleichen (Tab. III.1).

Tabelle III.1: Vergleichsgruppen

Deutschland	International
Baden-Württemberg (BW)	Deutschland (DEU)
Bayern (BY)	England (ENG)
Brandenburg (BB)	Frankreich (FRA)
Bremen (HB)	Griechenland (GRC)
Hamburg (HH)	Italien (ITA)
Hessen (HE)	Niederlande (NDL)
Nordrhein-Westfalen (NW)	Schottland (SCO)
	Schweden (SWE)

BBS / IFS / LI : Kompetenzen und Einstellungen von Schülerinnen und Schülern © KESS 4

Neben einigen allgemeinen Rahmenbedingungen des Unterrichts, wie der personellen und materiellen Ausstattung, der Unterrichtszeit und der Kooperation im Kollegium, werden in diesem Kapitel auch einige Aspekte zum Unterricht und zu den bisherigen Schullaufbahnen der Kinder berichtet (zur Auswahl der Merkmale vgl. Lankes et al., 2003). Die Befunde beziehen sich, wenn sie nicht generell für den Unterricht in der Grundschule gelten, auf den Unterricht im Lesen und den Aufbau von Lesekompetenz, weil nur zum Lesen auf internationaler Ebene Daten erhoben worden sind.

1. Personelle und materielle Ausstattung

Im internationalen Vergleich unterscheiden sich die Staaten sowohl im Umfang der für Bildung bereitgestellten Mittel als auch in der Art ihrer Verwendung. Deutschland gibt für seine Grundschulen sowohl im internationalen Vergleich als auch innerhalb Deutschlands im Vergleich mit den anderen allgemein bildenden Schulen deutlich weniger Geld aus (vgl. OECD, 2003, S. 219). Als Beispiel für die Verwendung der Mittel werden hier Befunde zu den Schul- und Klassengrößen sowie zur Ausstattung der Schulen berichtet.

1.1 Schul- und Klassengrößen

Neuere Studien geben Hinweise darauf, dass kleinere Klassen für jüngere Schülerinnen und Schüler dann einen Vorteil darstellen, wenn sie mit höherem Engagement und damit häufigeren und intensiveren Lernaktivitäten der Schülerinnen und Schüler und / oder mit einer Erhöhung der individuellen Unterstützung durch die Lehrkraft einhergehen (vgl. Blatchford, Moriarty, Edmonds & Martin, 2002; Finn, Pannozzo & Achilles, 2003). Eine intensivere Förderung kann auch durch zusätzliches Personal gewährleistet werden, das einzelnen Schülerinnen und Schülern oder Gruppen innerhalb oder außerhalb des Unterrichts zusätzliche Unterstützung gibt. Deshalb wird hier neben der durchschnittlichen Klassengröße auch die Schüler-Lehrer-Relation und die Verfügbarkeit von zusätzlichen Lehrkräften berichtet (Tab. III.2).

Die Schulgröße wird zum einen durch die Zahl der Parallelklassen, zum anderen durch die Zahl der Jahrgänge bestimmt. Hamburger Grundschulen sind mit durchschnittlich 230 Schülerinnen und Schülern im Vergleich mit vierstufigen Grundschulen in anderen deutschen Ländern klein. Die durchschnittliche Zahl der Parallelklassen in einer Schule (2,7) bestätigt dies. Die durchschnittliche Klassengröße an Hamburger Grundschulen (23,4) liegt etwas über dem deutschen Mittelwert (22,5). Die Schüler-Lehrer-Relation entspricht in einigen Ländern beinahe der Klassenstärke, so dass für jede Klasse genau eine Lehrkraft zur Verfügung steht. In Hamburg lag die Schüler-Lehrer-Relation (16,2) im Jahr 2003 deutlich unter der Klassenstärke, was darauf schließen lässt, dass zusätzlich zur Klassenlehrkraft weitere Personen zur Unterstützung im Leseunterricht eingesetzt werden.

Tabelle III.2: Schulgröße, Klassengröße, Schüler-Lehrer-Relation und zusätzliche Lehrkräfte im nationalen und internationalen Vergleich

	Schulgröße[2]	Parallelklassen im 4. Jahrgang[3]	Klassengröße[4]	Schüler-Lehrer-Relation[5]	Zusätzliche Lehrkräfte an der Schule (Schüler in %)[6]
Deutschland	281	3,0	22,5	19,4	38
England	316	1,9	29,0	20,5	84
Frankreich	216	1,9	23,9	19,5	52
Griechenland	192	1,7	19,9	12,7	42
Italien	552	5,5	20,5	10,8	15
Niederlande	302[1]	1,3	26,4	17,2	93
Schottland	292[1]	1,6	25,9	20,5	94
Schweden	362	2,1	24,3	12,4	85
Baden-Württemberg	308[1]	3,0[1]	23,1	22,7	41
Bayern	344	3,1	24,6	20,8	43
Brandenburg	293[1]	2,5[1]	21,6	20,7	47
Bremen	273[1]	3,2[1]	21,4[1]	19,4	45
Hamburg	230[7]	2,7[8]	23,4[2]	16,2	56
Hessen	301	3,2	22,4	21,5	21
Nordrhein-Westfalen	266	2,9	22,6	21,7	32

[1] Antwortrate zwischen 70 und 84 Prozent.
[2] Die Angaben stammen aus dem Schulleiterfragebogen.
[3] Verhältnis Schüler im 4. Jahrgang zu Klassengröße.
[4] Die Angaben stammen aus dem Lehrerfragebogen.
[5] Quelle der internationalen Werte: OECD, 2003, S. 376; Quelle der nationalen Werte: Baumert et al., 2002, S. 18.
[6] Die Angaben zu Schülerprozenten sind folgendermaßen zu lesen: ‚38 Prozent der deutschen Schüler besuchen Schulen, an denen zusätzliche Lehrkräfte verfügbar sind'.
[7] Diese Angabe wurde von der Behörde für Bildung und Sport Hamburg übermittelt.
[8] In KESS 4 wurde die Anzahl der Schüler im 4. Jahrgang nicht über Schulleiterangaben erhoben, sondern aus den Klassenlisten berechnet.
Die Daten für die Vergleichsländer basieren auf der Erhebung von IGLU aus dem Jahr 2001.

BBS / IFS / LI : Kompetenzen und Einstellungen von Schülerinnen und Schülern © KESS 4

Diese Vermutung bestätigt der in der Tabelle III.2 berichtete Befund zum Anteil an Schülerinnen und Schülern, die Schulen besuchen, an denen für die vierten Klassen zusätzliche Lehrkräfte für Differenzierungsmaßnahmen verfügbar sind. In Hamburg besuchen 56 Prozent der Schülerinnen und Schüler Schulen, in denen im Leseunterricht zusätzliches Personal für Viertklässlerinnen und Viertklässler eingesetzt wird.

Hamburg liegt hier an der Spitze der im nationalen Vergleich untersuchten Länder der Bundesrepublik und deutlich über dem deutschen Mittelwert. Die gute Lehrerversorgung korrespondiert u. a. mit den überproportional hohen Anteilen von Schülerinnen und Schülern mit Migrationshintergrund an Hamburger Grundschulen (vgl. Schwippert, in Druck).

1.2 Ausstattung mit Bibliotheken und Computern

Der Zugang zu Büchern ist eine wichtige Voraussetzung für die Entwicklung von Lesekompetenz und Freude am Lesen. Eine gut ausgestattete und regelmäßig aktualisierte Schul- oder Klassenbibliothek kann Kinder gezielt an Lesematerial heranführen (vgl. Elley, 1992; Postlethwaite & Ross, 1992).

Die meisten Schulen in den Teilnehmerländern der Studie sind mit Büchern in Schul- oder Klassenbibliotheken gut versorgt (vgl. Tab. III.3). In Deutschland sind vor allem Klassenbibliotheken weit verbreitet, Schulbibliotheken sind seltener. In Hamburg verfügen Grundschulen nicht nur häufiger über Schul- (64 %) und Klassenbibliotheken (92 %), sie sind auch besser ausgestattet als in den meisten der hier berichteten Länder der Bundesrepublik. Genutzt werden die Klassenbibliotheken in Hamburg allerdings, wie in den meisten Ländern der Bundesrepublik, weniger intensiv. In England, Frankreich, den Niederlanden und Schottland, aber auch in Bayern nutzt mehr als die Hälfte der Kinder die Klassenbibliothek täglich.

Computer als in allen Bereichen wichtige Arbeitsmittel können schon in der Grundschule mit unterschiedlichen Funktionen genutzt werden (z. B. als Schreibwerkzeug, Nachschlagewerk, Kommunikationsmittel etc.). Voraussetzung für die Nutzung ist eine gute Ausstattung und eine didaktische Einbindung in das Unterrichtsgeschehen.

In Deutschland können 61 Prozent der Schülerinnen und Schüler an ihrer Schule einen Computer benutzen, 45 Prozent im Klassenzimmer (Tab. III.4). Eine Anbindung ans Internet ist eher selten. In Hamburg haben 86 Prozent der Grundschülerinnen und -schüler an ihrer Schule Zugang zu einem Computer, der zudem häufig im Klassenzimmer steht (77 %). Die Hälfte der Schülerinnen und Schüler hat Zugang zum Internet. Auch die Zahl der zur Verfügung stehenden Computer liegt in Hamburg weit über dem deutschen Mittelwert und über allen hier berichteten Ländern der Bundesrepublik. Durchschnittlich nur 5,3 Schülerinnen und Schüler teilen sich an Hamburgs Grundschulen einen Computer. Diese Ausstattung und Verfügbarkeit ist vor allem im Vergleich zum deutschen Mittelwert und zu den hier berichteten Ländern bemerkenswert.

Tabelle III.3: Schul- und Klassenbibliotheken im nationalen und internationalen Vergleich

	Schulbibliothek[3] (Schüler in %)[4]	Anzahl Bücher in Schulbibliothek (Schüler in %)[4]				Klassenbibliothek[5] (Schüler in %)[4]	Nutzung der Klassenbibliothek[5] (Schüler in %)[4]			Anzahl Bücher in Klassenbibliothek[5]
		250 oder weniger	251-500	501-2.000	mehr als 2.000		jeden Tag/fast jeden Tag	ein- bis zweimal pro Woche	seltener	
Deutschland	53	11	18	17	5	82	37	29	17	62
England	91	0	6	33	52	82	57	22	4	259
Frankreich	79	4	11	42	23	92	54	30	8	93 [1]
Griechenland	88	32	34	15	7	61	17	22	22	60
Italien	91	13	20	36	22	76	18	25	33	61
Niederlande	63	6	23	27	7	84	58	23	3	104 [1]
Schottland	84	0	18	44	22	91	57	30	5	114
Schweden	89	0	12	21	54	47	33	11	3	111
Baden-Württemberg	49	17	23	7	0	95	24	39	32	72
Bayern	38	0	9	13	13	96	64	28	4	74
Brandenburg	55	19	15	17	5	56	29	16	11	32
Bremen	35	12	14	4	0	100 [1]	37 [1]	37 [1]	26 [1]	40 [1]
Hamburg	64	9	22	28	5	92 [2]	23 [2]	42 [2]	27 [2]	82 [2]
Hessen	71	4	32	22	13	81	20	36	26	58
Nordrhein-Westfalen	57	10	16	25	4	90	43	31	16	65

[1] Antwortrate zwischen 70 und 84 Prozent.
[2] Antwortrate zwischen 50 und 69 Prozent.
[3] Die Angaben stammen aus dem Schulleiterfragebogen.
[4] Die Angaben zu Schülerprozenten sind folgendermaßen zu lesen: ‚53 Prozent der deutschen Schüler besuchen eine Schule, an der eine Schulbibliothek vorhanden ist'.
[5] Die Angaben stammen aus dem Lehrerfragebogen.
Die Daten für die Vergleichsländer basieren auf der Erhebung von IGLU aus dem Jahr 2001.

BBS / IFS / LI : Kompetenzen und Einstellungen von Schülerinnen und Schülern © KESS 4

Die bessere Ausstattung an Hamburger Grundschulen geht einher mit einer häufigeren Nutzung: 29 Prozent der Hamburger Grundschülerinnen und Grundschüler geben an, mindestens einmal wöchentlich am PC zu arbeiten. Das ist innerhalb der berichteten Länder der höchste Wert – in Deutschland sind es im Mittel nur 17 Prozent, am schwierigsten ist die Situation in Brandenburg (5 %), das am schlechtesten mit Computern ausgestattet ist.

Tabelle III.4: Verfügbarkeit von Computern, Zugang zum Internet und Anzahl der Schüler je PC im nationalen und internationalen Vergleich

	Computer[3] (Schüler in %)[4]			Computer mit Internetzugang (Schüler in %)[4]	Anzahl der Schüler (4. Kl.) pro PC[5]
	insgesamt zur Verfügung	im Klassenraum	in anderen Räumen der Schule		
Deutschland	61	45	45[1]	28	10,9
England	99	88[1]	95	86	3,9
Frankreich	83	41[1]	76[1]	51	7,7
Griechenland	18	0	17	9	12,7[2]
Italien	63	5[1]	60	37	10
Niederlande	97	90[1]	92[2]	47	4,1
Schottland	98	96	81[1]	60	4,8
Schweden	99	89	91[1]	93	5,5
Baden-Württemberg	51	39	30[2]	18	16,6[1]
Bayern	56	42[1]	43[1]	25	8,4
Brandenburg	28	1[1]	28	26	16,2[1]
Bremen	63[1]	51[2]	48[2]	19[1]	9,6[1]
Hamburg	86[2]	77[2]	76[2]	48[2]	5,3
Hessen	65	49	51[1]	35	9,4
Nordrhein-Westfalen	76	65	54[2]	24	14,0

[1] Antwortrate zwischen 70 und 84 Prozent.
[2] Antwortrate zwischen 50 und 69 Prozent.
[3] Die Angaben stammen aus dem Lehrerfragebogen.
[4] Die Angaben zu Schülerprozenten sind folgendermaßen zu lesen: ‚45 Prozent der deutschen Schüler besuchen eine Schule, an der ein Computer im Klassenraum verfügbar ist'.
[5] Summe der Kinder in der vierten Jahrgangsstufe, geteilt durch die Anzahl an PCs, die von diesen Kindern genutzt werden können.
Die Daten für die Vergleichsländer basieren auf der Erhebung von IGLU aus dem Jahr 2001.

BBS / IFS / LI : Kompetenzen und Einstellungen von Schülerinnen und Schülern © KESS 4

2. Lernbiographie der Viertklässlerinnen und Viertklässler

2.1 Einschulungsalter und Testalter

Die meisten Kinder aus der IGLU-Studie, deren Befunde in diesem Bericht mit den Befunden Hamburger Grundschulen verglichen werden, wurden am Ende ihres vierten Schuljahres getestet, in England, Schottland und Neuseeland am Ende des fünften Schuljahres (vgl. Tab. III.5). In allen Ländern gibt es Einrichtungen zur Betreuung der Kinder vor dem Schuleintritt, die je nach Einschulungspraxis in einigen

Ländern sogar mehr als zwei Jahre besucht werden. In England und Schottland verkürzt die Einschulung mit fünf Jahren die Kindergartenzeit, in den Niederlanden besuchen viele Kinder bereits ab vier Jahren die *basisschool* und in Schweden fast alle Kinder eine Vorschulklasse. In diesen Ländern sind die meisten Kinder bereits ab früher Kindheit in anregungsreichen, lernunterstützenden und z. T. auch fördernden Einrichtungen untergebracht. Schülerinnen und Schüler in Hamburg entsprechen in ihrem Alter dem deutschen Mittelwert. Auch der Anteil der Kinder, die länger als zwei Jahre eine vorschulische Einrichtung besucht haben, liegt in Hamburg mit 64 Prozent nahe am deutschen Mittelwert.

Tabelle III.5: Testalter, getesteter Jahrgang und Anteil an Kindern, die länger als zwei Jahre eine vorschulische Einrichtung besucht haben, im nationalen und internationalen Vergleich

	Testalter[3]	Getesteter Jahrgang	Besuch einer vorschulischen Einrichtung länger als 2 Jahre[4] (Schüler in %)
Schottland	9,8	5	14 [2]
Italien	9,8	4	78
Griechenland	9,9	4	21
Frankreich	10,1	4	88
England	10,2	5	18 [2]
Niederlande	10,3	4	12 [2]
Baden-Württemberg	10,4	4	82
Deutschland	10,5	4	68
Bayern	10,5	4	63
Hessen	10,5	4	75
Hamburg	10,5 [1]	4	61 [2]
Bremen	10,5	4	57 [1]
Brandenburg	10,6	4	89
Nordrhein-Westfalen	10,6	4	57 [1]
Schweden	10,8	4	38

[1] Antwortrate zwischen 70 und 84 Prozent.
[2] Antwortrate zwischen 50 und 69 Prozent.
[3] Die Angaben stammen aus dem Schülerfragebogen.
[4] Die Angaben stammen aus dem Elternfragebogen.
Die Daten für die Vergleichsländer basieren auf der Erhebung von IGLU aus dem Jahr 2001.

BBS / IFS / LI : Kompetenzen und Einstellungen von Schülerinnen und Schülern © KESS 4

Die Pflichtschulzeit beginnt in Deutschland wie in den meisten hier berichteten Staaten mit sechs Jahren. Ausnahmen sind Schweden (sieben Jahre), England und Schottland (fünf Jahre). Das tatsächliche Einschulungsalter kann im Einzelfall davon abweichen, je nachdem wie streng die Einhaltung des Pflichtschulalters jeweils gehandhabt wird. In Deutschland besteht eine Tendenz, die Kinder eher verspätet einzuschulen.

In Hamburg wurden 76 Prozent der Kinder, die im Schuljahr 2002/03 in der vierten Klasse getestet wurden, in dem Zeitraum geboren, der dem Pflichteinschulungsalter entspricht (Tab. III.6), 15 Prozent der Kinder sind älter, 9 Prozent sind jünger. Von der Gruppe der Kinder, die älter sind, wurden nach Angabe der Eltern 6 Prozent der Kinder mit sieben Jahren eingeschult, Klassenwiederholungen liegen dann – aus diesen Angaben abgeleitet – bei etwa 9 Prozent. Kinder, die jünger als die termingemäß eingeschulten Kinder sind, wurden entweder vorzeitig eingeschult oder haben eine Klasse übersprungen. Nach Bremen ist in Hamburg die größte Altersheterogenität in der vierten Jahrgangsstufe zu beobachten, wobei im Unterschied zu Bremen der Anteil an Kindern, die älter als die termingemäß eingeschulten Kinder sind, unauffällig ist.

Tabelle III.6: Verhältnis von Alter und Einschulungsstichtag der getesteten Kinder im nationalen Vergleich (Schüler in Prozent)

	NACH 30. Juni 1991 geboren – jünger als Pflichtschulalter[1]	Zwischen 1. Juli 1990 und 30. Juni 1991 geboren – entspricht Pflichtschulalter[2]	VOR 1. Juli 1990 geboren – älter als Pflichtschulalter[3]	Älter als Pflichtschulalter UND mit sieben Jahren oder älter eingeschult (Angabe der Eltern)
Baden-Württemberg	5	83	11	6
Bayern	4	82	14	7
Hamburg	9	76	15	6
Hessen	4	80	16	8
Deutschland	4	79	17	9
Brandenburg	2	80	18	11
Nordrhein-Westfalen	4	77	19	7
Bremen	8	70	22	10

[1] In Hamburg: NACH 30. Juni 1993.
[2] In Hamburg: zwischen 1. Juli 1992 und 30. Juni 1993.
[3] In Hamburg: VOR 1. Juli 1992.
Die Daten für die Vergleichsländer basieren auf der Erhebung von IGLU aus dem Jahr 2001.

BBS / IFS / LI : Kompetenzen und Einstellungen von Schülerinnen und Schülern © KESS 4

2.2 Unterrichtszeit

Deutschland liegt mit einem Mittelwert von 812 Zeitstunden Unterrichtszeit im vierten Schuljahr um 115 Stunden unter dem Mittelwert der hier für den Vergleich herangezogenen europäischen Länder (Tab. III.7). Nach Aussagen der Lehrkräfte werden in Deutschland 34 Prozent der gesamten Stundenzahl für Sprachunterricht und sprachbezogene Unterrichtsaktivitäten, 18 Prozent für Leseunterricht und lesebezogene Aktivitäten verwendet.

Tabelle III.7: Jahresunterrichtszeit in der vierten Jahrgangsstufe und Unterrichtszeit für Sprach- und Leseunterricht im nationalen und internationalen Vergleich

	Gesamtstundenanzahl[4]	Sprachunterricht (in der Landessprache) in Stunden[5]	Anteil des Sprachunterrichts in %[5]	Leseunterricht (in der Landessprache) in Stunden[5]	Anteil des Leseunterrichts in %[5]
Deutschland	812[1]	270[2]	34[2]	150[2]	18[2]
England	958[1]	276[1]	29[1]	147[1]	15[1]
Frankreich	910	-	-	-	-
Griechenland	795[1]	293[1]	37[1]	207[1]	26[1]
Italien	1038	271	27	165	17
Niederlande	1082[1]	321[2]	30[2]	152[2]	14[2]
Schottland	962[1]	257[2]	27[2]	159[1]	17[1]
Schweden	860[1]	257[2]	31[2]	152[1]	19[1]
Baden-Württemberg	798[1]	245[2]	31[2]	130[2]	16[2]
Bayern	839[1]	240[2]	28[2]	131[2]	16[2]
Brandenburg	739[2]	300[2]	41[2]	175[3]	24[3]
Bremen	777[2]	237[3]	31[3]	130[2]	17[2]
Hamburg	807[2]	241[3]	30[3]	132[3]	18[3]
Hessen	807[1]	233[2]	29[2]	142[2]	18[2]
Nordrhein-Westfalen	825[1]	304[2]	37[2]	167[2]	20[2]

[1] Antwortrate zwischen 70 und 84 Prozent.
[2] Antwortrate zwischen 50 und 69 Prozent.
[3] Antwortrate unter 50 Prozent.
[4] Anzahl der Zeitstunden an einem normalen Schultag, multipliziert mit den Schultagen pro Jahr (die Angaben stammen aus dem Schulleiterfragebogen).
[5] Die Angaben stammen aus dem Lehrerfragebogen.
Die Daten für die Vergleichsländer basieren auf der Erhebung von IGLU aus dem Jahr 2001.

BBS / IFS / LI : Kompetenzen und Einstellungen von Schülerinnen und Schülern © KESS 4

Hier sind auch Unterschiede zwischen den Ländern festzustellen. So räumten die Lehrkräfte in Brandenburg bei zwar insgesamt niedriger Gesamtstundenzahl im Schuljahr 2000/01 dem Sprach- und Leseunterricht einen relativ großen Zeitanteil ein, während in Bayern bei insgesamt hoher Gesamtstundenzahl der Anteil an Sprach- und Leseunterricht nach den Berichten der Lehrkräfte im Verhältnis geringer ausfällt. In den Lehrerfragebögen war ausdrücklich nach Sprach- bzw. Leseunterricht und sprachlichen bzw. Leseaktivitäten gefragt worden. Damit sind auch Aktivitäten in anderen Fächern mit eingeschlossen, die Lesen oder Sprache zum Thema haben. In Hamburg wurden im Schuljahr 2002/03 in der vierten Jahrgangsstufe im Mittel 807 Zeitstunden Unterricht erteilt, 16 Prozent davon wurden für den Leseunterricht aufgewendet. Diese Werte liegen nahe beim deutschen Mittelwert.

3. Individualisierung und Differenzierung im Leseunterricht der Grundschule

Die Grundschule als eine allgemein bildende Schule für fast alle Kinder hat es – anders als etwa die weiterführenden Schulen in Deutschland – mit einer unausgelesenen Schülerpopulation und damit mit einer großen Breite von Schülerleistungen, Schülervoraussetzungen und familiären Hintergrundmerkmalen zu tun (vgl. Roßbach, 2001). Angesichts dieser Heterogenität bedeuten die Erwartungen an die Grundschule, nämlich ungleiche Voraussetzungen auszugleichen und einen gemeinsamen Grundstock an Bildung aufzubauen (vgl. Einsiedler, 2003), eine anspruchsvolle Herausforderung an die Lehrkräfte der Grundschule und ihren Unterricht. Im Folgenden werden einige Merkmale des Unterrichts beschrieben, die den Umgang mit Heterogenität betreffen.

3.1 Organisation des Leseunterrichts

In einem Unterricht, der die meiste Zeit im Klassenverband stattfindet und in dem die Kinder stets alle das Gleiche tun, bleibt wenig Raum für individuelle Aufgaben und individuelle Unterstützung. Die Abbildung III.1 dokumentiert die Antwort der Lehrkräfte auf die Frage: „Wenn Sie Lesen unterrichten und / oder lesebezogene Unterrichtsaktivitäten mit den Schülern durchführen, wie oft organisieren Sie diese in folgender Weise?“ (Antwortmöglichkeiten: ‚immer oder fast immer‘, ‚oft‘, ‚manchmal‘, ‚nie‘).

Die Abbildung III.1 zeigt, dass in Hamburg – wie in den meisten Staaten und in den Ländern der Bundesrepublik – der Unterricht im *Klassenverband* die vorherrschende

Unterrichtsform darstellt. Allerdings gibt es in allen Staaten und Ländern eine größere oder kleinere Gruppe von Lehrkräften, die angibt, sogar immer oder fast immer im Klassenverband zu unterrichten, die also andere Organisationsformen entsprechend selten realisiert. In Hamburg werden 25 Prozent der Kinder fast ausschließlich im Klassenverband unterrichtet. Das entspricht dem deutschen Mittelwert.

Abbildung III.1: Organisation des Leseunterrichts im nationalen und internationalen Vergleich

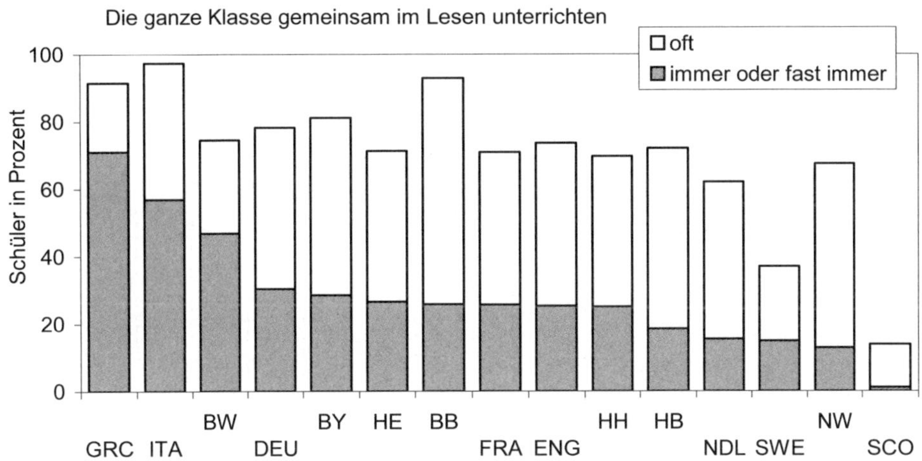

Die Angaben stammen aus dem Lehrerfragebogen.
Die Daten für die Vergleichsländer basieren auf der Erhebung von IGLU aus dem Jahr 2001.

BBS / IFS / LI : Kompetenzen und Einstellungen von Schülerinnen und Schülern © KESS 4

3.2 Differenzierung durch Material im Leseunterricht

Wenn Kinder in Gruppen zusammengefasst werden oder individuell arbeiten, dann können sie entsprechend ihren Fähigkeiten mit unterschiedlichen Aufgaben oder Materialien lernen.

Auf die Frage: „Welche der folgenden Aussagen beschreibt am besten, wie Sie im Leseunterricht Unterrichtsmaterial für Schüler mit unterschiedlichen Lesefähigkeiten einsetzen?" sollten die Lehrkräfte eine von vier Antwortalternativen wählen. Die Lehrkräfte in Schottland, England und Schweden (vgl. Abb. III.2) lassen die meisten Schülerinnen und Schüler mit unterschiedlichem Material lernen, in Deutschland, Frankreich und Griechenland arbeiten die meisten Kinder mit dem gleichen Material, haben dafür aber unterschiedlich viel Zeit (vgl. Meyer-Willner, 2001).

Nur wenige Schülerinnen und Schüler werden von Lehrkräften unterrichtet, die das unterschiedliche Niveau überhaupt nicht berücksichtigen (Antwortalternative 3) oder die angeben, dass die Klasse auf gleichem Niveau sei (Antwortalternative 4). Die Differenzierung durch Zeit ist in Hamburg (77 %) wie in allen hier berichteten Ländern der Bundesrepublik die vorherrschende Methode, nach Nordrhein-Westfalen (31 %) werden aber auch in Hamburg (19 %) etwas mehr Schülerinnen und Schüler von Lehrkräften unterrichtet, die angeben, unterschiedliches Material einzusetzen.

Abbildung III.2: Maßnahmen zur Differenzierung im Leseunterricht im nationalen und internationalen Vergleich

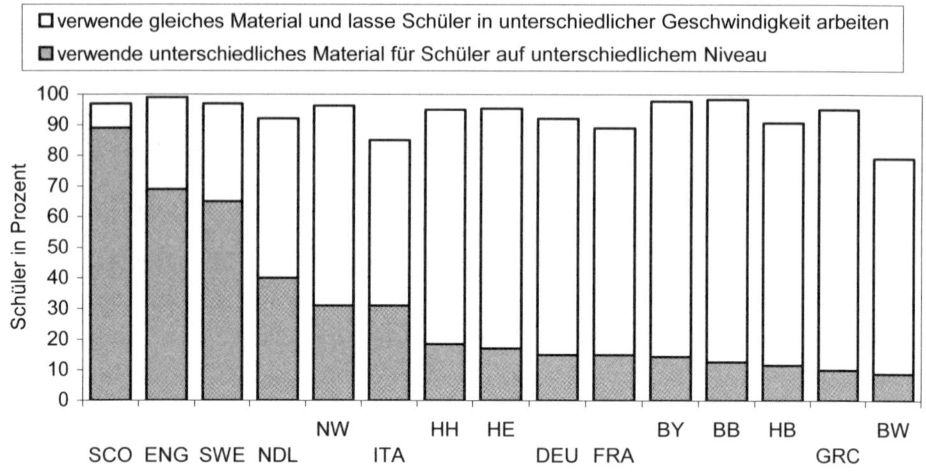

Die Angaben stammen aus dem Lehrerfragebogen.
Die Daten für die Vergleichsländer basieren auf der Erhebung von IGLU aus dem Jahr 2001.

BBS / IFS / LI : Kompetenzen und Einstellungen von Schülerinnen und Schülern © KESS 4

Welches Material die Lehrkräfte im Leseunterricht verwenden, wurde mit der folgenden Frage im Lehrerfragebogen erfragt: „Wenn Sie Lesen unterrichten und / oder lesebezogene Aktivitäten mit den Schülern durchführen, wie oft verwenden Sie die folgenden Hilfsmittel?“ (Antwortalternativen: ‚jeden Tag oder fast jeden Tag‘, ‚ein- bis zweimal pro Woche‘, ‚ein- bis zweimal pro Monat‘, ‚nie oder fast nie‘).

Hamburg liegt bei der Verwendung von Lehrbüchern oder Lesereihen im Leseunterricht im unteren Bereich. Nur 20 Prozent der Kinder arbeiten täglich mit einem Lehrbuch oder mit Lesereihen (Mittelwert für Deutschland: 43 %). Beim Einsatz von Arbeitsblättern oder Arbeitsbüchern (Abb. III.3) nimmt Deutschland im internationalen Vergleich einen Spitzenplatz ein. Die Hälfte der Kinder in Deutschland erhält täglich im Leseunterricht ein Arbeitsblatt oder arbeitet mit einem Arbeitsbuch.

Hamburg (61 %) gehört mit Bremen und Nordrhein-Westfalen zu den Ländern, die hier sogar noch darüber liegen. Kinderbücher werden dagegen in deutschen Grundschulen im Leseunterricht sehr viel seltener verwendet als in vielen anderen Staaten, die Unterschiede zwischen den untersuchten Ländern der Bundesrepublik sind nicht nennenswert. In Hamburg arbeiten 10 Prozent der Kinder täglich, 40 Prozent ein- bis zweimal wöchentlich mit einem Kinderbuch. Diese Werte entsprechen dem deutschen Mittelwert.

Abbildung III.3: Verwendung von Arbeitsbüchern oder Arbeitsblättern im Leseunterricht im nationalen und internationalen Vergleich

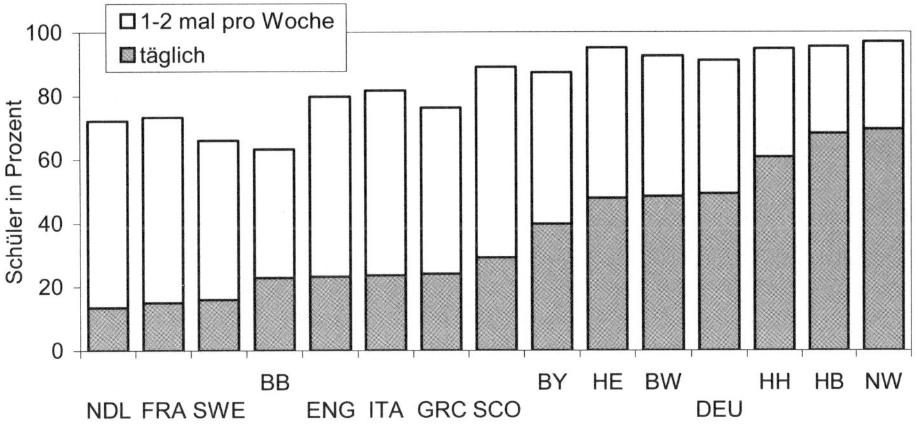

Die Angaben stammen aus dem Lehrerfragebogen.
Die Daten für die Vergleichsländer basieren auf der Erhebung von IGLU aus dem Jahr 2001.

BBS / IFS / LI : Kompetenzen und Einstellungen von Schülerinnen und Schülern © KESS 4

3.3 Leseaktivitäten im Unterricht

Wenn im Unterricht gelesen wird, kann das auf unterschiedliche Weise und mit unterschiedlichem individuellem Nutzen geschehen. Vorlesen durch die Lehrkraft kann als Vorbild dienen, zum Selberlesen motivieren oder konzentriertes Zuhören unterstützen (vgl. Lundberg & Linnakylä, 1993). Das Vorlesen durch einzelne Kinder dieser Altersstufe kann darauf abzielen, den gestaltenden Vortrag von (vorbereiteten) Texten zu erproben und zu verbessern. Wenn die Lehrkraft oder einzelne Schülerinnen und Schüler vorlesen und die Klasse zuhört oder mitliest, dann gibt es keine Möglichkeit zu differenzieren oder zu individualisieren. Wenn Kinder leise für sich selbst lesen, und Kinder dieser Altersstufe sollten dazu in der Lage sein, dann bieten sich viele Möglichkeiten der Differenzierung und Individualisierung (nach Interesse, Schwierigkeit, Länge der Texte, Lesegeschwindigkeit etc.).

Abbildung III.4: Leseaktivitäten im Unterricht im nationalen und internationalen Vergleich

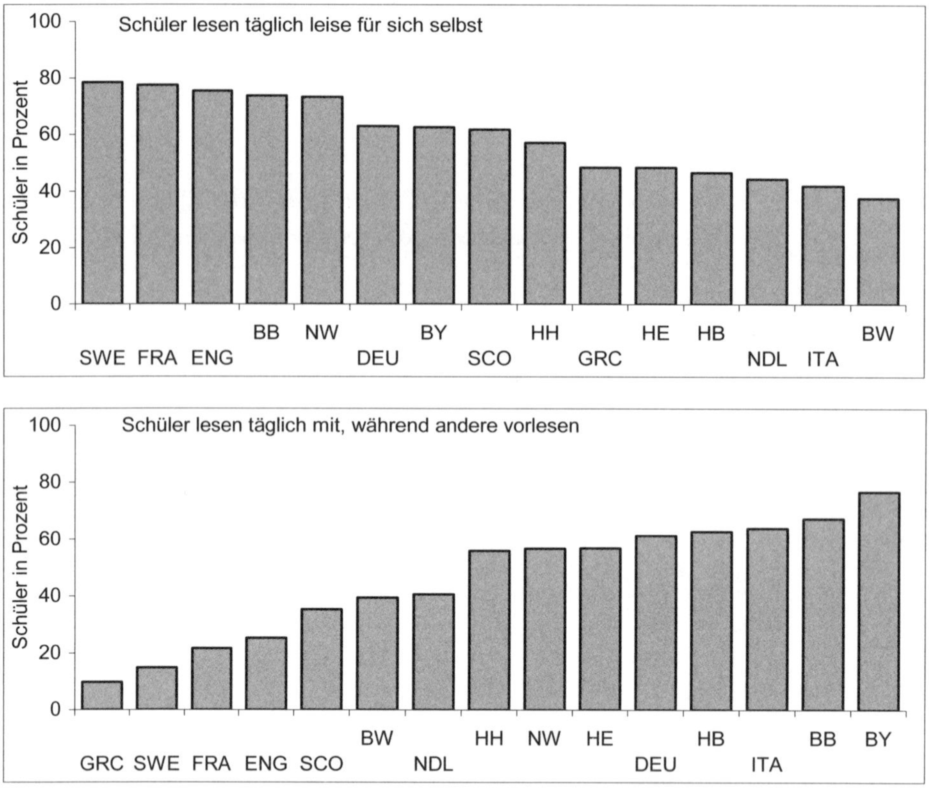

Die Angaben stammen aus dem Lehrerfragebogen.
Die Daten für die Vergleichsländer basieren auf der Erhebung von IGLU aus dem Jahr 2001.

BBS / IFS / LI : Kompetenzen und Einstellungen von Schülerinnen und Schülern © KESS 4

Deutschen Schülerinnen und Schülern wird im internationalen Vergleich deutlich seltener von ihren Lehrkräften vorgelesen als Kindern anderer Staaten. In keinem Land sind es mehr als 20 Prozent der Kinder, denen täglich vorgelesen wird, der Hamburger Wert (15 %) entspricht dem deutschen Mittelwert (zum Vergleich: England 72 %, Schweden 60 %). Die untersuchten Länder der Bundesrepublik unterscheiden sich hier kaum. Auch lesen deutsche Schülerinnen und Schüler im Mittel eher etwas weniger leise für sich selbst als etwa Kinder in Schweden, Frankreich oder England (Abb. III.4). In Hamburg lesen 57 Prozent der Kinder in der vierten Klasse täglich still für sich selbst, dieser Wert liegt nahe beim deutschen Mittelwert und wird z. B. von Brandenburg (74 %) und Nordrhein-Westfalen (73 %) deutlich übertroffen. Eine deutsche Besonderheit ist das ‚Mitlesen, während andere Kinder laut vorlesen'. Nur in Italien wird diese stark kontrollierende Methode ähnlich häufig praktiziert. In Hamburg erleben 56 Prozent der Kinder diese Methode täglich.

3.4 Fördermaßnahmen an der Schule

Zum Auftrag der Grundschule gehört zum einen die Vermittlung grundlegender Kenntnisse, Fähigkeiten und Fertigkeiten, die einen erfolgreichen Übergang in die weiterführenden Schulen ermöglichen, zum anderen die individuelle Förderung und Entwicklung jedes Kindes nach seinen Fähigkeiten, Begabungen, Neigungen und Interessen.

Abbildung III.5: Versorgung der Schüler mit Förderangeboten zum Lesen im nationalen und internationalen Vergleich

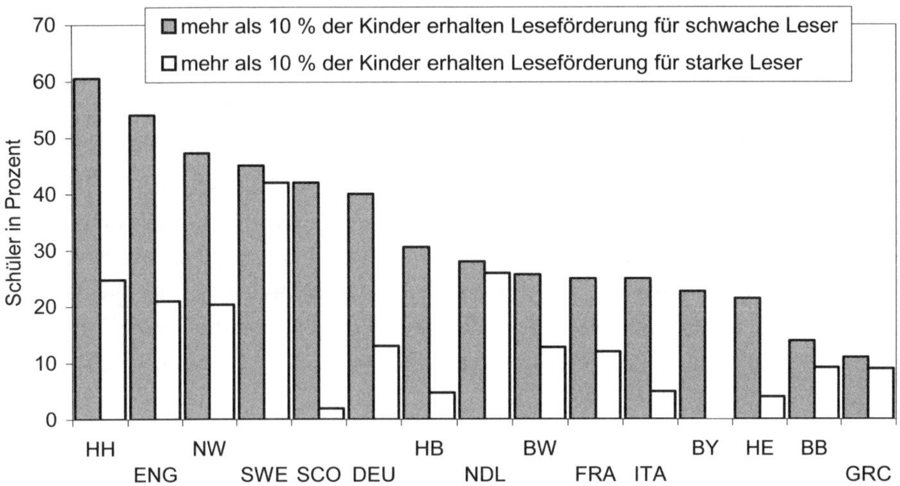

Die Angaben stammen aus dem Schulleiterfragebogen.
Die Daten für die Vergleichländer basieren auf der Erhebung von IGLU aus dem Jahr 2001.

BBS / IFS / LI : Kompetenzen und Einstellungen von Schülerinnen und Schülern © KESS 4

In Deutschland besuchen im Mittel 40 Prozent der Kinder eine Schule, an der nach Angabe der Schulleitung mindestens jedes zehnte Kind eine besondere Förderung für schwache Leser erhält (Abb. III.5). In Hamburg, wo 60 Prozent der Kinder solche Schulen besuchen, ist die Versorgung mit Förderunterricht nicht nur im Vergleich zu den hier berichteten Ländern, sondern auch im internationalen Vergleich beachtlich. In keinem der hier berichteten Länder und Staaten besuchen mehr Schülerinnen und Schüler dieser Altersstufe Schulen mit derart umfangreichen Fördermöglichkeiten. Darüber hinaus befindet sich ein Viertel der Schülerschaft an Schulen, in denen leistungsstarke Kinder zusätzliche Förderung erhalten – auch dieser Wert ist im nationalen und internationalen Vergleich hoch und wird nur noch von Schweden deutlich übertroffen. Dieser Befund stimmt mit der im nationalen Vergleich deutlich besseren Schüler-Lehrer-Relation in Hamburg und der Verfügbarkeit zusätzlicher Lehrkräfte für den Leseunterricht überein (vgl. Tab. III.2). Hierbei ist wieder zu beachten, dass die Hamburger Werte am Ende des Schuljahres 2002/03, die Vergleichswerte jedoch zwei Jahre früher erhoben wurden. Seit der Veröffentlichung der PISA-Ergebnisse Ende 2001 haben viele Länder ihre Anstrengungen in diesem Bereich intensiviert.

4. Schulleitung und Kollegium

4.1 Die Rolle der Schulleitung

In der Schuleffektivitätsforschung wird der Schulleitung eine zentrale Rolle für die Qualität schulischer Arbeit beigemessen, die sich in den Führungsfähigkeiten, der Koordination von Zusammenarbeit und Austausch in der Schule und nicht zuletzt auch in der fachlichen Kompetenz der Schulleitung niederschlägt (vgl. Scheerens & Bosker, 1997). Während in den meisten Staaten die Schulleitungen hauptsächlich mit Leitungsfunktionen, wie etwa der Erstellung von Plänen, dem Personalmanagement, Außenkontakten und Verwaltungsarbeiten beschäftigt sind (vgl. Lankes et al., 2003) und nur zu einem geringen Teil unterrichten, sind die Schulleitungen in Deutschland und Frankreich in erster Linie unterrichtende Lehrkräfte, die daneben vor allem Verwaltungsarbeiten erledigen und Außenkontakte pflegen. Zwischen der Größe der Schule und der Unterrichtsverpflichtung der Schulleitung besteht ein Zusammenhang: Je größer die Schule, desto geringer der Anteil an Unterricht. Das gilt in allen Ländern und Staaten.

Trotzdem liegt die Unterrichtsverpflichtung der Schulleitung im Mittel in vielen Staaten deutlich unter dem Anteil in Deutschland (43 %). Abweichend von der Situation in den im nationalen Vergleich berichteten Ländern der Bundesrepublik verwenden die Schulleitungen in Hamburg jedoch nur 21 Prozent ihrer Zeit für Unterricht (Abb. III.6). Dafür beanspruchen Verwaltungsaufgaben einen im Verhältnis zu den anderen Ländern größeren Anteil der Arbeitszeit (34 % in Hamburg).

Abbildung III.6: Von der Schulleitung für verschiedene Aufgaben aufgewendete Zeit im nationalen Vergleich (Zeitanteile in Prozent)

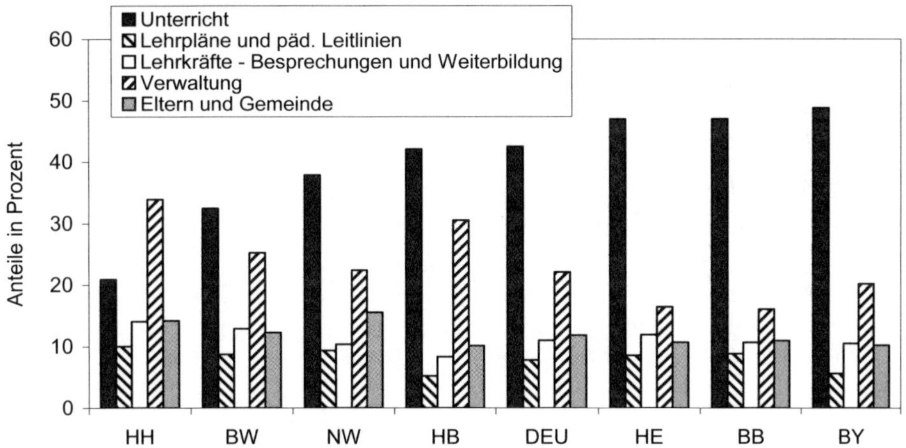

Die Angaben stammen aus dem Schulleiterfragebogen.
Abweichungen von 100 Prozent enthalten die Kategorie ‚Anderes'.
Die Daten für die Vergleichsländer basieren auf der Erhebung von IGLU aus dem Jahr 2001.

BBS / IFS / LI : Kompetenzen und Einstellungen von Schülerinnen und Schülern © KESS 4

In Staaten, in denen die Schulleitungen weniger unterrichten, gibt es häufiger einen eigenen schulinternen Leselehrplan und von der Schule organisierte Fortbildungsprogramme für Lehrerinnen und Lehrer zum Lesen. In Deutschland sind solche Vereinbarungen und Maßnahmen generell seltener als in anderen Staaten. Innerhalb der Länder sind allerdings Unterschiede zu beobachten. In Hamburg gibt es bei vergleichsweise geringer Unterrichtsbelastung der Schulleitung nur selten schulintern erarbeitete Leselehrpläne. 24 Prozent der Hamburger Kinder befinden sich an Schulen, die schulinterne Fortbildungen zum Leseunterricht durchführen. In Brandenburg finden sich trotz hoher Unterrichtsbelastung der Schulleitungen in Relation zu den anderen untersuchten Ländern der Bundesrepublik häufiger schulinterne Leselehrpläne und schulinterne Lesefortbildungen.

4.2 Kooperation im Kollegium

Sowohl die empirische Forschung zur Wirksamkeit guter Schulen als auch die empirischen Studien zur individuellen Entwicklung einer professionellen Handlungskompetenz zeigen, dass eine berufsbezogene Kooperation zwischen Lehrkräften von zentraler Bedeutung für das Gelingen schulischer Arbeit ist (vgl. Bund-Länder-Kommission für Bildungsplanung und Forschungsförderung, 1997).

Abbildung III.7: Rahmenbedingungen für Kooperation im Kollegium im nationalen und internationalen Vergleich

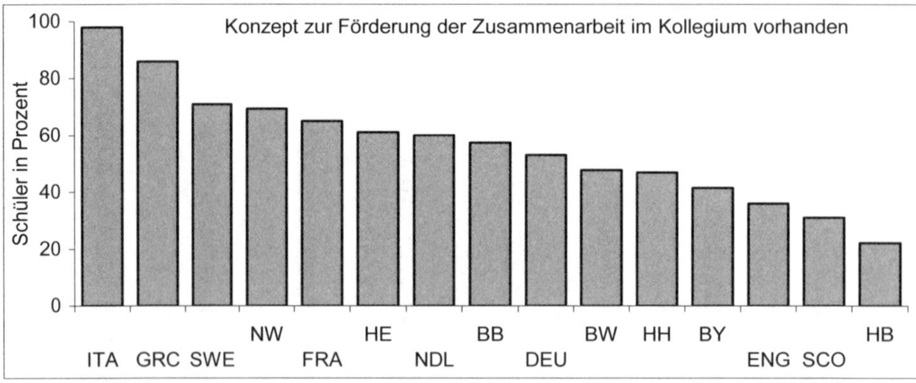

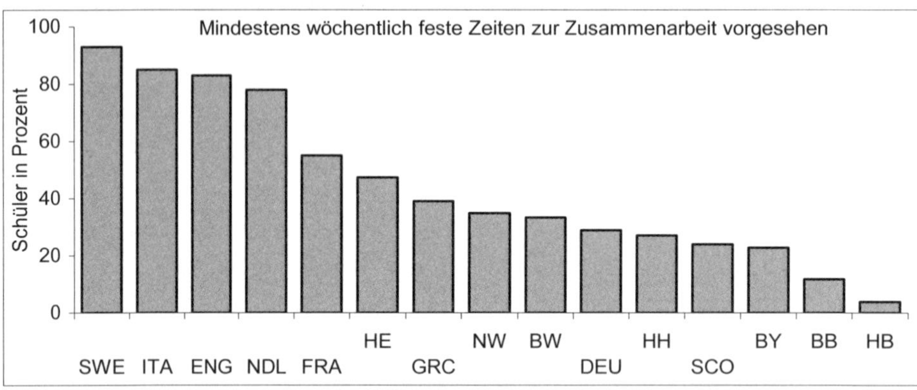

Die Angaben stammen aus dem Schulleiterfragebogen.
Die Daten für die Vergleichsländer basieren auf der Erhebung von IGLU aus dem Jahr 2001.

BBS / IFS / LI : Kompetenzen und Einstellungen von Schülerinnen und Schülern © KESS 4

In vielen Staaten gibt es nach Aussage der Schulleitungen an den Schulen Konzepte, um die Zusammenarbeit der Lehrkräfte untereinander zu fördern, und fest vorgesehene Zeiten für die gemeinsame Arbeit an Unterrichtsmaterial und Unterrichtsmethoden (vgl. Abb. III.7). Auch in Deutschland besuchen etwa in Nordrhein-Westfalen, Hessen oder Brandenburg mehr als die Hälfte der Schülerinnen und Schüler Schulen, an denen nach Angabe der Schulleitungen Konzepte für die Zusammenarbeit vorliegen.

Der Wert für Hamburg liegt hier mit 47 Prozent knapp unter dem deutschen Mittelwert. In Hamburg besuchen 27 Prozent der Schülerinnen und Schüler Schulen, an denen nach Angabe der Schulleitungen wöchentliche feste Zeiten für die Zusammenarbeit vorgesehen sind, in Hessen sind es etwa 47 Prozent. Dass solche festen

Zeiten für die Zusammenarbeit in Deutschland seltener eingeplant sind als in anderen europäischen Staaten, liegt vermutlich auch an dem traditionellen Halbtagsunterricht. Korrekturen, Nachbereitung und Vorbereitung von Unterricht werden am Nachmittag am häuslichen Arbeitsplatz erledigt und nicht in der Schule, wie dies in vielen Staaten geschieht, in denen der Unterricht weit in den Nachmittag hineinreicht.

4.3 Einstellung der Lehrkräfte zu Schulerfolg und Schulversagen

Schulen, die eine erfolgreiche pädagogische und didaktische Arbeit leisten, übernehmen Verantwortung für das Lernen und die Entwicklung ihrer Schülerschaft. Schülerinnen und Schüler mit Lernrückständen oder -vorsprüngen, unterschiedlichen Begabungen, Fähigkeiten und Interessen sind Herausforderungen an die Professionalität des Lehrpersonals. Eine Frage in der nationalen Erweiterung der IGLU-Fragebögen erhob die Einstellung der Lehrkräfte zum Erfolg bzw. Versagen von Schülerinnen und Schülern. Die Abbildung III.8 zeigt, dass gute schulische Leistungen eher selten öffentlich hervorgehoben werden, dass Misserfolge von Schülerinnen und Schülern nur in geringem Umfang den Lehrkräften angelastet werden und dass Schulversagen fast ausschließlich als Problem der einzelnen Schülerin bzw. des einzelnen Schülers angesehen wird.

Abbildung III.8: Stellung der Schule zu Schulerfolg und Schulversagen nach Auskunft der Lehrkräfte in einigen Ländern der Bundesrepublik Deutschland

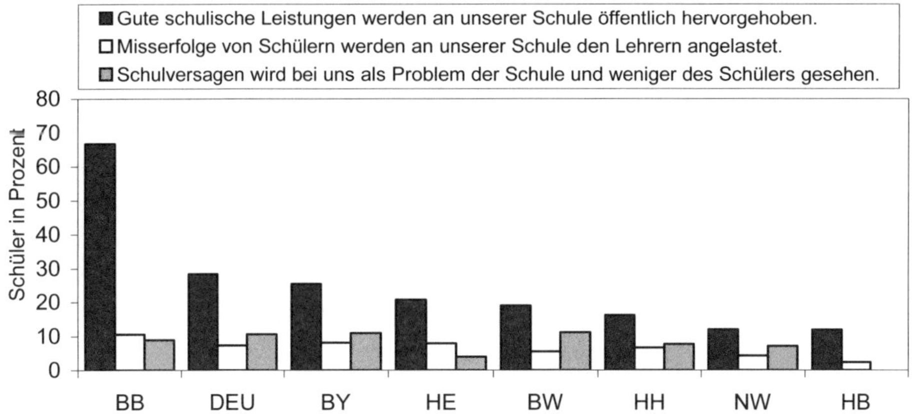

Die Angaben stammen aus dem Lehrerfragebogen.
Die Daten für die Vergleichsländer basieren auf der Erhebung von IGLU aus dem Jahr 2001.

BBS / IFS / LI : Kompetenzen und Einstellungen von Schülerinnen und Schülern © KESS 4

5. Zusammenfassung

Die Studie KESS 4 liefert für Hamburg Befunde, die in Beziehung gesetzt werden können zu Ergebnissen aus der Internationalen Grundschul-Lese-Untersuchung IGLU. In diesem Kapitel wurden die Lehr- und Lernbedingungen an Hamburger Grundschulen in den Blick genommen und in einigen Aspekten national und international verglichen. Sie stellen einen Hintergrund für die in den folgenden Kapiteln berichteten Leistungsbefunde dar. Bei sämtlichen Interpretationen ist zu berücksichtigen, dass die Werte für Hamburg Ende des Schuljahres 2002/03, die Werte für die anderen Länder und Staaten bereits zwei Jahre zuvor erhoben wurden.

Personelle und materielle Ausstattung. Hamburger Grundschulklassen unterscheiden sich – wie die der anderen hier berichteten Länder auch – in ihrer Größe nicht wesentlich von dem im internationalen Vergleich eher niedrigen deutschen Mittelwert. Allerdings ist das Schüler-Lehrer-Verhältnis in Hamburg günstiger als in vielen anderen Ländern in Deutschland, und mehr als die Hälfte der Kinder besuchen Schulen, an denen für die Viertklässlerinnen und Viertklässler zusätzliches Lehrpersonal für Leseförderung zur Verfügung steht. Außerhalb des Unterrichts besteht an Hamburger Grundschulen besonders häufig die Möglichkeit der Förderung sowohl leistungsschwacher als auch leistungsstarker Kinder. Hamburger Grundschulen sind besonders gut mit Schul- und Klassenbibliotheken ausgestattet, die jedoch eher selten genutzt werden. Auch die Ausstattung mit Computern liegt weit über der in anderen Ländern der Bundesrepublik Deutschland und nähert sich in Bezug auf die Menge und die Verfügbarkeit im Klassenzimmer der Situation in Schweden, den Niederlanden und England im Testjahr. Sowohl personell als auch materiell zeigen sich Hamburgs Grundschulen im Schuljahr 2002/03 besser ausgestattet als die im nationalen Vergleich berichteten Länder im Schuljahr 2000/01.

Lernbiographie der Viertklässlerinnen und Viertklässler. Das Testalter der Hamburger Grundschülerinnen und -schüler und der Anteil an Kindern, die mehr als zwei Jahre eine vorschulische Einrichtung besucht haben, entsprechen dem deutschen Mittelwert. Die Altersheterogenität ist in den vierten Klassen relativ hoch, wobei der Anteil an Kindern, die älter als die termingemäß eingeschulten Kinder sind, nicht auffällig ist, jedoch etwas mehr Kinder in der vierten Jahrgangsstufe jünger sind als erwartet.

Unterrichtszeit. Deutsche Grundschülerinnen und -schüler erhalten im internationalen Vergleich eher weniger Unterricht. Sprach- und Leseaktivitäten nehmen in den Ländern unterschiedlich viel Raum ein. In Hamburg liegt die Versorgung mit Unterricht und die Verwendung der Zeit für Sprach- und Leseaktivitäten national verglichen im mittleren Bereich.

Leseunterricht. In Hamburg wird wie in den meisten der hier berichteten Länder der Leseunterricht in weiten Teilen im Klassenverband durchgeführt. Innerhalb des Leseunterrichts differenzieren die Hamburger Lehrkräfte wie ihre Kolleginnen und Kollegen in den anderen deutschen Ländern bevorzugt durch Zeit, aber etwas häufiger als in den anderen hier berichteten Ländern auch durch den Einsatz unterschiedlichen Materials. Die Werte für den Leseunterricht an Hamburger Grundschulen liegen in den hier berichteten Merkmalen meist im mittleren Bereich und entsprechen damit dem durchschnittlichen Leseunterricht an deutschen Grundschulen.

Schulleitung und Kollegium. Trotz der im nationalen Vergleich sehr niedrigen Unterrichtsverpflichtung der Schulleitungen an Hamburger Grundschulen kommen die hier erfragten schulinternen Maßnahmen, die als Hinweise auf einen fortgeschrittenen Schulentwicklungsprozess gewertet werden können, eher selten vor.

Die vorliegenden Daten zeigen, dass die Lehr-Lernbedingungen an Hamburger Grundschulen in Bezug auf die personelle und materielle Ausstattung der Schulen als relativ günstig anzusehen sind. Inwieweit die Werte auf Unterschiede hindeuten oder als Entwicklungen zu interpretieren sind, die in anderen Ländern in der Zwischenzeit auch in Gang gesetzt wurden, kann wegen der unterschiedlichen Erhebungszeitpunkte nicht beurteilt werden. Die Befunde lassen allerdings auch vermuten, dass Hamburger Grundschulen sich in Bezug auf den Unterricht und die hier berichteten Merkmale der Schulorganisation nicht wesentlich vom deutschen Mittelwert und der Situation in den anderen Ländern der Bundesrepublik Deutschland unterscheiden.

Literatur

Baumert, J., Artelt, C., Klieme, E., Neubrand, M., Prenzel, M., Schiefele, U., Schneider, W., Tillmann, K.-J. & Weiß, M. (Hrsg.). (2002). *PISA 2000. Die Länder der Bundesrepublik Deutschland im Vergleich.* Opladen: Leske + Budrich.

Blatchford, P., Moriarty, V., Edmonds, S. & Martin, C. (2002). Relationships between class size and teaching: a multi-method analysis of English infant schools. *American Educational Research Journal, 39* (1), 101–132.

Bund-Länder-Kommission für Bildungsplanung und Forschungsförderung. (1997). *Gutachten zur Vorbereitung des Programms ‚Steigerung der Effizienz des mathematisch-naturwissenschaftlichen Unterrichts‘* (Materialien zur Bildungsplanung und zur Forschungsförderung, Bd. 60). Bonn: Bund-Länder-Kommission.

Einsiedler, W. (2003). Unterricht in der Grundschule. In K. S. Cortina, J. Baumert, A. Leschinsky, K. U. Mayer & L. Trommer (Hrsg.), *Das Bildungswesen in der Bundesrepublik Deutschland. Strukturen und Entwicklungen im Überblick.* (vollständig überarbeitete und erweiterte Neuausgabe) (S. 285–341). Reinbek: Rowohlt.

Elley, W. B. (1992). *How in the world do students read? IEA study of reading literacy* (2. Aufl.). The Hague: International Association for the Evaluation of Educational Achievement.

Finn, J. D., Pannozzo, G. M. & Achilles, C. M. (2003). The 'why's' of class size: Student behavior in small classes. *Review of Educational Research, 73*, 321–368.

Lankes, E.-M., Bos, W., Mohr, I., Plaßmeier, N. & Schwippert, K. (2003). Lehr- und Lernbedingungen in den Teilnehmerländern. In W. Bos, E.-M. Lankes, M. Prenzel, K. Schwippert, G. Walther & R. Valtin (Hrsg.), *Erste Ergebnisse aus IGLU. Schülerleistungen am Ende der vierten Jahrgangsstufe im internationalen Vergleich* (S. 29–67). Münster: Waxmann.

Lankes, E.-M., Plaßmeier, N., Bos, W. & Schwippert, K. (2004). Lehr- und Lernbedingungen in einigen Ländern der Bundesrepublik Deutschland und im internationalen Vergleich. In W. Bos, E.-M. Lankes, M. Prenzel, K. Schwippert, R. Valtin & G. Walther (Hrsg.), *IGLU. Einige Länder der Bundesrepublik Deutschland im nationalen und internationalen Vergleich* (S. 21–48). Münster: Waxmann.

Lundberg, I. & Linnakylä, P. (1993). *Teaching reading around the world, IEA study of reading literacy.* The Hague: International Association for the Evaluation of Educational Achievement.

Meyer-Willner, G. (2001). Differenzierung und Individualisierung. In W. Einsiedler, M. Götz, H. Hacker, J. Kahlert, R. W. Keck & U. Sandfuchs (Hrsg.), *Handbuch Grundschulpädagogik und Grundschuldidaktik* (S. 367–376). Bad Heilbrunn: Klinkhardt.

OECD. (Hrsg.). (2003). *Bildung auf einen Blick. OECD-Indikatoren 2003.* Paris: OECD.

Postlethwaite, T. N. & Ross, K. N. (1992). *Effective schools in reading. Implications for educational planners. An exploratory study.* The Hague: International Association for the Evaluation of Educational Achievement.

Roßbach, H.-G. (2001). Heterogene Lerngruppen in der Grundschule. In W. Einsiedler, M. Götz, H. Hacker, J. Kahlert, R. W. Keck & U. Sandfuchs (Hrsg.), *Handbuch Grundschulpädagogik und Grundschuldidaktik* (S. 143–148). Bad Heilbrunn: Klinkhardt.

Scheerens, J. & Bosker, R. J. (1997). *The foundations of educational effectiveness*. Oxford: Pergamon.

Schwippert, K. (in Druck). Migrationsbedingte Heterogenität von Schülerinnen und Schülern am Ende der vierten Jahrgangsstufe in Hamburg. In W. Bos, C. Gröhlich & M. Pietsch (Hrsg.), *KESS 4. Lehr- und Lernbedingungen in Hamburger Grundschulen* (S. 35–46). Münster: Waxmann.

IV. Regionale, nationale und internationale Einordnung der Lesekompetenz und weiterer Schulleistungsergebnisse Hamburger Kinder am Ende der Grundschulzeit

Wilfried Bos, Marcus Pietsch, Tobias C. Stubbe

Die Grundschule in Deutschland ist eine gemeinsame Schule für fast alle Kinder. Sie zielt auf einen gemeinsamen Grundstock an Bildung ab, auf dem anschließende Bildungsprozesse aufbauen können, und soll gleichzeitig dazu beitragen, eine ‚ungleiche' Bildung für bestimmte Bevölkerungsteile zu vermeiden (vgl. Einsiedler, 2003). Mit der Untersuchung KESS 4 (Kompetenzen und Einstellungen von Schülerinnen und Schülern – Jahrgangsstufe 4) werden an der Gelenkstelle zwischen Primar- und Sekundarschulwesen Aspekte dieses gemeinsamen Grundstocks, die erreichten Lernstände Hamburger Schülerinnen und Schüler am Ende der vierten Jahrgangsstufe sachlich bilanziert. Im Folgenden werden erste Ergebnisse des regionalen, nationalen und internationalen Vergleichs vorgestellt.

Den beteiligten Grundschulen wurden die Ergebnisse ihrer pädagogischen Arbeit bereits im Rahmen einer umfangreichen Schul- bzw. Klassenrückmeldung mitgeteilt. Für die verschiedenen Schulformen der Sekundarstufe I wird zu diskutieren sein, inwieweit die von den Schülerinnen und Schülern am Ende der Grundschulzeit erworbenen Kompetenzen den Annahmen und curricularen Vorgaben tatsächlich entsprechen. Durch die Verknüpfung von KESS 4 mit der Studie IGLU (Internationale Grundschul-Lese-Untersuchung) (vgl. Bos, Lankes et al., 2004; Bos, Lankes, Prenzel, Schwippert, Walther et al., 2003) ist es darüber hinaus möglich, die Kompetenzen Hamburger Grundschülerinnen und Grundschüler national und international zu verorten. Diese Kenntnis ermöglicht gezielte Unterstützungsmaßnahmen zum Ausgleich festgestellter Schwächen ebenso wie die gezielte Ausrichtung von Unterricht und Schule an erkannten, nachhaltig positiv wirksamen Merkmalen.

1. Lesekompetenz im nationalen und internationalen Vergleich

Da in den Lesetests zu KESS 4 auch Testmaterialien aus IGLU eingesetzt wurden (vgl. Bos, Lankes, Schwippert et al., 2003; Bos, Valtin et al., 2004), ist eine nachträgliche Einordnung der Hamburger Resultate in die Ergebnisdarstellung von IGLU möglich (vgl. hierzu Kap. II in diesem Band). Sorgsam zu berücksichtigen ist hierbei aber, dass hier zwei unterschiedliche Kohorten verglichen werden. IGLU wurde 2001 durchgeführt, KESS 4 im Jahre 2003. Ein – wenn auch kleiner – Stichprobenfehler ist hier mit zu berichten; mögliche Alterskohorteneffekte können nicht ausgeschlossen werden. Gleichwohl können die Vergleichsdaten für eine erste, annähernde Einordnung der am Ende der vierten Jahrgangsstufe von den Hamburger Schülerinnen und Schülern erreichten Lernstände herangezogen werden.

Der internationale Mittelwert betrug in IGLU 500 Punkte und die Standardabweichung 100 Punkte. Für Vergleiche, die sich nur auf die Hamburger Stichprobe beziehen, werden die Leistungen auf einer Skala mit dem Mittelwert von 100 Punkten und einer Standardabweichung von 30 Punkten berichtet. In IGLU (vgl. Tab. IV.1 und Bos, Lankes, Schwippert et al., 2003; vgl. Tab. IV.1 und Bos, Valtin et al., 2004) wurden vier Kompetenzstufen unterschieden.

Tabelle IV.1: Kompetenzstufen und Skalenwerte – Leseverständnis

	Kompetenzstufe	Skalenbereich der Fähigkeit
I	Gesuchte Wörter in einem Text erkennen	375–450
II	Angegebene Sachverhalte aus einer Textpassage erschließen	451–525
III	Implizit im Text enthaltene Sachverhalte aufgrund des Kontextes erschließen	526–600
IV	Mehrere Textpassagen sinnvoll miteinander in Beziehung setzen	> 600

BBS / IFS / LI : Kompetenzen und Einstellungen von Schülerinnen und Schülern © KESS 4

Neben den nachträglich eingesetzten Hamburger Werten haben sechs weitere Länder der Bundesrepublik Deutschland bei IGLU die ursprüngliche Zufallsstichprobe so erweitert, dass Mittelwertunterschiede zufallskritisch abgesichert werden können. Betrachten wir die Ergebnisse dieser Länder (vgl. Abb. IV.1), sehen wir, dass drei Länder – Baden-Württemberg, Bayern und Hessen – nominell über dem deutschen Mittelwert liegen und vier Länder – Nordrhein-Westfalen, Hamburg, Brandenburg und Bremen – unterhalb. Bei Hamburg, Brandenburg und Bremen ist die Differenz zum deutschen Mittelwert statistisch signifikant. Dass sich Nordrhein-Westfalen im Unterschied zu Hamburg bei gleicher Punktzahl nicht statistisch signifikant vom deutschen Mittelwert unterscheidet, ist nur auf den ersten Blick unverständlich. Bei allen Schulleistungsuntersuchungen der letzten Jahre handelt es sich um Stichprobenuntersuchungen. Von den Ergebnissen der Stichprobe wird auf das potentielle Ergebnis der Grundgesamtheit geschlossen – dabei begeht man einen Fehler (Stichprobenfehler), der aber genau zu berechnen ist. Bei kleinen Stichproben ist dieser Fehler groß, bei großen Stichproben klein. Im Falle Nordrhein-Westfalens (mit einer verhältnismäßig kleinen Stichprobe) lässt sich der ‚richtige' Mittelwert nicht so genau bestimmen, dass wir mit ausreichender Sicherheit sagen können, dass der Unterschied zum deutschen Mittelwert nicht im zufälligen Bereich liegt. Bei der größeren Hamburger Stichprobe ist der Abstand zum deutschen Mittelwert dagegen zufallskritisch abgesichert.

Abbildung IV.1: Testleistungen der Schülerinnen und Schüler in einigen Ländern der Bundesrepublik Deutschland – Gesamtskala Lesen

Land	M	(SE)	SD
Baden-Württemb.	549	(4,3)	63
Bayern	546	(3,4)	67
Hessen	544	(3,1)	65
Deutschland	539	(1,9)	67
Nordrhein-Westf.	531	(5,2)	69
Hamburg	531	(0,7)	69
Brandenburg	526	(4,4)	71
Bremen*	507	(8,5)	72

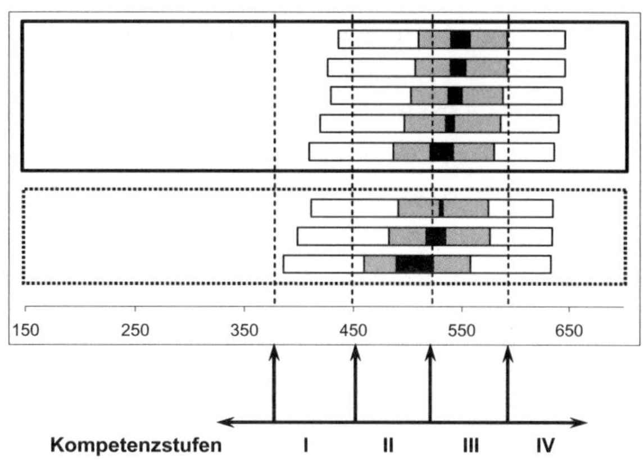

Nicht signifikant vom deutschen Mittelwert abweichende Länder.
Signifikant (p < .05) unter dem deutschen Mittelwert liegende Länder.

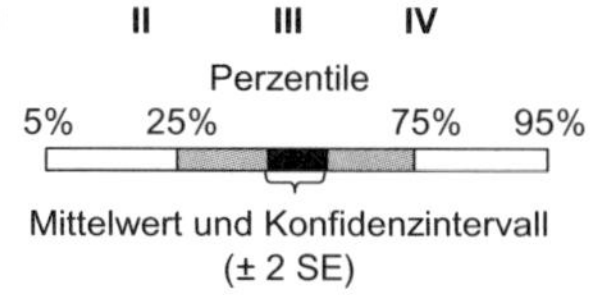

* Zu Besonderheiten der Stichproben vgl. Bos, Lankes, Prenzel, Schwippert, Walther & Valtin, 2003 und Bos, Lankes, Prenzel, Schwippert, Valtin & Walther, 2004.[1]
Die Daten für die Vergleichsländer basieren auf der Erhebung im Rahmen von IGLU aus dem Jahr 2001.

BBS / IFS / LI : Kompetenzen und Einstellungen von Schülerinnen und Schülern © KESS 4

An IGLU haben insgesamt 35 Staaten teilgenommen. Um aussagekräftige Vergleiche anstellen zu können, wurden so genannte ‚Vergleichsgruppen' gebildet. Vergleichsgruppe 1 (VG 1) besteht aus den Staaten der Europäischen Union, Vergleichsgruppe 2 (VG 2) aus den Staaten der OECD (ohne die Türkei) und den Staaten, die bis zum Jahr 2007 der Europäischen Union beitreten werden, Vergleichsgruppe 3 (VG 3) aus den acht Staaten, die mindestens 50 Punkte unterhalb des internationalen Mittelwertes von 500 Punkten lagen. Da keines der hier berichte-

1 Im Folgenden werden diese Quellen in Abbildungen und Tabellen als Bos 2003, 2004 zitiert.

ten Länder der Bundesrepublik Deutschland im Bereich der Vergleichsgruppe 3 liegt, werden diese Staaten bei den im Folgenden berichteten Tabellen und Abbildungen nicht berücksichtigt.

Im internationalen Vergleich (vgl. Abb. IV.2) ordnet sich Hamburg nominell dem Bereich der Vergleichsgruppe 1 zu, wird aber wegen des geringen Stichprobenfehlers im Bereich der Vergleichsgruppe 2 berichtet. Bemerkenswert ist hier, dass auch in Hamburg – wie für Deutschland insgesamt berichtet – die Streuung der Lesekompetenz relativ gering ist. Trotzdem sind die beobachteten Unterschiede in den Leseleistungen von Schülerinnen und Schülern aus verschiedenen Schulen nicht zu unterschätzen (vgl. Abb. IV.3). Der Mittelwert der fünf Schulen mit den lesestärksten Kindern liegt weit an der Spitze, der Mittelwert der fünf Schulen mit den leseschwächsten Kindern liegt mit Abstand unterhalb der aufgeführten Vergleichsländer.

Im Rahmen von IGLU wurden in Deutschland auch Schülerinnen und Schüler am Ende der dritten Jahrgangsstufe getestet. Der Unterschied in der Lesekompetenz zwischen Dritt- und Viertklässlern betrug 43 Punkte. Der Abstand zwischen Hamburger Kindern und Kindern aus Staaten der Spitzengruppe wie z. B. England, aber auch zu Kindern aus Ländern wie z. B. Baden-Württemberg beträgt, so gerechnet, rund ein halbes Lernjahr; im Vergleich zu Bremen verzeichnen die Hamburger Kinder demgegenüber einen Lernvorsprung von etwa einem halben Lernjahr.

Der Unterschied zwischen den Kindern mit hoher Lesekompetenz und den Kindern mit niedriger Lesekompetenz (vgl. Abb. IV.4) ist in Hamburg vergleichsweise gering. Er fällt mit 224 Punkten deutlich geringer aus als in den Vergleichsgruppen 1 und 2 und liegt im Vergleich der hier berichteten Länder der Bundesrepublik Deutschland im mittleren Bereich, nahe am deutschen Mittelwert.

Abbildung IV.2: Testleistungen der Schülerinnen und Schüler in einigen Ländern der Bundesrepublik Deutschland und im internationalen Vergleich (ohne Vergleichsgruppe 3) – Gesamtskala Lesen

Teilnehmerstaat	M	(SE)	SD
Schweden	561	(2,2)	66
Niederlande*	554	(2,4)	57
England*	553	(3,5)	87
Bulgarien	550	(3,8)	83
Baden Württemb.	549	(4,3)	63
Bayern	546	(3,4)	67
Lettland	545	(2,3)	62
Hessen	544	(3,1)	65
Kanada (O, Q)*	544	(2,4)	72
Litauen	543	(2,6)	64
Ungarn	543	(2,2)	66
USA*	542	(3,8)	83
Italien	541	(2,4)	71
VG 1	**541**	**(1,0)**	**74**
Deutschland	539	(1,9)	67
Tschechien	537	(2,3)	65
Nordrhein-Westf.	531	(5,2)	69
Neuseeland	529	(3,7)	94
Singapur	528	(5,2)	92
Russ. Föderation*	528	(4,3)	66
VG 2	**532**	**(0,6)**	**77**
Hamburg	**531**	**(0,7)**	**69**
Schottland*	528	(3,5)	84
Hong Kong	528	(3,1)	63
Brandenburg	526	(4,4)	71
Frankreich	525	(2,4)	71
Griechenland*	524	(3,6)	73
Slowakei	518	(2,8)	70
Island	512	(1,2)	75
Rumänien	512	(4,7)	90
Bremen*	507	(8,5)	72
Slowenien	502	(1,9)	72
International	**500**	**(0,6)**	**100**
Norwegen	499	(2,9)	81
Zypern	494	(2,9)	81
Moldawien	492	(4,1)	75

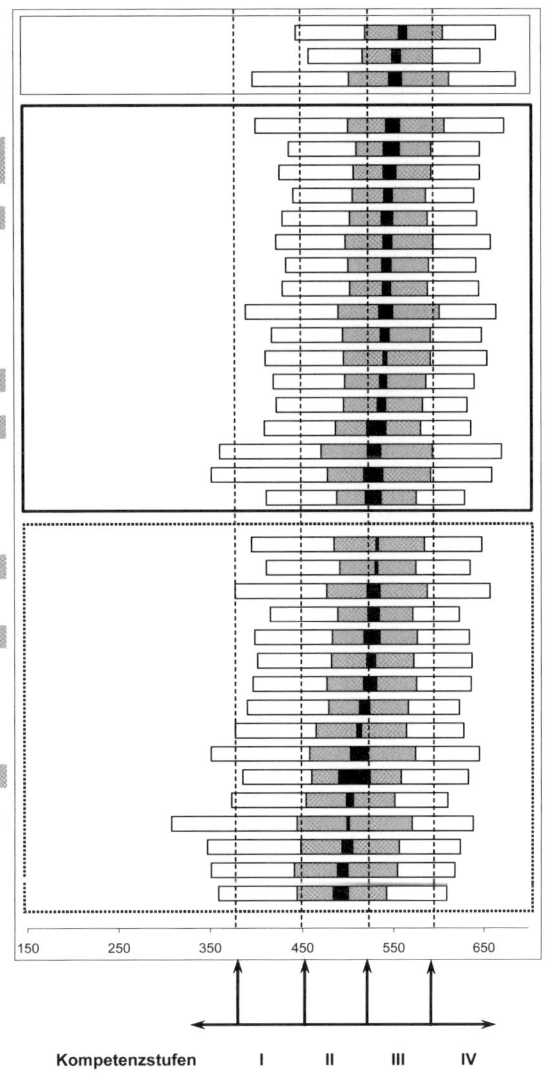

□ Signifikant (p < .05) über dem deutschen Mittelwert liegende Länder.
■ Nicht signifikant vom deutschen Mittelwert abweichende Länder.
⬚ Signifikant (p < .05) unter dem deutschen Mittelwert liegende Länder.

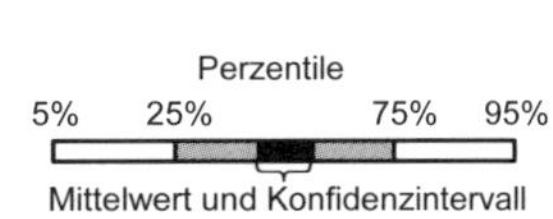

* Zu Besonderheiten der Stichproben vgl. Bos 2003, 2004.
Die Daten für die Vergleichsländer basieren auf der Erhebung im Rahmen von IGLU aus dem Jahr 2001.

Abbildung IV.3: Testleistungsunterschiede zwischen Hamburger Kindern aus verschiedenen Schulen im internationalen Vergleich

Teilnehmerstaat	M	(SE)	SD
die stärksten Schulen	599	(12,7)	48
Schweden	561	(2,2)	66
Niederlande*	554	(2,4)	57
England*	553	(3,5)	87
Bulgarien	550	(3,8)	83
Lettland	545	(2,3)	62
Kanada (O, Q)*	544	(2,4)	72
Litauen	543	(2,6)	64
Ungarn	543	(2,2)	66
USA*	542	(3,8)	83
Italien	541	(2,4)	71
VG 1	**541**	**(1,0)**	**74**
Deutschland	539	(1,9)	67
Tschechien	537	(2,3)	65
Neuseeland	529	(3,7)	94
Singapur	528	(5,2)	92
Russ. Föderation*	528	(4,3)	66
VG 2	**532**	**(0,6)**	**77**
Hamburg	**531**	**(0,7)**	**69**
Schottland*	528	(3,5)	84
Hong Kong	528	(3,1)	63
Frankreich	525	(2,4)	71
Griechenland*	524	(3,6)	73
Slowakei	518	(2,8)	70
Island	512	(1,2)	75
Rumänien	512	(4,7)	90
Slowenien	502	(1,9)	72
International	**500**	**(0,6)**	**100**
Norwegen	499	(2,9)	81
Zypern	494	(2,9)	81
Moldawien	492	(4,1)	75
die schwächsten Schulen	460	(20,3)	74
Türkei	449	(3,5)	86
Mazedonien	442	(4,8)	103
Kolumbien	422	(4,3)	81
Argentinien	420	(5,9)	96
Iran	414	(4,3)	92
VG 3	**402**	**(2,0)**	**105**
Kuwait	396	(4,3)	89
Marokko*	350	(9,9)	115
Belize	327	(5,1)	106

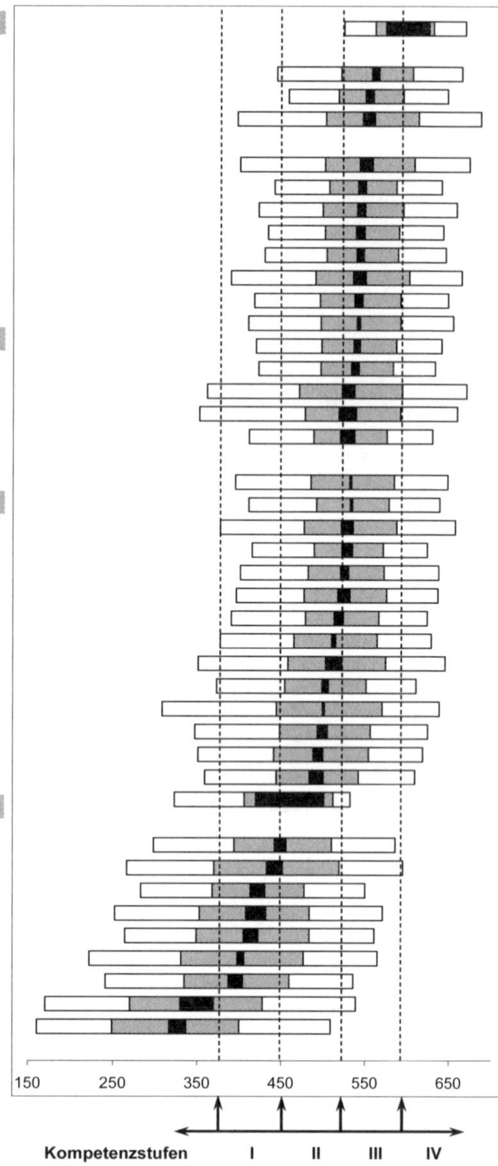

* Zu Besonderheiten der Stichproben vgl. Bos 2003, 2004.
Die Daten für die Vergleichsländer basieren auf der Erhebung im Rahmen von IGLU aus dem Jahr 2001.

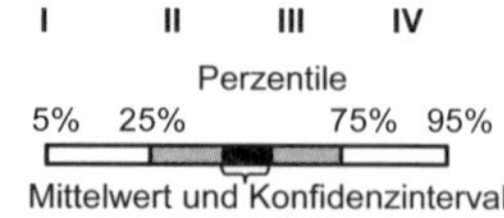

Abbildung IV.4: Streuung der Testwerte für die Gesamtskala Lesen – Differenz zwischen dem 5. und dem 95. Perzentil in einigen Ländern der Bundesrepublik Deutschland und im internationalen Vergleich (ohne Vergleichsgruppe 3)

Teilnehmerstaat	Perzentil-abstand 5–95
Niederlande*	188
Lettland	201
Hong Kong	208
Litauen	209
Baden-Württemb.	210
Tschechien	213
Hessen	214
Ungarn	215
Russ. Föderation	216
Schweden	219
Bayern	220
Deutschland	221
Hamburg	**224**
Nordrhein-Westf.	227
Frankreich	234
Slowakei	234
Italien	235
Brandenburg	237
Slowenien	238
Kanada*	239
Griechenland*	241
VG 1	**244**
Bremen*	248
Island	249
Moldawien	250
VG 2	**254**
Zypern	267
Norwegen	269
Bulgarien	272
USA*	274
Schottland*	281
England*	291
Rumänien	296
Neuseeland	309
Singapur	311
International	**329**

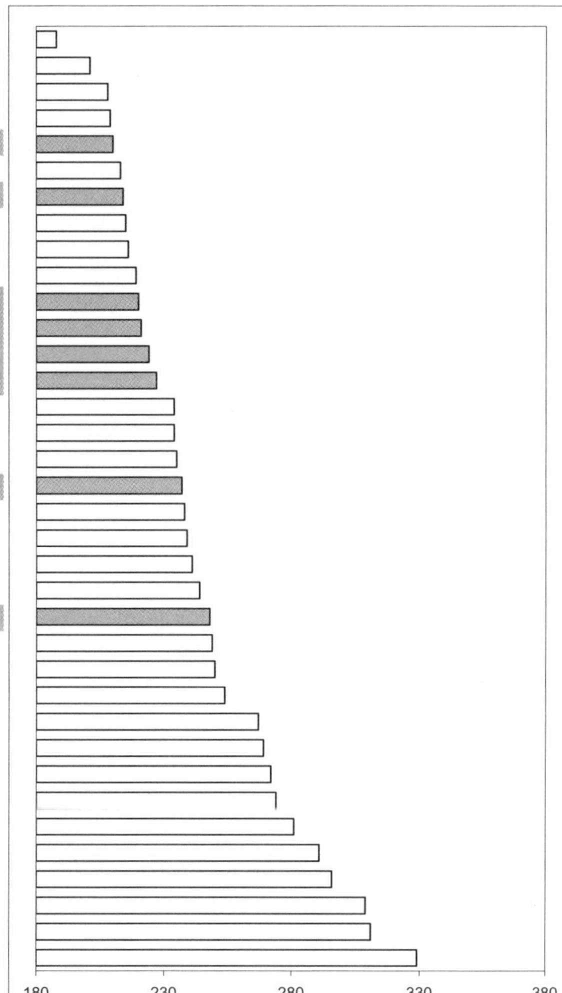

* Zu Besonderheiten der Stichproben vgl. Bos 2003, 2004.
Die Daten für die Vergleichsländer basieren auf der Erhebung im Rahmen von IGLU aus dem Jahr 2001.

BBS / IFS / LI : Kompetenzen und Einstellungen von Schülerinnen und Schülern © KESS 4

Betrachten wir den Anteil der Viertklässlerinnen und Viertklässler, die nicht die Kompetenzstufe II (vgl. Abb. IV.5) erreichen – also nicht über die Fähigkeit hinauskommen, angegebene und abgefragte Wörter zu identifizieren – so sind in Hamburg rund 12 Prozent zu dieser ‚Risikogruppe' zu zählen. Damit liegt Hamburg besser als die Vergleichsgruppe 2 und unterscheidet sich nicht von der Vergleichsgruppe 1 und den meisten der hier berichteten Länder der Bundesrepublik Deutschland. Gleichwohl besteht ein offenkundiger Handlungsbedarf.

Deutlich ungünstiger als die Vergleichsgruppen 1 und 2 und als die meisten der hier berichteten Länder der Bundesrepublik Deutschland schneidet Hamburg im Bereich der höchsten Kompetenzstufe ab (vgl. Abb. IV.6). Nur rund 13 Prozent der Kinder erreichen in Hamburg am Ende der vierten Jahrgangsstufe die höchste Kompetenzstufe im Leseverständnis. Im nationalen Vergleich der hier berichteten Länder hat nur Bremen ein ungünstigeres Ergebnis. In den Staaten der Spitzengruppe gelingt es, mehr als doppelt so viele Kinder so zu fördern, dass sie diese höchste Kompetenzstufe erreichen.

Betrachtet man die Perzentile genauer (vgl. Tab. IV.2), so wird insbesondere aus dem Vergleich Hamburger Kinder mit denen aus Nordrhein-Westfalen und mit denen aus Brandenburg und Bremen deutlich, dass es der Grundschule in Hamburg relativ gut gelungen ist, den Anteil von Kindern mit sehr schlechten Leseleistungen gering zu halten.

In den nationalen und internationalen Schulleistungsstudien der letzten Jahre finden sich teilweise deutliche geschlechtsspezifische Unterschiede in den Fachkompetenzen. Den Hamburger Grundschulen gelingt es auffällig gut, den Unterschied im Leseverständnis zwischen Jungen und Mädchen am Ende der vierten Jahrgangsstufe gering zu halten (vgl. Abb. IV.7). Im internationalen Vergleich gelingt dies keinem Staat besser, im nationalen Vergleich nur Baden-Württemberg.

Trotzdem bleiben diese Unterschiede (102,3 Punkte zu 97,7 Punkten) statistisch signifikant (vgl. Abb. IV.8). Insbesondere auf der untersten der für die Hamburger Schulrückmeldungen konzipierten dreistufigen Kompetenzverteilung sind die Jungen überproportional vertreten – auf der obersten dagegen die Mädchen.

Abbildung IV.5: Prozentualer Anteil von Schülerinnen und Schülern unter Kompetenzstufe II in einigen Ländern der Bundesrepublik Deutschland und im internationalen Vergleich (ohne Vergleichsgruppe 3) – Gesamtskala Lesen

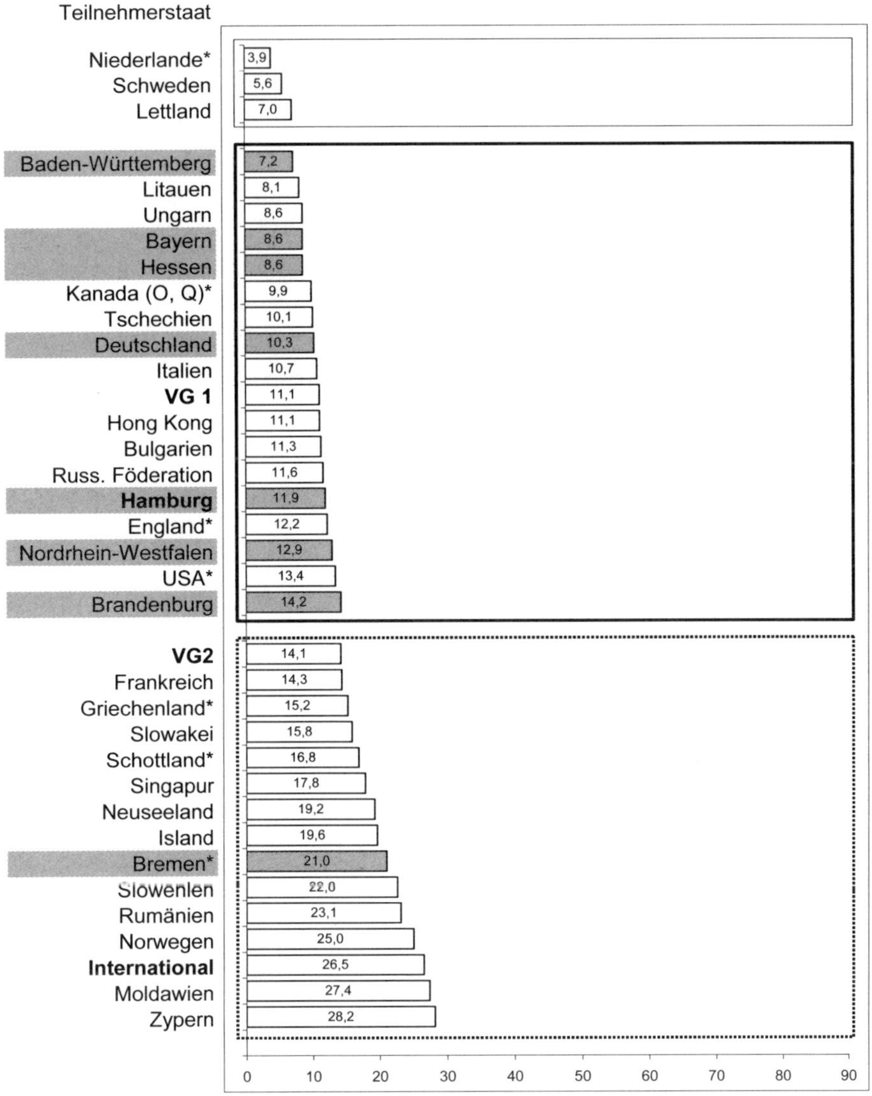

□ Länder, in denen der Anteil signifikant (p < .05) unter dem deutschen Anteil liegt.
■ Länder, in denen der Anteil nicht signifikant vom deutschen Anteil abweicht.
⬚ Länder, in denen der Anteil signifikant (p < .05) über dem deutschen Anteil liegt.

* Zu Besonderheiten der Stichproben vgl. Bos 2003, 2004.
Die Daten für die Vergleichsländer basieren auf der Erhebung im Rahmen von IGLU aus dem Jahr 2001.

Abbildung IV.6: Prozentualer Anteil von Schülerinnen und Schülern auf Kompetenzstufe IV in einigen Ländern der Bundesrepublik Deutschland und im internationalen Vergleich (ohne Vergleichsgruppe 3) – Gesamtskala Lesen

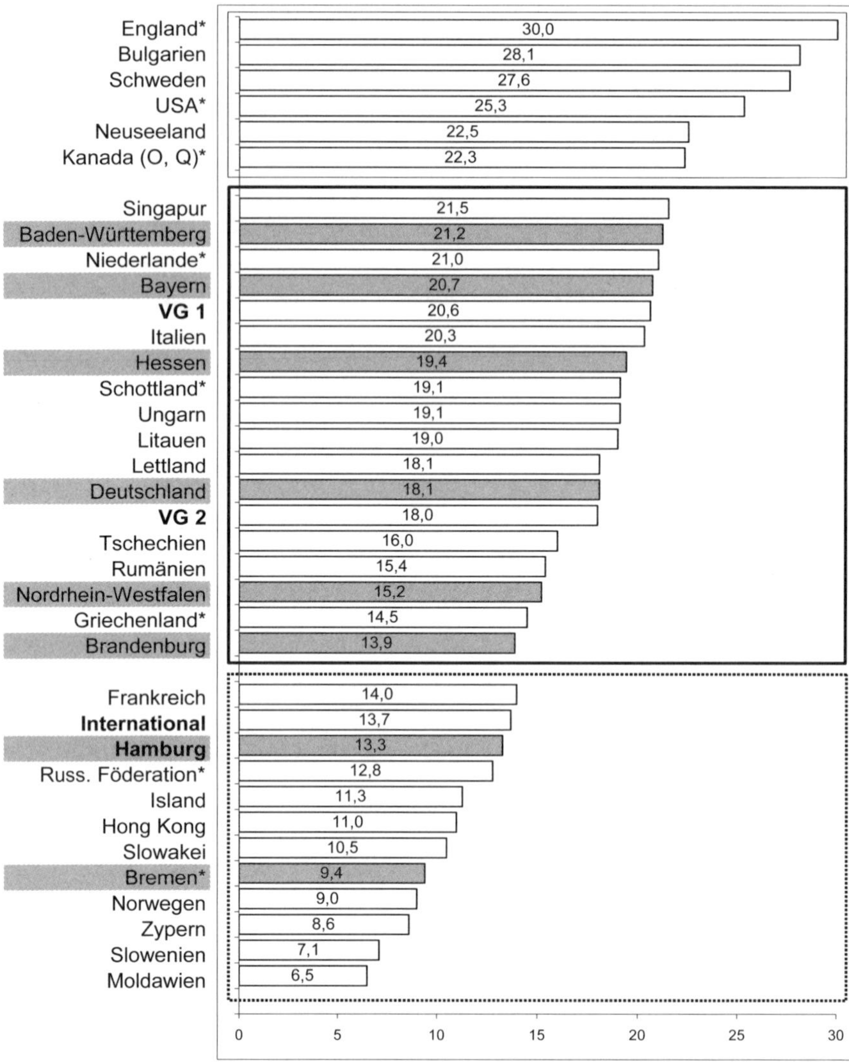

☐ Länder, in denen der Anteil signifikant (p < .05) über dem deutschen Anteil liegt.
☐ Länder, in denen der Anteil nicht signifikant vom deutschen Anteil abweicht.
☐ Länder, in denen der Anteil signifikant (p < .05) unter dem deutschen Anteil liegt.

* Zu Besonderheiten der Stichproben vgl. Bos 2003, 2004.
Die Daten für die Vergleichsländer basieren auf der Erhebung im Rahmen von IGLU aus dem Jahr 2001.

Tabelle IV.2: Mittelwerte und Streuungen der Testwerte in einigen Ländern der Bundesrepublik Deutschland und im internationalen Vergleich (ohne Vergleichsgruppe 3) – Gesamtskala Lesen

Teilnehmerstaat	M	(SE)	SD	Perzentile 5	25	75	95
Schweden	561	(2,2)	66	445	521	605	663
Niederlande*	554	(2,4)	57	458	517	593	645
England*	553	(3,5)	87	394	501	612	685
Bulgarien	550	(3,8)	83	400	502	607	672
Baden-Württemberg	549	(4,3)	63	436	510	592	646
Bayern	546	(3,4)	67	426	507	592	646
Lettland	545	(2,3)	62	440	505	587	640
Hessen	544	(3,1)	65	429	503	588	643
Kanada (O, Q)*	544	(2,4)	72	419	498	594	658
Litauen	543	(2,6)	64	433	502	589	642
Ungarn	543	(2,2)	66	428	502	589	643
USA*	542	(3,8)	83	389	492	601	663
Italien	541	(2,4)	71	415	496	590	649
VG 1	**541**	**(1,0)**	**74**	**410**	**496**	**591**	**654**
Deutschland	539	(1,9)	67	419	497	586	640
Tschechien	537	(2,3)	65	421	496	582	635
VG 2	**532**	**(0,6)**	**77**	**394**	**485**	**584**	**648**
Nordrhein-Westfalen	531	(5,2)	69	409	487	580	636
Hamburg	**531**	**(0,7)**	**69**	**411**	**492**	**575**	**635**
Neuseeland	529	(3,7)	94	360	472	593	669
Schottland*	528	(3,5)	84	378	476	586	658
Singapur	528	(5,2)	92	348	479	592	658
Russische Föderation*	528	(4,3)	66	412	488	574	627
Hong Kong	528	(3,1)	63	415	491	571	622
Brandenburg	526	(4,4)	71	398	483	575	634
Frankreich	525	(2,4)	70	402	481	573	636
Griechenland*	524	(3,6)	73	396	477	576	637
Slowakei	518	(2,8)	70	389	477	566	623
Island	512	(1,2)	75	380	466	564	629
Rumänien	512	(4,7)	90	351	456	574	647
Bremen*	507	(8,5)	72	385	460	558	632
Slowenien	502	(1,9)	72	373	456	551	611
International	**500**	**(0,6)**	**100**	**309**	**445**	**570**	**638**
Norwegen	499	(2,9)	81	350	450	556	620
Zypern	494	(2,9)	81	352	441	551	619
Moldawien	492	(4,1)	75	359	445	544	609

* Zu Besonderheiten der Stichprobe vgl. Bos 2003, 2004.
Die Daten für die Vergleichsländer basieren auf der Erhebung im Rahmen von IGLU aus dem Jahr 2001.

Abbildung IV.7: Leistungsvorsprung der Mädchen in einigen Ländern der Bundesrepublik Deutschland und im internationalen Vergleich (ohne Vergleichsgruppe 3) – Gesamtskala Lesen

Teilnehmerstaat	Mittelwert Mädchen	Mittelwert Jungen	Differenz
Baden-Württemb.	551	546	5
Hamburg	**535**	**527**	**8**
Italien	545	537	8
Brandenburg	532	521	11
Nordrhein-Westf.	537	526	11
Frankreich	531	520	11
Bremen*	513	501	12
Russ. Föderation	534	522	12
Tschechien	543	531	12
Deutschland	545	533	13
Hessen	551	537	14
Rumänien	519	504	14
Ungarn	550	536	14
Niederlande*	562	547	15
Bayern	555	539	16
VG 1	**549**	**533**	**16**
Slowakei	526	510	16
Litauen	552	535	17
Schottland*	537	519	17
Kanada (O, Q)*	553	536	17
USA*	551	533	18
VG 2	**541**	**523**	**18**
Hong Kong	538	519	19
Island	522	503	19
International	**510**	**490**	**20**
Griechenland*	535	514	21
Norwegen	510	489	21
Slowenien	512	491	22
Lettland	556	534	22
Schweden	572	550	22
England*	564	541	22
Zypern	506	482	24
Bulgarien	562	538	24
Singapur	540	516	24
Moldawien	504	479	25
Neuseeland	542	516	27

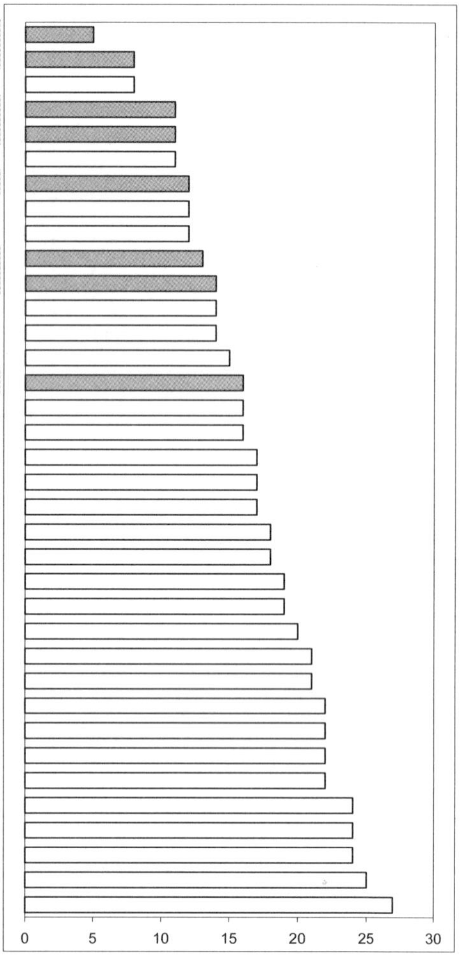

Alle Differenzen sind signifikant ($p < .05$).

* Zu Besonderheiten der Stichproben vgl. Bos 2003, 2004.
Die Daten für die Vergleichsländer basieren auf der Erhebung im Rahmen von IGLU aus dem Jahr 2001.

Abbildung IV.8: Leistungsunterschiede von Mädchen und Jungen in Hamburg (mit 95%-Konfidenzintervall der Gruppenmittelwerte) – Gesamtskala Lesen

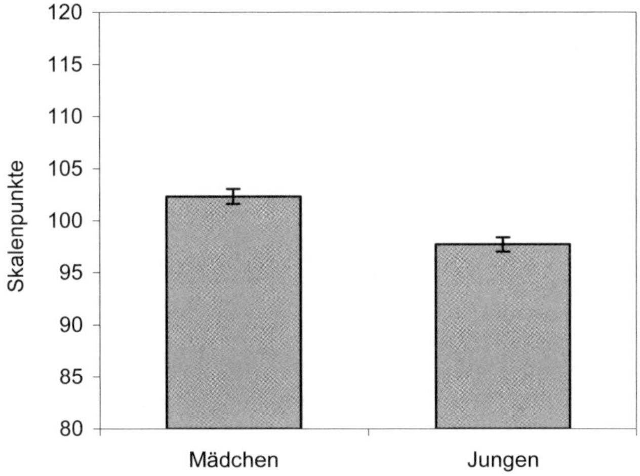

BBS / IFS / LI : Kompetenzen und Einstellungen von Schülerinnen und Schülern © KESS 4

Auch in Hamburg finden sich deutliche Unterschiede in den erreichten Fachkompetenzen zwischen Kindern mit und ohne Migrationshintergrund (vgl. Abb. IV.9 und Schwippert, in Druck).

Abbildung IV.9: Leseverständnis von Kindern aus Familien mit und ohne Migrationshintergrund[1] (mit 95%-Konfidenzintervall der Gruppenmittelwerte) – Gesamtskala Lesen

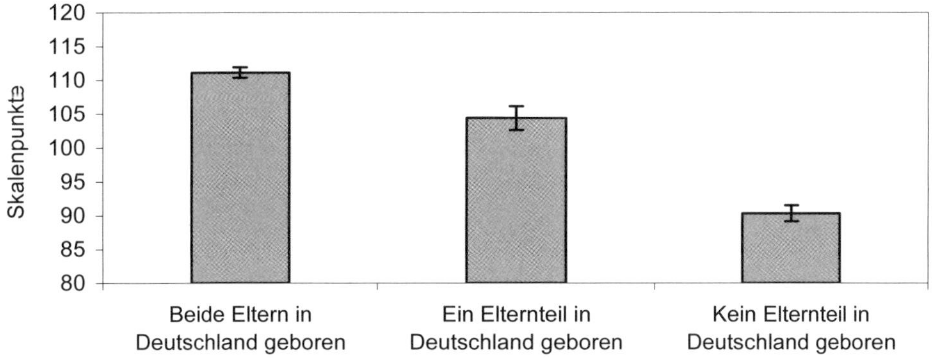

[1] Die Angaben zum Migrationsstatus stammen aus dem Schülerfragebogen.

BBS / IFS / LI : Kompetenzen und Einstellungen von Schülerinnen und Schülern © KESS 4

Im internationalen Vergleich liegen die Unterschiede im Rahmen der Vergleichsgruppe 1 in einem mittleren Bereich. Einer Reihe von Staaten gelingt es, diese Differenz gering zu halten (vgl. Abb. IV.10 und Schwippert, Bos & Lankes, 2003, 2004). Im nationalen Vergleich sind diese Unterschiede aber moderat: Außer Hessen erreicht keines der hier berichteten Länder der Bundesrepublik Deutschland einen geringeren Unterschied im Leseverständnis von Kindern mit und ohne Migrationshintergrund als Hamburg. Ein Unterschied von 38 Punkten wird aber dennoch in Hamburg Anlass zur Besorgnis sein, zumal die Kinder, deren Eltern nicht in Deutschland geboren wurden, am Ende der vierten Jahrgangsstufe im Vergleich zu den Klassenkameraden fast ein Lernjahr Rückstand haben. Besonders deutlich wird der Unterschied bei Kindern, deren Eltern beide nicht in Deutschland geboren wurden (vgl. Abb. IV.9 und Tab. IV.3).

Tabelle IV.3: Leseverständnis von Kindern aus Familien mit und ohne Migrationshintergrund[1] nach Kompetenzbereichen – Gesamtskala Lesen (Angaben in Prozent)

Kompetenzbereich[2]	Gesamt	Beide Eltern in Deutschland geboren	Ein Elternteil in Deutschland geboren	Kein Elternteil in Deutschland geboren
III	23,4	34,5	27,6	11,8
II	52,1	53,4	53,9	53,6
I	24,5	12,1	18,5	34,6

[1] Die Angaben zum Migrationsstatus stammen aus dem Schülerfragebogen.
[2] I: < 78,5 Skalenpunkte, II: 78,5–122,5 Skalenpunkte, III: > 122,5 Skalenpunkte.

BBS / IFS / LI : Kompetenzen und Einstellungen von Schülerinnen und Schülern © KESS 4

Abbildung IV.10: Leistungsvorsprung im Leseverständnis von Kindern aus Familien ohne Migrationshintergrund[1] vor Kindern, deren Eltern beide im Ausland geboren sind, in einigen Ländern der Bundesrepublik Deutschland und im internationalen Vergleich

Teilnehmerstaat	Differenz
Bulgarien	79
Nordrhein-Westfalen	63
Rumänien	63
Bremen*	58
Norwegen	58
Deutschland	55
Bayern	54
Brandenburg	51
Schweden	45
Baden-Württemberg	45
Niederlande*	44
Island	39
Hessen	36
VG 1	**36**
Schottland*	36
Italien	35
Russ. Föderation*	31
Tschechien	30
Hamburg	**38**
Frankreich	31
USA*	31
Slowenien	27
Griechenland*	26
England*	24
VG 2	**22**
Ungarn	21
Litauen	19
Zypern	18
Kanada (O, Q)*	14
Neuseeland	-1
Slowakei	-3
Singapur	-7
Hong Kong	-9
Lettland	-10
Moldawien	-14

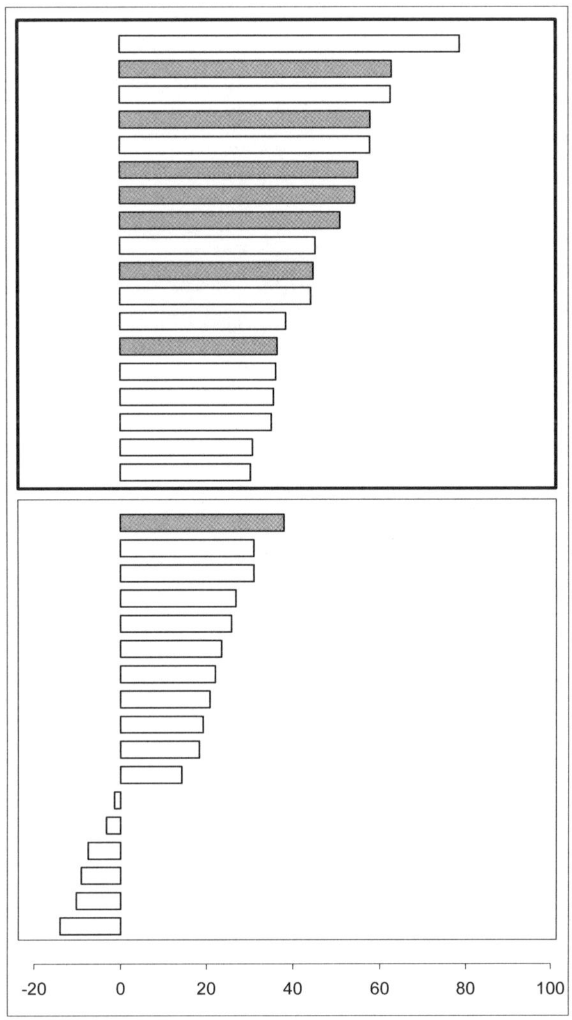

■ Länder, in denen die Differenz nicht signifikant von der deutschen Differenz abweicht.
□ Länder, in denen die Differenz signifikant (p < .05) unter der deutschen Differenz liegt.

* Zu Besonderheiten der Stichproben vgl. Bos 2003, 2004.
[1] Die Angaben zum Migrationsstauts stammen aus dem Schülerfragebogen.
Die Daten für die Vergleichsländer basieren auf der Erhebung im Rahmen von IGLU aus dem Jahr 2001.

Abbildung IV.11: Leistungsvorsprung im Leseverständnis von Kindern aus Familien mit mehr als 100 Büchern vor denen mit weniger als 100 Büchern in einigen Ländern der Bundesrepublik Deutschland und im internationalen Vergleich

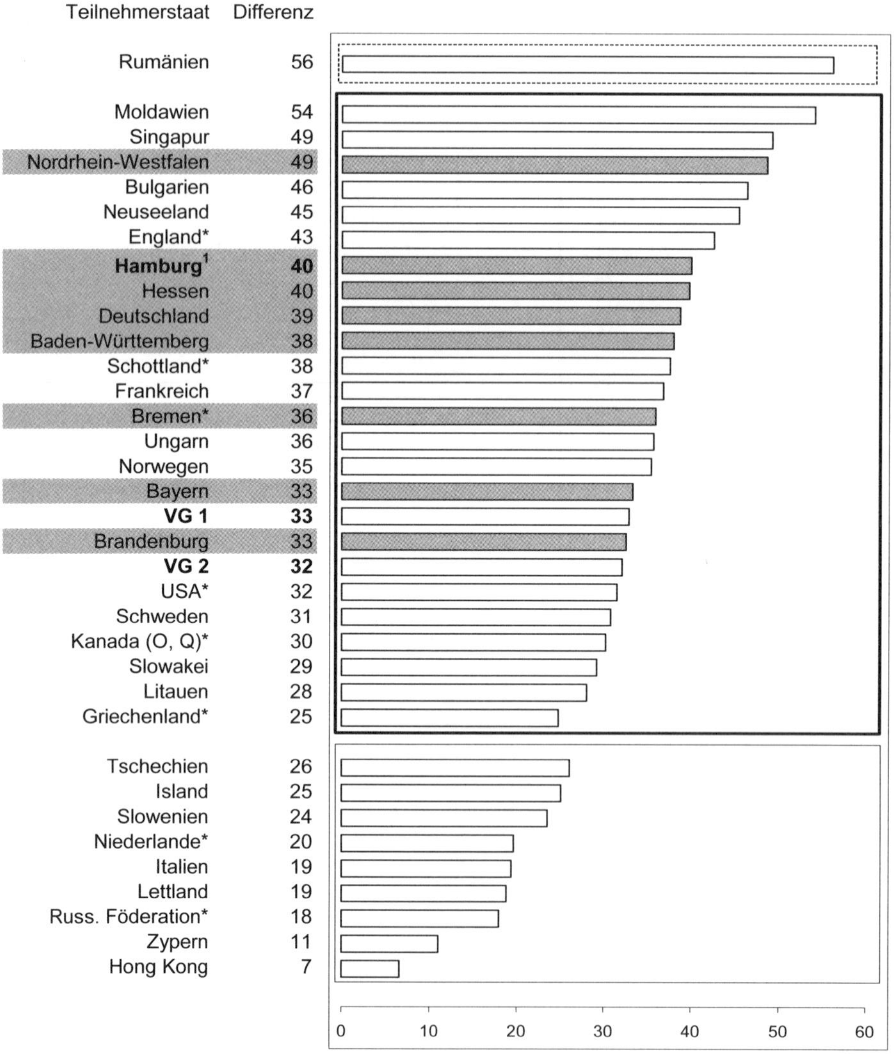

Länder, in denen die Differenz signifikant (p < 0.5) über der deutschen Differenz liegt.
Länder, in denen die Differenz nicht signifikant von der deutschen Differenz abweicht.
Länder, in denen die Differenz signifikant (p < .05) unter der deutschen Differenz liegt.

* Zu Besonderheiten der Stichproben vgl. Bos 2003, 2004.
[1] Die Werte weichen geringfügig von denen des Kurzberichtes ab, da dort die Elternangaben berichtet wurden.
Die Angaben stammen aus dem Schülerfragebogen.
Die Daten für die Vergleichsländer basieren auf der Erhebung im Rahmen von IGLU aus dem Jahr 2001.

Die Abhängigkeit des Bildungserfolges der Kinder vom sozioökonomischen Status ihrer Eltern ist in Deutschland am Ende der Sekundarstufe so hoch wie in keinem anderen Staat, der an der PISA-Untersuchung teilgenommen hat (vgl. Baumert & Schümer, 2001). Dies ist, wie IGLU zeigt, zwar auch in der deutschen Grundschule schon deutlich angelegt, aber noch nicht so ausgeprägt (vgl. Schwippert et al., 2003). In Hamburg ist diese Kopplung – auch gemessen an dem international sehr gut geeigneten Bereich des bildungsrelevanten Besitzes (Indikator ‚Anzahl der Bücher im Haushalt') – ebenfalls deutlich ausgeprägt (vgl. Abb. IV.11 sowie Pietsch, in Druck; Schwippert et al., 2003, 2004). Im internationalen Vergleich gelingt es den meisten Staaten besser, diesen Zusammenhang zu entkoppeln. In Deutschland weist von den hier berichteten Ländern nur Nordrhein-Westfalen eine noch engere Abhängigkeit der Kompetenzen der Kinder im Leseverständnis von der Zugehörigkeit zur sozialen Lage der Elternhäuser auf als Hamburg.

Abbildung IV.12: Leistungsunterschiede in den EGP-Klassen (mit 95%-Konfidenzintervall der Gruppenmittelwerte) – Gesamtskala Lesen

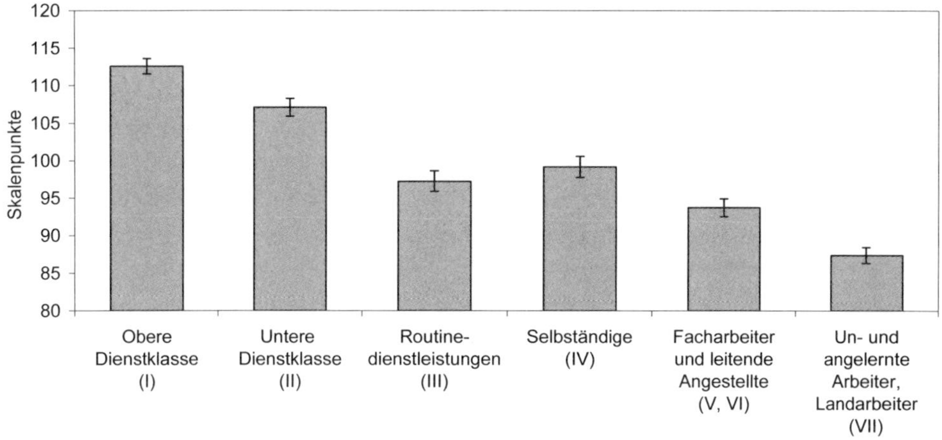

BBS / IFS / LI : Kompetenzen und Einstellungen von Schülerinnen und Schülern © KESS 4

Im Modell sozialer Lagen nach den so genannten EGP-Klassen (vgl. Kap. II in diesem Band) zeigen sich die Unterschiede in der Leseleistung von Familien aus einer oberen sozialen Lage (EGP-Klasse I) zu denen aus einer unteren sozialen Lage (EGP-Klasse VII) sehr deutlich (vgl. Abb. IV.12 und Tab. IV.4). Nur 11 Prozent der Kinder aus einer unteren sozialen Lage erreichen ein hohes Kompetenzniveau, aber rund 39 Prozent der Kinder aus einer oberen sozialen Lage. Nur 12 Prozent der Schülerinnen und Schüler aus einer oberen sozialen Lage erreichen nicht den Kompetenzbereich II, aber 40 Prozent der Kinder aus einer unteren sozialen Lage überschreiten diese Grenze nicht.

Tabelle IV.4: Leistungsunterschiede in den EGP-Klassen nach Kompetenzbereichen (Angaben in Prozent)

Kompetenzbereich[1]	Gesamt	Obere Dienstklasse (I)	Untere Dienstklasse (II)	Routinedienstleistung (III)	Selbständige (IV)	Facharbeiter und leitende Angestellte (V, VI)	Un- und angelernte Arbeiter, Landarbeiter (VII)
III	23,4	38,6	31,1	19,1	21,9	14,9	10,5
II	52,1	49,2	51,9	55,6	53,4	55,3	49,8
I	24,5	12,1	17,0	25,3	24,7	29,8	39,7

[1] I: < 78,5 Skalenpunkte, II: 78,5–122,5 Skalenpunkte, III: > 122,5 Skalenpunkte.

BBS / IFS / LI : Kompetenzen und Einstellungen von Schülerinnen und Schülern © KESS 4

Der Grundschule in Hamburg gelingt es in hohem Maße, den Anteil derjenigen Kinder, die nie zum Spaß außerhalb der Schule lesen, auffällig gering zu halten (vgl. Abb. IV.14). Im internationalen Vergleich weist das Gros der Staaten aus den Vergleichsgruppen 1 und 2 deutlich höhere Anteile von Kindern mit geringer Lesefreude aus – im nationalen Vergleich gelingt es keinem der hier berichteten Länder, diesen Anteil von Kindern so gering zu halten wie Hamburg. Freude am Lesen ist ein wichtiges Bildungsziel, das nicht nur zum erfolgreichen Lernen, sondern auch zu einem erfüllten Leben beitragen kann. Die Motivation zu lesen korreliert mit den entsprechenden Kompetenzen (vgl. Abb. IV.13) positiv. Je höher die Motivation ausgeprägt ist, desto höher sind die Leseleistungen.

Abbildung IV.13: Leistungsunterschiede im Leseverständnis nach Lesemotivation[1] (Mittelwerte) – Gesamtskala Lesen

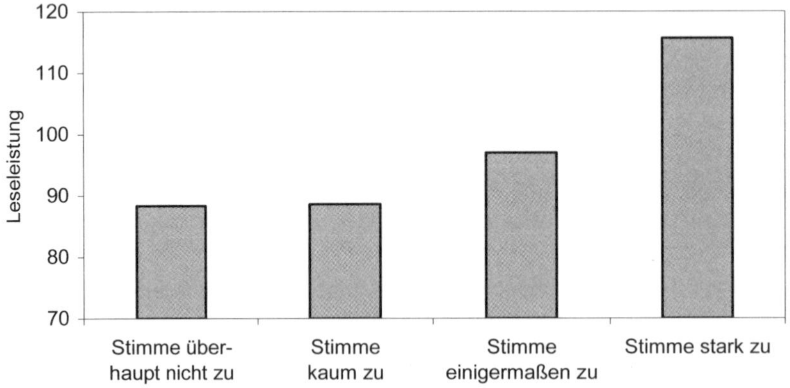

[1] Gesamtskala Lesemotivation (5 Items), Beispielitem: „Ich lese gern".

BBS / IFS / LI : Kompetenzen und Einstellungen von Schülerinnen und Schülern © KESS 4

Abbildung IV.14: Schülerinnen und Schüler in einigen Ländern der Bundesrepublik Deutschland und im internationalen Vergleich (ohne Vergleichsgruppe 3), die außerhalb der Schule nie zum Spaß lesen – Angaben in Prozent

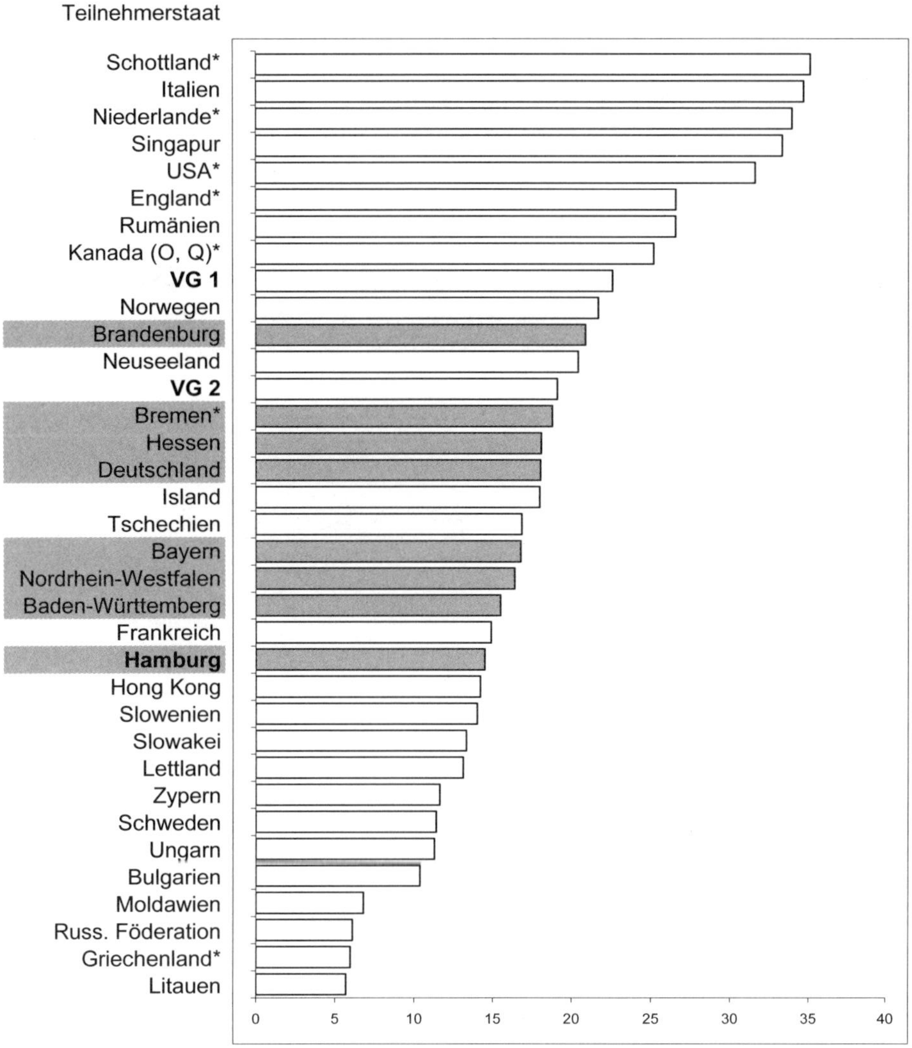

* Zu Besonderheiten der Stichproben vgl. Bos 2003, 2004.
Die Daten für die Vergleichsländer basieren auf der Erhebung im Rahmen von IGLU aus dem Jahr 2001.

BBS / IFS / LI : Kompetenzen und Einstellungen von Schülerinnen und Schülern © KESS 4

2. Orthographische Kompetenz im nationalen Vergleich

Zu den orthographischen Kompetenzen der Hamburger Viertklässlerinnen und Viertklässler liegen nationale Referenzwerte aus IGLU vor (vgl. Valtin, Badel, Löffler, Meyer-Schepers & Voss, 2003; Valtin, Löffler, Meyer-Schepers & Badel, 2004). Im Rahmen von IGLU wurde die ‚Dortmunder Schriftkompetenzermittlung' (DoSE) eingesetzt, die u. a. auch zur Erfassung der Rechtschreibkompetenzen bei KESS 4 eingesetzt wurde. Bei diesem Test können maximal 45 Wörter richtig geschrieben werden. Die Ergebnisse der Hamburger Viertklässlerinnen und Viertklässler liegen unterhalb des deutschen Mittelwertes (vgl. Abb. IV.15) – nur die Kinder aus Bremen schneiden deutlich ungünstiger ab.

Abbildung IV.15: Anzahl richtiger Wörter im Rechtschreibtest DoSE in einigen Ländern der Bundesrepublik Deutschland[1]

Land	M	(SE)	SD
Bayern	27,5	(0,7)	8,6
Baden-Württemberg	27,3	(0,6)	7,8
Deutschland	25,6	(0,3)	9,0
Nordrhein-Westfalen	24,6	(0,7)	8,8
Hessen	24,4	(0,7)	9,2
Hamburg	**23,6**	**(0,1)**	**9,9**
Bremen*	19,5	(1,2)	9,8

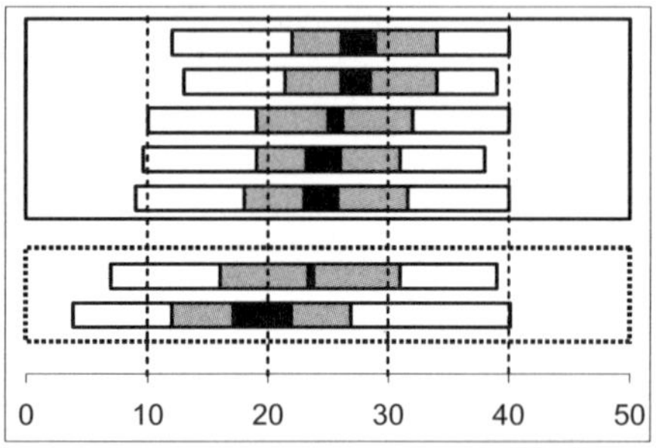

□ Nicht signifikant vom deutschen Mittelwert abweichende Länder.
⬚ Signifikant (p < .05) unter dem deutschen Mittelwert liegende Länder.

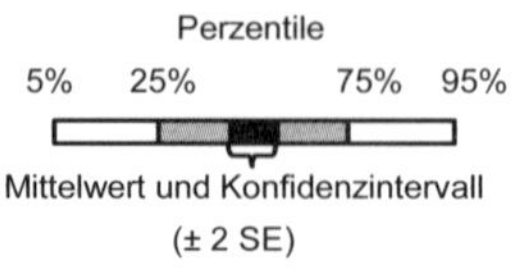

* Zu Besonderheiten der Stichproben vgl. Bos 2004.
[1] In Brandenburg wurden die Kompetenzen in Orthographie nicht ermittelt.
Die Daten für die Vergleichsländer basieren auf der Erhebung im Rahmen von IGLU aus dem Jahr 2001.

BBS / IFS / LI : Kompetenzen und Einstellungen von Schülerinnen und Schülern © KESS 4

3. Mathematik und naturwissenschaftliche Anteile des Sachunterrichts im nationalen Vergleich

Zur Berichtslegung von nationalen bzw. internationalen Referenzwerten für Mathematik bzw. die naturwissenschaftlichen Anteile des Sachunterrichts – in Hamburg ‚naturbezogenes Lernen' genannt – war bei der Itemauswahl für KESS 4 zu überlegen, welche Vergleiche im Vordergrund stehen sollten. In IGLU wurden Testaufgaben aus der TIMSS-I-Population verwendet, um eine annähernde internationale Verortung der deutschen Testleistung – wenn auch zeitversetzt – zu gewährleisten. Da die TIMSS-I-Testaufgaben auf dem angloamerikanischen *Literacy*-Konzept basieren, wurde in IGLU für Deutschland eine Reihe zusätzlicher, dem Curriculum näherer Testaufgaben ergänzt (vgl. Prenzel, Geiser, Langeheine & Lobemeier, 2003, 2004; Walther, Geiser, Langeheine & Lobemeier, 2003, 2004). Um einen Querschnittsvergleich der Mathematikkompetenzen von LAU 5 (‚Aspekte der Lernausgangslage von Schülerinnen und Schülern der fünften Klassen an Hamburger Schulen', vgl. Lehmann, Peek & Gänsfuß, 1997) zu KESS 4 zu ermöglichen, mussten in KESS 4 außerdem genügend Ankeritems aus LAU 5 eingesetzt werden. Da eine jeweilige Verortung von KESS 4 in LAU 5, IGLU national und TIMSS I international die Itemanzahl und die Testheft-Rotation unverhältnismäßig erhöht hätte, entschied sich die Projektleitung, nur solche Testaufgaben auszuwählen, die einen Vergleich mit IGLU auf nationaler Ebene und einen Querschnittsvergleich zu LAU 5 ermöglichen. Auch bei diesen Vergleichen ist darauf hinzuweisen, dass Alterskohorteneffekte nicht auszuschließen und entsprechende Ergebnisse als eine vorsichtige Annäherung zu verstehen sind.

Abbildung IV.16: Mathematikleistungen am Ende der Grundschule (vierte Jahrgangsstufe) für einige Länder der Bundesrepublik Deutschland

Land	M	(SE)	SD
Baden-Württemb.	313	(2,5)	56
Hamburg	**309**	**(0,5)**	**61**
Hessen	301	(3,1)	62
Deutschland	300	(1,6)	60
Bayern	300	(2,7)	59
Nordrhein-Westf.	298	(3,3)	59
Bremen*	279	(5,2)	57

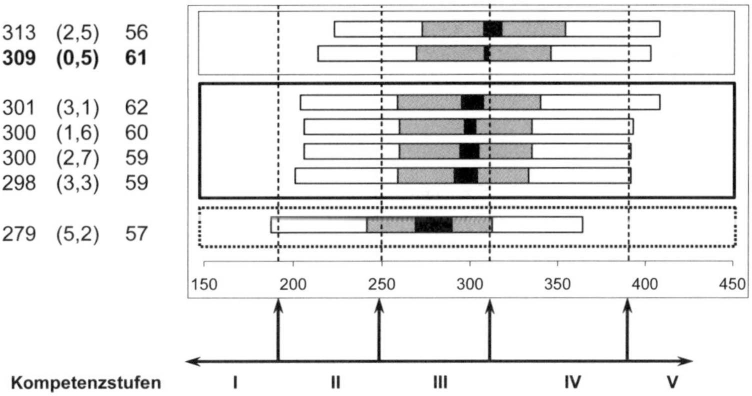

□ Signifikant (p < .05) über dem deutschen Mittelwert liegende Länder.
■ Nicht signifikant vom deutschen Mittelwert abweichende Länder.
⬚ Signifikant (p < .05) unter dem deutschen Mittelwert liegende Länder.

Perzentile
5% 25% 75% 95%
Mittelwert und Konfidenzintervall (± 2 SE)

* Zu Besonderheiten der Stichproben vgl. Bos 2004.
Die Daten für die Vergleichsländer basieren auf der Erhebung im Rahmen von IGLU aus dem Jahr 2001.

BBS / IFS / LI : Kompetenzen und Einstellungen von Schülerinnen und Schülern © KESS 4

Um die Mathematik- und Naturwissenschaftsleistungen aus KESS 4 mit den IGLU-Ergebnissen vergleichen zu können, wurden die beiden Tests gemeinsam skaliert. Die Daten wurden dabei dem internationalen Vorgehen entsprechend gewichtet. Das heißt, die fünf Bundesländer aus der IGLU-Studie und Hamburg (KESS 4) haben jeweils das gleiche Gewicht. Die Werte für Deutschland, die auf einen Mittelwert (M, arithmetisches Mittel) von 300 und eine Standardabweichung (SD) von 60 normiert wurden, sind also als Durchschnittswerte der sechs berichteten Bundesländer zu interpretieren.[2] Die Kinder aus Baden-Württemberg und Hamburg schneiden in Mathematik signifikant oberhalb des deutschen Mittelwertes ab, die Grundschulkinder aus Bremen liegen dagegen signifikant unterhalb (vgl. Abb. IV.16). Das gute Abschneiden Hamburger Kinder aus IGLU bestätigt sich, wenn man die Unterschiede der Mathematikleistungen aus LAU aus den Jahren 1996 und 2003 vergleicht (vgl. Abschnitt 4 dieses Beitrags).

Abbildung IV.17: Naturwissenschaftsleistungen am Ende der Grundschule (vierte Jahrgangsstufe) für einige Länder der Bundesrepublik Deutschland

Land	M	(SE)	SD
Baden-Württemb.	307	(3,2)	61
Bayern	306	(2,7)	59
Hamburg	**304**	**(0,7)**	**60**
Hessen	304	(2,9)	60
Deutschland	300	(1,8)	60
Nordrhein-Westf.	294	(3,2)	59
Bremen*	285	(6,3)	58

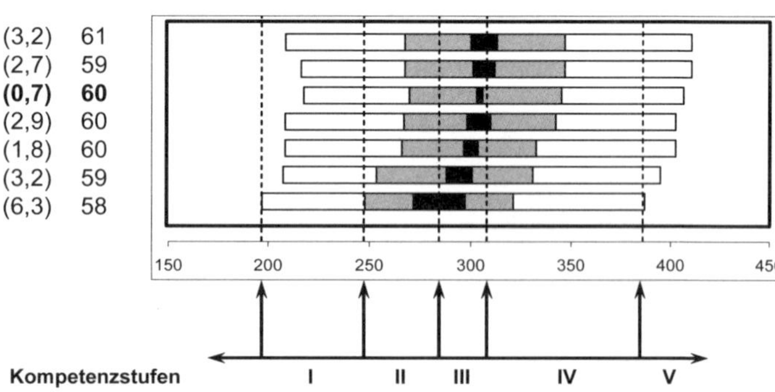

☐ Nicht signifikant vom deutschen Mittelwert abweichende Länder.

Perzentile: 5% 25% 75% 95% — Mittelwert und Konfidenzintervall (± 2 SE)

* Zu Besonderheiten der Stichproben vgl. Bos 2004.
Die Daten für die Vergleichsländer basieren auf der Erhebung im Rahmen von IGLU aus dem Jahr 2001.

BBS / IFS / LI : Kompetenzen und Einstellungen von Schülerinnen und Schülern © KESS 4

2 Diese Ergebnisse weichen sehr geringfügig von den in der Druckfassung des Kurzberichts und in der Internetfassung vom 03.09.2004 berichteten Werten ab, da dort u. a. zunächst ein anderes Gewichtungsverfahren angewandt wurde.

In den Naturwissenschaften (vgl. Kap. IX in diesem Band) liegen die Kompetenzen der Hamburger Schülerinnen und Schüler ebenfalls nahe am deutschen Mittelwert (vgl. Abb. IV.17) und im Bereich der übrigen hier berichteten Länder der Bundesrepublik Deutschland.

4. Regionale Querschnittsvergleiche

Aufschlüsse über die Entwicklung von Lernständen der Hamburger Schülerschaft im zeitlichen Verlauf ermöglichte die Anbindung von KESS 4 an die Studien LAU 5 und PLUS (Projekt Lesen und Schreiben für alle, vgl. May, 1994), mit denen in Hamburg ein Systemmonitoring eingeführt wurde. Auf diesem Wege können Hinweise gefunden werden, ob sich seit den Feststellungen der ersten Hamburger Schulvergleichsuntersuchungen etwas verändert hat und ob eingeleitete Maßnahmen Effekte gehabt haben.

Im Jahr 1996 wurden in Hamburg im Rahmen der ‚Lernausgangslagen-Untersuchung' (LAU 5) bei Kindern zu Beginn der fünften Jahrgangsstufe u. a. die Kompetenzen im Leseverständnis und in Mathematik erfasst (vgl. Lehmann et al., 1997). In KESS 4 wurden im Jahr 2003 am Ende der vierten Jahrgangsstufe u. a. ebenfalls diese Kompetenzen ermittelt – auch unter Verwendung einiger Testmaterialien aus LAU 5. Diese Verschränkung erlaubt es, Entwicklungstrends über die Zeit abzuleiten, wenn auch mit der gebotenen Zurückhaltung – so können Kohorteneffekte bei Querschnittsvergleichen nicht ausgeschlossen werden. Ebenso kann nicht ausgeschlossen werden, dass Unterschiede zum Teil aus den unterschiedlichen Messzeitpunkten – Ende der vierten Klasse (KESS 4) und Anfang der fünften Klasse (LAU 5) – resultieren.

Deutlich unterscheiden sich die Lernstände in den Kompetenzbereichen Lesen und Mathematik der im Rahmen von LAU 5 getesteten Kinder[3] von den Lernständen, die im Jahre 2003 am Ende der vierten Jahrgangsstufe festgestellt wurden (vgl. Abb. IV.18 und IV.19). Im Leseverständnis beträgt der Unterschied mehr als ein Sechstel einer Standardabweichung (5,3 Skalenpunkte). Dieser Unterschied ist im Rahmen von Schulleistungsuntersuchungen hoch – so betrug der Unterschied im Leseverständnis in der ‚Internationalen Grundschul-Lese-Untersuchung' (IGLU) von Kindern am Ende der dritten Jahrgangsstufe zu Kindern am Ende der vierten Jahr-

3 Die Referenzwerte für die Leistungen im Lesen und in Mathematik wurden uns dankenswerterweise von der Arbeitsgruppe um Prof. Dr. Dr. Rainer Lehmann und Roumiana Nikolova von der Humboldt-Universität zu Berlin zur Verfügung gestellt.

gangsstufe rund zwei Fünftel einer Standardabweichung (vgl. Bos, Lankes, Schwippert et al., 2003).

Abbildung IV.18: Leseleistung im Vergleich – LAU 5 und KESS 4 (Mittelwerte)

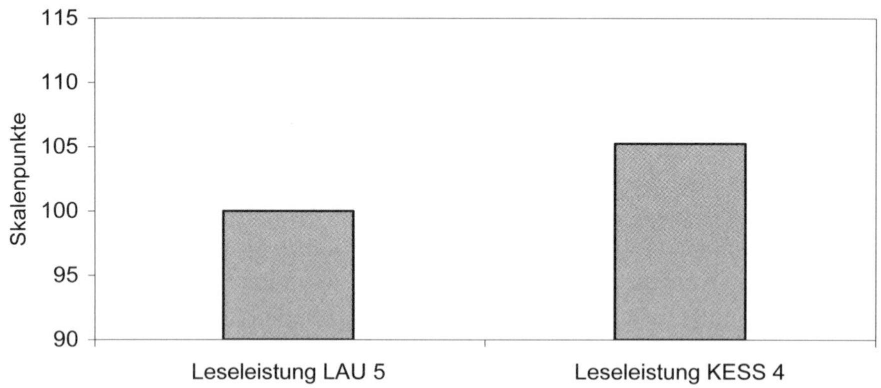

BBS / IFS / LI : Kompetenzen und Einstellungen von Schülerinnen und Schülern © KESS 4

Noch größer sind die Unterschiede in den Mathematikkompetenzen zwischen den Erhebungen aus den Jahren 1996 und 2003 – mit mehr als einem Drittel einer Standardabweichung (10,5 Skalenpunkte) ist dieser bemerkenswert. Das gute Abschneiden der Hamburger Kinder in Mathematik im nationalen IGLU-Vergleich (s. o.) findet hier noch einmal seine Entsprechung.

Abbildung IV.19: Mathematikleistung im Vergleich – LAU 5 und KESS 4 (Mittelwerte)

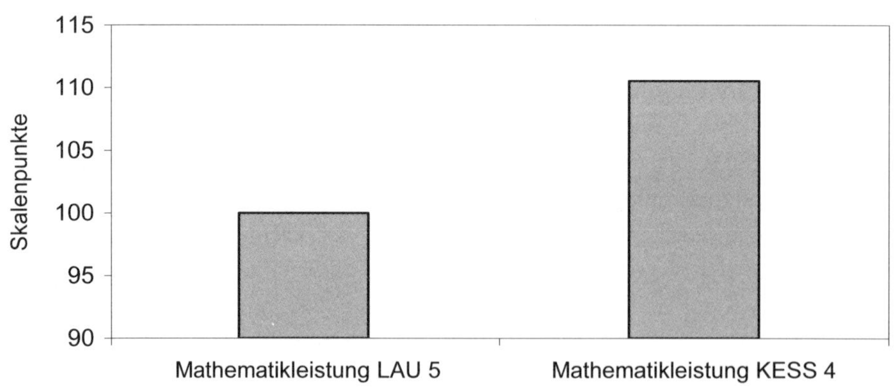

BBS / IFS / LI : Kompetenzen und Einstellungen von Schülerinnen und Schülern © KESS 4

Um einen Vergleich zu früheren Schreibleistungen Hamburger Schülerinnen und Schüler ziehen zu können, wurden die Ergebnisse verschiedener Schulleistungsuntersuchungen in Hamburger Grundschulen zusammengestellt (vgl. Tab. IV.5).

- In der Voruntersuchung zur Studie PLUS (1993/94) wurden Klassenaufsätze aus je einer zufällig ausgewählten vierten Klasse aller Hamburger Grundschulen ausgewertet (vgl. May, 1994).
- Im Rahmen der LAU-5-Untersuchung wurde in einer Zufallsauswahl von 104 Klassen am Anfang des fünften Schuljahres eine Textaufgabe (‚Schreibanregung') ausgewertet, bei der die Kinder zu einem stilisierten Bildmotiv (‚Senecio' von Paul Klee) ein Bild malten und eine Fantasiegeschichte schrieben (vgl. Lehmann et al., 1997).
- In der Abschlusserhebung zur Studie PLUS (1999) wurde in 60 Klassen, die aus eher sozial belasteten Gebieten Hamburgs stammen, dieselbe Schreibaufgabe wie in der KESS-4-Untersuchung bearbeitet (vgl. May, 2001).

Tabelle IV.5: Textschreibleistung am Ende der Grundschule – 1994 bis 2004

	Mittelwert	Standard-abweichung	Anzahl	Effektstärke[1]
Anzahl der Wörter im Text				
PLUS-Voruntersuchung (1993/94)	101,9	48,3	4020	0,69
LAU-5-Untersuchung (1996)	109,9	67,8	2343	0,48
PLUS-Abschlusserhebung (1998/99)	122,6	85,2	1355	0,23
KESS-4-Untersuchung (2004)	138,8	54,5	3522	
Textqualität (Gesamtbewertung Skala 1–5 Punkte)				
LAU-5-Untersuchung (1996)	2,61	1,05	2443	0,36
PLUS-Abschlusserhebung (1998/99)	2,55	1,06	1355	0,44
KESS-4-Untersuchung (2004)	2,93	0,81	7910	

[1] Die Effektstärke errechnet sich aus der Differenz des Mittelwertes der KESS-4-Ergebnisse und der früheren Mittelwerte, geteilt durch die gemeinsame Streuung.

BBS / IFS / LI : Kompetenzen und Einstellungen von Schülerinnen und Schülern © KESS 4

Die Werte im oberen Teil der Tabelle zeigen, dass die Länge der Texte, die Hamburger Viertklässlerinnen und Viertklässler bei einer vergleichbaren Textaufgabe schreiben, innerhalb der letzten zehn Jahre deutlich angestiegen ist. Die Länge eines Textes kann als Indikator für die Schreibfreude gewertet werden. Je mehr die Kinder schreiben, desto länger haben sie sich mit ihrer Geschichte auseinander gesetzt. Zudem benötigt die Entfaltung eines komplexeren Gedankengefüges eine ausführliche Darstellung. Zwar gilt dies nicht in allen Fällen, jedoch ist es bei relativ kürzeren

Texten besonders schwierig, die Vielfalt der Gedanken, die Komplexität der Handlung und die Anschaulichkeit der Darstellung zu vereinen. Insofern deuten die Ergebnisse im oberen Teil der Tabelle auf eine Steigerung der Schreibfreude der Kinder hin.

In den drei Untersuchungen, in denen gleichartige Textaufgaben zu bearbeiten waren, wurde die Textqualität durch speziell trainierte Bewertungspersonen anhand eines vorgegebenen Beurteilungsrasters eingeschätzt. Nach denselben Kriterien wurde in der aktuellen KESS-4-Studie die Qualität der Texte im Mittel deutlich höher eingestuft als in der LAU-5-Studie 1996 und in der PLUS-Erhebung 1999. Das bedeutet, dass die Fähigkeit der Hamburger Grundschulkinder, vergleichsweise anspruchsvolle Texte zu verfassen, in den letzten Jahren spürbar gesteigert werden konnte.

5. Zusammenfassung

Seit LAU 5 aus dem Jahr 1996 haben sich die schulischen Leistungen Hamburger Kinder am Übergang in die Sekundarstufe in den getesteten Kompetenzen deutlich verbessert. Der Leistungsunterschied im Lesen entspricht rund einem halben Lernjahr. In Mathematik lässt sich ein noch größerer Unterschied feststellen. Die Fähigkeit Hamburger Grundschulkinder, komplexe Texte zu verfassen, hat sich seit der 1998/99 durchgeführten Untersuchung PLUS ebenfalls deutlich gesteigert.

Die Leistungen der Hamburger Viertklässlerinnen und Viertklässler liegen beim Lesen nur knapp unter dem Bundesdurchschnitt und lassen sich kaum von den Leistungen anderer Länder unterscheiden, die am IGLU-Ländervergleich teilnahmen. Im naturbezogenen Lernen erreichen die Leistungen der Hamburger Grundschülerinnen und Grundschüler den deutschen Durchschnitt. Die orthographische Kompetenz der getesteten Schülerinnen und Schüler liegt dagegen unterhalb des Bundesdurchschnitts, die Mathematikleistungen sind überdurchschnittlich gut.

Der Anteil der Schülerinnen und Schüler an Hamburgs Grundschulen mit erheblichen Problemen im Leseverständnis ist vergleichsweise hoch, wenngleich auch erklärlich für eine Metropole. 11,9 Prozent aller an KESS 4 teilnehmenden Grundschülerinnen und Grundschüler gehören zur ‚Risikogruppe' und verfügen nur über basale Fähigkeiten. Unzureichend ist der unterdurchschnittliche Anteil an Spitzenleistungen der getesteten Schülerinnen und Schüler (13,3 % in Hamburg gegenüber 18,1 % im Bundesdurchschnitt). Dabei ist zu berücksichtigen, dass an einzelnen Schulstandorten Hamburgs selbst im internationalen Vergleich extrem gute bzw. extrem schlechte Testleistungen zu verzeichnen waren.

Ausgesprochen gut gelingt es den Hamburger Grundschulen, den Anteil von Kindern, die nicht gerne lesen, gering zu halten. Dies ist eine wichtige pädagogische Leistung, denn motivierte Kinder lesen besser.

Wie in anderen Ländern gelingt es auch in Hamburg in vielen Fällen nicht, Kinder aus Familien mit Migrationshintergrund an das durchschnittliche Leistungsniveau von Kindern nicht Zugewanderter heranzuführen. Ebenso ist auch in Hamburg die Kopplung des Bildungserfolgs der Kinder an die soziale Lage der Eltern bereits am Ende der Grundschulzeit stark ausgeprägt.

Last not least weisen die Ergebnisse darauf hin, dass auch in Hamburg, ähnlich wie internationale Erfahrungen z. B. aus Finnland, Kanada, den Niederlanden und Schweden zeigen (vgl. Döbert, Klieme & Sroka, 2004; Döbert & Sroka, 2004), die regelmäßige externe Überprüfung von erreichten Lernständen – in Hamburg gekoppelt an Maßnahmen zur Verbesserung des Unterrichts insbesondere für leistungsschwache Kinder z. B. durch die Programme PLUS (May, 1994, 2001) und PriMa – insgesamt zu einem Lernzuwachs auf Seiten der Schülerinnen und Schüler führt.

Literatur

Baumert, J. & Schümer, G. (2001). Familiäre Lebensverhältnisse, Bildungsbeteiligung und Kompetenzerwerb. In J. Baumert, E. Klieme, M. Neubrand, M. Prenzel, U. Schiefele, W. Schneider, P. Stanat, K.-J. Tillmann & M. Weiß (Hrsg.), *PISA 2000. Basiskompetenzen von Schülerinnen und Schülern im internationalen Vergleich* (S. 323–407). Opladen: Leske + Budrich.

Bos, W., Lankes, E.-M., Prenzel, M., Schwippert, K., Valtin, R. & Walther, G. (2003). Erste Ergebnisse aus IGLU. Schülerleistungen am Ende der vierten Jahrgangsstufe im internationalen Vergleich. *Grundschulverband aktuell, 83*, 4–14.

Bos, W., Lankes, E.-M., Prenzel, M., Schwippert, K., Valtin, R. & Walther, G. (Hrsg.). (2004). *IGLU. Einige Länder der Bundesrepublik Deutschland im nationalen und internationalen Vergleich.* Münster: Waxmann.

Bos, W., Lankes, E.-M., Prenzel, M., Schwippert, K., Walther, G. & Valtin, R. (Hrsg.). (2003). *Erste Ergebnisse aus IGLU. Schülerleistungen am Ende der vierten Jahrgangsstufe im internationalen Vergleich.* Münster: Waxmann.

Bos, W., Lankes, E.-M., Schwippert, K., Valtin, R., Voss, A., Badel, I. & Plaßmeier, N. (2003). Lesekompetenzen deutscher Grundschülerinnen und Grundschüler am Ende der vierten Jahrgangsstufe im internationalen Vergleich. In W. Bos, E.-M. Lankes, M. Prenzel, K. Schwippert, G. Walther & R. Valtin (Hrsg.), *Erste Ergebnisse aus IGLU. Schülerleistungen am Ende der vierten*

Jahrgangsstufe im internationalen Vergleich (S. 69–142). Münster: Waxmann.

Bos, W., Valtin, R., Lankes, E.-M., Schwippert, K., Voss, A., Badel, I. & Plaßmeier, N. (2004). Lesekompetenzen am Ende der vierten Jahrgangsstufe in einigen Ländern der Bundesrepublik Deutschland im nationalen und internationalen Vergleich. In W. Bos, E.-M. Lankes, M. Prenzel, K. Schwippert, R. Valtin & G. Walther (Hrsg.), *IGLU. Einige Länder der Bundesrepublik Deutschland im nationalen und internationalen Vergleich* (S. 49–92). Münster: Waxmann.

Döbert, H., Klieme, E. & Sroka, W. (Hrsg.). (2004). *Conditions of school performance in seven countries. A quest for understanding the international variation of PISA results* (Studien zur International und Interkulturell Vergleichenden Erziehungswissenschaft, Bd. 3). Münster: Waxmann.

Döbert, H. & Sroka, W. (Hrsg.). (2004). *Features of successful school systems. A comparison of schooling in six countries* (Studien zur Internationalen und Interkulturell Vergleichenden Erziehungswissenschaft, Bd. 4). Münster: Waxmann.

Einsiedler, W. (2003). Unterricht in der Grundschule. In K. S. Cortina, J. Baumert, A. Leschinsky, K. U. Mayer & L. Trommer (Hrsg.), *Das Bildungswesen in der Bundesrepublik Deutschland. Strukturen und Entwicklungen im Überblick.* (vollständig überarbeitete und erweiterte Neuausgabe) (S. 285–341). Reinbek: Rowohlt.

Lehmann, R. H., Peek, R. & Gänsfuß, R. (1997). *Aspekte der Lernausgangslage von Schülerinnen und Schülern der fünften Klassen an Hamburger Schulen. Bericht über die Untersuchung im September 1996.* Hamburg: Behörde für Schule, Jugend und Berufsbildung.

May, P. (1994). *Rechtschreibfähigkeit und Unterricht. Rechtschreibleistungen Hamburger Schülerinnen und Schüler im vierten Schuljahr im Zusammenhang mit Merkmalen schriftsprachlichen Unterrichts. Ergebnisse der Voruntersuchung zum Projekt Lesen und Schreiben für alle (PLUS).* Hamburg: Behörde für Schule, Jugend und Berufsbildung.

May, P. (2001). *Lernförderlicher Unterricht: Evaluation der Ergebnisse des Projekts ‚Lesen und Schreiben für alle' (PLUS). Kurzbericht der wissenschaftlichen Begleitung.* Hamburg: Behörde für Schule, Jugend und Berufsbildung.

Pietsch, M. (in Druck). Soziale Herkunft und Schulleistung Hamburger Kinder am Ende der Grundschulzeit. In W. Bos, C. Gröhlich & M. Pietsch (Hrsg.), *KESS 4. Lehr- und Lernbedingungen in Hamburger Grundschulen* (S. 7–34). Münster: Waxmann.

Prenzel, M., Geiser, H., Langeheine, R. & Lobemeier, K. (2003). Das naturwissenschaftliche Verständnis am Ende der Grundschule. In W. Bos, E.-M. Lankes, M. Prenzel, K. Schwippert, G. Walther & R. Valtin (Hrsg.), *Erste Ergebnisse aus IGLU. Schülerleistungen am Ende der vierten Jahrgangsstufe im internationalen Vergleich* (S. 143–187). Münster: Waxmann.

Prenzel, M., Geiser, H., Langeheine, R. & Lobemeier, K. (2004). Naturwissenschaftliche Kompetenz am Ende der Grundschulzeit: Vergleich zwischen einigen Ländern der Bundesrepublik Deutschland. In W. Bos, E.-M. Lankes, M. Prenzel, K. Schwippert, R. Valtin & G. Walther (Hrsg.), *IGLU. Einige Länder der Bundesrepublik Deutschland im nationalen und internationalen Vergleich* (S. 93–115). Münster: Waxmann.

Schwippert, K. (in Druck). Migrationsbedingte Heterogenität von Schülerinnen und Schülern am Ende der vierten Jahrgangsstufe in Hamburg. In W. Bos, C. Gröhlich & M. Pietsch (Hrsg.), *KESS 4. Lehr- und Lernbedingungen in Hamburger Grundschulen* (S. 35–46). Münster: Waxmann.

Schwippert, K., Bos, W. & Lankes, E.-M. (2003). Heterogenität und Chancengleichheit am Ende der vierten Jahrgangsstufe im internationalen Vergleich. In W. Bos, E.-M. Lankes, M. Prenzel, K. Schwippert, G. Walther & R. Valtin (Hrsg.), *Erste Ergebnisse aus IGLU. Schülerleistungen am Ende der vierten Jahrgangsstufe im internationalen Vergleich* (S. 265–302). Münster: Waxmann.

Schwippert, K., Bos, W. & Lankes, E.-M. (2004). Heterogenität und Chancengleichheit am Ende der vierten Jahrgangsstufe in den Ländern der Bundesrepublik Deutschland und im internationalen Vergleich. In W. Bos, E.-M. Lankes, M. Prenzel, K. Schwippert, R. Valtin & G. Walther (Hrsg.), *IGLU. Einige Länder der Bundesrepublik Deutschland im nationalen und internationalen Vergleich* (S. 165–190). Münster: Waxmann.

Valtin, R., Badel, I., Löffler, I., Meyer-Schepers, U. & Voss, A. (2003). Orthographische Kompetenzen von Schülerinnen und Schülern der vierten Klasse. In W. Bos, E.-M. Lankes, M. Prenzel, K. Schwippert, G. Walther & R. Valtin (Hrsg.), *Erste Ergebnisse aus IGLU. Schülerleistungen am Ende der vierten Jahrgangsstufe im internationalen Vergleich* (S. 227–264). Münster: Waxmann.

Valtin, R., Löffler, I., Meyer-Schepers, U. & Badel, I. (2004). Orthographische Kompetenzen von Schülerinnen und Schülern der vierten Klasse im Vergleich der Länder. In W. Bos, E.-M. Lankes, M. Prenzel, K. Schwippert, R. Valtin & G. Walther (Hrsg.), *IGLU. Einige Länder der Bundesrepublik Deutschland im nationalen und internationalen Vergleich* (S. 141–164). Münster: Waxmann.

Walther, G., Geiser, H., Langeheine, R. & Lobemeier, K. (2003). Mathematische Kompetenzen am Ende der vierten Jahrgangsstufe. In W. Bos, E.-M. Lankes, M. Prenzel, K. Schwippert, G. Walther & R. Valtin (Hrsg.), *Erste Ergebnisse aus IGLU. Schülerleistungen am Ende der vierten Jahrgangsstufe im internationalen Vergleich* (S. 189–226). Münster: Waxmann.

Walther, G., Geiser, H., Langeheine, R. & Lobemeier, K. (2004). Mathematische Kompetenzen am Ende der vierten Jahrgangsstufe in einigen Ländern der Bundesrepublik Deutschland. In W. Bos, E.-M. Lankes, M. Prenzel, K. Schwippert, R. Valtin & G. Walther (Hrsg.), *IGLU. Einige Länder der Bundesrepublik Deutschland im nationalen und internationalen Vergleich* (S. 117–140). Münster: Waxmann.

V. Das Leseselbstkonzept am Ende der Grundschulzeit

Rosemarie Mielke, Martin Goy, Marcus Pietsch

Die Leistungen von Schülerinnen und Schülern sind neben ihren kognitiven Fähigkeiten von einer Reihe weiterer Faktoren abhängig. So kann es Schülerinnen und Schüler geben, die ihre Fähigkeiten nicht in Leistungen umsetzen können, weil ihnen das Vertrauen in ihre eigene Leistungsfähigkeit fehlt. Wir alle haben Überzeugungen von uns und unseren Fähigkeiten, die teilweise erheblich dazu beitragen, was wir uns zutrauen und was wir dann leisten. Solche Überzeugungen gehören zu dem allgemeinen ‚Selbst-Bild' einer Person, in der pädagogisch-psychologischen Forschung auch ‚Selbstkonzept' genannt. Dieses globale Selbstkonzept umfasst die Wahrnehmungen über eigene Eigenschaften und Fähigkeiten und ist in verschiedene Facetten differenziert. Das ‚akademische Selbstkonzept' ist eine dieser Facetten und umfasst die fachspezifischen Selbsteinschätzungen der eigenen bildungs- bzw. schulbezogenen Fähigkeiten, zu denen im verbalen Bereich auch das Leseselbstkonzept gehört. Diese Fähigkeitseinschätzungen wirken sich im Unterricht z. B. auf die Größe der Bereitschaft aus, sich zu beteiligen, sich anzustrengen oder sich mit unvertrauten oder schwierigen Aufgaben auseinander zu setzen.

Auf die Bedeutung der Selbstkonzepte für die Persönlichkeits- und Fähigkeitsentwicklung der Schülerinnen und Schüler nimmt auch der ‚Bildungsplan Grundschule' der Freien und Hansestadt Hamburg Bezug, wenn als Ziel formuliert wird, dass Kinder Zutrauen zu sich selbst gewinnen sollen, indem sie Gelegenheit erhalten, Lernerfolge als Ergebnis eigener Anstrengung zu erfahren. Damit wird zum einen eine Grundlage für das selbstverantwortliche Lernen gelegt, zum anderen wird diese Erfolgszuversicht im Bereich Lesen auch speziell als Voraussetzung für die Lesemotivation der Schülerinnen und Schüler angesehen, deren Aufbau zu den zentralen Aufgaben des Deutschunterrichts gehört (vgl. Behörde für Bildung und Sport der Freien und Hansestadt Hamburg, 2003, S. 7 u. 17). Der Aufbau stabiler und positiver Selbstkonzepte für den Schulunterricht mit ihrer Bedeutung für selbstreguliertes und motiviertes Lernen bleibt schulformübergreifend auch in den Bildungsplänen der Sekundarstufe ein ausgesprochenes Ziel von Unterricht und Erziehung.

Im Rahmenmodell der Internationalen Grundschul-Lese-Untersuchung (IGLU) werden kognitive und motivationale Faktoren zur Erklärung von Lesekompetenz herangezogen (vgl. Lankes et al., 2003, S. 16). Lesekompetenz wird dort nicht auf die Leseleistung reduziert, sondern jeweils im Zusammenhang mit dem Leseinteresse, der Lesefreude und dem Leseselbstkonzept erhoben und damit als eingebettet in die gesamte Persönlichkeit der Schülerinnen und Schüler gesehen. In KESS 4 wurden diese Faktoren ebenfalls erhoben, so dass nun auch eine Einordnung Hamburgs in die Selbstkonzept-Ergebnisse der IGLU-Studie möglich wird. Durch die Verknüpfung von KESS 4 mit der IGLU-Studie, bei der für mehrere Länder der Bundesrepublik Deutschland Vergleiche möglich waren, kann damit auch die Platzierung Hamburger Grundschülerinnen und Grundschüler im Bundesvergleich vorgenommen werden. Dabei sind folgende Fragen zu beantworten:

- Unterscheiden sich Hamburger Schülerinnen und Schüler am Ende der Grundschulzeit in der Höhe ihres Leseselbstkonzepts von Schülerinnen und Schülern in anderen Ländern der Bundesrepublik Deutschland?
- Inwieweit entspricht die von Hamburger Schülerinnen und Schülern selbst wahrgenommene Lesefähigkeit ihren Leistungen im Test zum Leseverständnis am Ende der Grundschulzeit?
- Unterscheiden sich Mädchen und Jungen in ihren Leseselbstkonzepten?
- Gibt es Unterschiede des Leseselbstkonzepts in Abhängigkeit vom ethnischen Hintergrund der Schülerinnen und Schüler?
- Spielt die soziale Lage der Familie eine Rolle für das Leseselbstkonzept der Schülerinnen und Schüler?

1. Leseselbstkonzept am Ende der Grundschulzeit

1.1 Akademische Selbstkonzepte

Akademische oder schulische Selbstkonzepte umfassen die generalisierten fachspezifischen Fähigkeitseinschätzungen, die Schülerinnen und Schüler aufgrund von Kompetenzerfahrungen in ihren Schulfächern erwerben. Diese Erfahrungen wiederum sind entscheidend geprägt einerseits durch die Rückmeldungen bedeutender Bezugspersonen und durch die Art und Weise, wie diese Bewertungen attribuiert werden, sowie andererseits durch den Leistungsvergleich mit Mitschülerinnen und Mitschülern und den Vergleich mit eigenen Leistungen in anderen Schulfächern (vgl. Köller, 2004; Möller & Köller, 2004).

Die Förderung von Kompetenzüberzeugungen und der Urteilskraft über die eigenen Fähigkeiten ist ein nahezu selbstverständliches Ziel jeglichen erzieherischen Handelns. Realistische Rückschlüsse auf die eigenen Fähigkeiten sind dann möglich, wenn es gelingt, Lernumgebungen herzustellen, in denen die Lern- und Leistungserfolge das Ergebnis der Fähigkeiten und Anstrengungen der Schülerinnen und Schüler sind und dies für die Kinder auch erkennbar wird.

Ihre besondere Bedeutung für Schule und Unterricht erhalten akademische Selbstkonzepte dadurch, dass sich in einer Vielzahl von Studien ein positiver Einfluss dieser Fähigkeitseinschätzungen auf Lernprozesse und leistungsthematisches Verhalten, wie Anstrengungsbereitschaft und Ausdauer, nachweisen ließ und sie leistungsthematisches Verhalten erklären und vorhersagen können (vgl. Möller & Schiefele, 2004).

Das akademische Selbstkonzept wurde in der Forschung zunächst als hierarchisches Modell konzipiert, bei dem sich die Fähigkeitseinschätzungen entsprechend der jeweiligen Unterrichtsfächer differenzieren und auf ein allgemeines akademisches Selbstkonzept zurückzuführen sind (vgl. Shavelson, Hubner & Stanton, 1976). Im Laufe der Zeit wurde dieses Modell dann modifiziert: Während man zunächst davon ausging, dass die fachbezogenen Selbstkonzepte substantiell interkorreliert sind und die gemeinsame Varianz auf das allgemeine akademische Selbstkonzept zurückzuführen sei, zeigten Ergebnisse konfirmatorischer Faktorenanalysen, dass sich die akademischen Selbstkonzepte in mindestens zwei unterscheidbare Facetten – das mathematische und das sprachliche (verbale) Selbstkonzept – unterteilen lassen, wie Abbildung V.1 verdeutlicht.

Abbildung V.1: Modifiziertes Selbstkonzeptmodell nach Marsh, Byrne und Shavelson (1988) (Abbildung nach Möller & Köller, 2004)

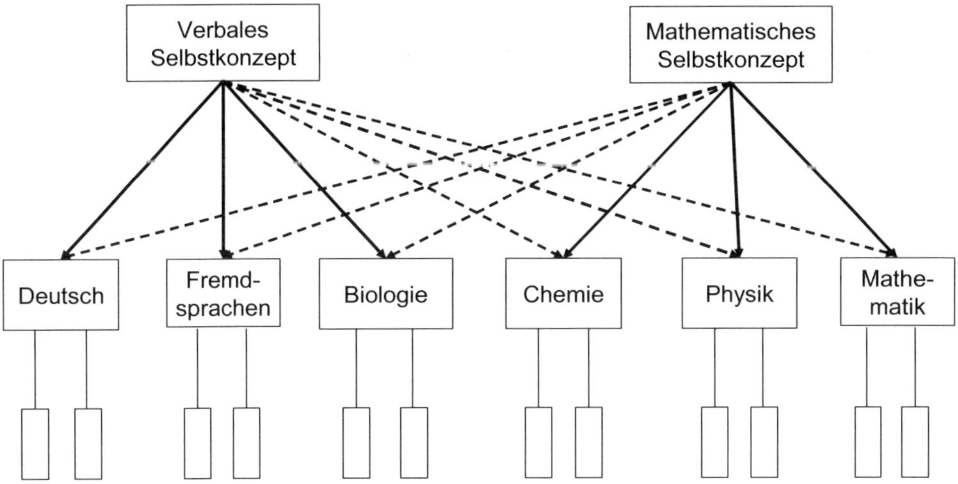

Für Schülerinnen und Schüler in der Grundschule ist der Fächerkanon noch nicht in der dargestellten Weise ausdifferenziert. Als eine Facette des verbalen Selbstkonzepts liegen die Quellen des Leseselbstkonzepts von Grundschülerinnen und Grundschülern schwerpunktmäßig im Deutschunterricht, aber auch Lernerfahrungen im Sach- oder Religionsunterricht enthalten reichhaltige Möglichkeiten, Erfahrungen mit den eigenen Leseleistungen und deren Bewertungen zu machen und sich als Leser einschätzen zu lernen.

Es ist in der Selbstkonzeptforschung umstritten, ob sich das Selbstkonzept in eine affektive (‚Ich lese lieber als meine Klassenkameraden') und eine kognitiv-evaluative Komponente (‚Ich bin gut im Lesen') trennen lässt (vgl. Bong & Clark, 1999; Möller & Köller, 2004; Möller & Schiefele, 2004). Die IGLU- und KESS-Studie folgten hier der Auffassung, akademische Selbstkonzepte, also auch das Leseselbstkonzept, als Kompetenzwahrnehmung zu verstehen. Die affektive Komponente wurde demgegenüber im Rahmen der intrinsischen Lesemotivation erhoben.

Im Hinblick auf den Zusammenhang von Selbstkonzept und Leistung ist ein Entwicklungsprozess im Laufe des Kindes- und Jugendalters zu berücksichtigen, für den vor allem die Rückmeldungs- und Vergleichsprozesse verantwortlich sind: Während die Selbsteinschätzungen bezüglich eigener Leistungen und Fähigkeiten zu Beginn der Grundschulzeit noch unrealistisch hoch sind, werden sie im Laufe der Schulzeit zunehmend realistischer, was vor allem auf die Notengebung zurückgeführt wird. Anhand der LOGIK-Studie zeigte Helmke (1998), dass sich die Höhe der Selbstkonzeptwerte von der ersten bis zur sechsten Klasse verringerte. Wie in der LOGIK-Studie deutlich wurde, verbergen sich hinter diesem globalen Trend ‚vom Optimisten zum Realisten' allerdings eine Vielzahl differenzieller Entwicklungsverläufe. Diese ergeben sich einerseits durch Einflussfaktoren auf der Ebene der Einzelklasse, die die Vergleichsprozesse beeinflussen, wie beispielsweise die Art der Bezugsnormorientierung bei der Leistungsbeurteilung oder das Leistungsspektrum der Klasse. Zudem zeigen sich auch unterschiedliche Entwicklungsverläufe der fachspezifischen Selbstkonzepte zwischen Jungen und Mädchen, wobei entsprechend der Geschlechtsstereotype Jungen durchschnittlich geringere Selbstkonzeptwerte im verbalen, Mädchen im mathematischen Bereich haben (vgl. Helmke, 1998).

1.2 Leseselbstkonzept

Lesen findet in fast allen Schulfächern und auch außerhalb der Schule statt. Der Aufbau und die Förderung kognitiver Fähigkeiten sind ohne die Grundfertigkeiten des Lesens und Schreibens erheblich erschwert. Kinder haben spätestens im Kindergarten die Möglichkeiten, eigene Erfahrungen mit dem Lesen zu machen. Indirekte Erfahrungen machen sie schon viel früher, wenn ihnen ‚Gute-Nacht-Geschichten' vorgelesen werden oder sie bei ihren Eltern, bei ihren Geschwistern oder an anderer Stelle beobachten, wie Zeitungen, Bücher oder auch nur Gebrauchsanweisungen oder Einkaufszettel gelesen werden.

Die Lesefähigkeit kann als Kernkompetenz für das schulische und das darüber hinausgehende lebenslange Lernen angesehen werden. Gerade in den ersten Schuljahren, in denen der Erwerb der Schriftsprache im Vordergrund steht, ist das Leseselbstkonzept für das akademische Selbstkonzept von zentraler Bedeutung. Unter dem lesebezogenen Selbstkonzept oder Leseselbstkonzept wird hier die Fähigkeitseinschätzung im Bereich Lesen verstanden (vgl. Wigfield & Kaparthian, 1991; Möller & Schiefele, 2004).

Möller und Schiefele (2004) tragen die jüngsten Ergebnisse zum Leseselbstkonzept zusammen und verweisen auf Chapman, Tunmer und Prochnow (2000), die fanden, dass eine früh einsetzende negative Rückmeldung zur Lesekompetenz sowohl das lesebezogene als auch das gesamte akademische Selbstkonzept beeinträchtigt. Das Leseselbstkonzept beeinflusst das Interesse am Lesen und die Bereitschaft, sich auf das Lesen einzulassen und dafür Zeit und Anstrengung zu investieren (vgl. Henk & Melnick, 1992). Schülerinnen und Schüler mit hohen Leseselbstkonzepten zeigten sich ausdauernder darin, Texte auch verstehen zu wollen. Interesse am Lesen und Anstrengungsbereitschaft sind wiederum wichtige Determinanten der Leseleistung und daher bedeutsam für die Entwicklung und Förderung der Lesefähigkeit.

Wie auch bei anderen leistungsbezogenen Selbsteinschätzungen, stabilisiert sich im Verlauf der Schulzeit die Einschätzung der Lesekompetenz (vgl. Chapman & Tunmer, 1997). Der Zusammenhang zwischen Leseleistung und Leseselbstkonzept ist bei Erstklässlern zunächst gering ($r = .15$) und erhöht sich bereits in der zweiten Klasse auf $r = .35$. Auch die kausale Richtung der Beziehung zwischen Kompetenz und Selbsteinschätzung verändert sich offensichtlich im Verlauf der Schulzeit. Chapman und Tunmer (1997) ermittelten, dass zunächst die Leseleistung kausale Dominanz hat. Bei älteren Schülerinnen und Schülern scheint sich eher das Selbstkonzept auf schulische Leistungen auszuwirken (vgl. Marsh, 1987, 1990). Untersuchungsergebnisse bei acht- bis zwölfjährigen Schülerinnen und Schülern weisen auf reziproke Zusammenhänge zwischen akademischen Selbstkonzepten und schulischen Leistungen hin (vgl. Helmke & Aken, 1995; Kurtz-Costes & Schneider, 1994).

Mit Blick auf den Erhebungszeitpunkt der KESS-Studie am Ende der vierten Jahrgangsstufe lassen die Ergebnisse zum Deutsch-Selbstkonzept aus der LOGIK-Untersuchung (vgl. Helmke, 1998) erwarten, dass sich die Schülerinnen und Schüler in ihren Fähigkeitsselbstkonzepten durchschnittlich noch leicht bis mäßig überschätzen, so dass dies auch für das Leseselbstkonzept anzunehmen ist.

1.3 Einfluss von Geschlecht und familiärem Hintergrund auf das Leseselbstkonzept

Wie unter Abschnitt 1.1 dargestellt entstehen fachspezifische Selbstkonzepte durch Vergleichsprozesse in Leistungssituationen und hängen zentral von den über Noten vermittelten Schülerleistungen ab. Die Entwicklung von fachspezifischen Selbstkonzepten und ihr Zusammenhang mit der fachlichen Leistung sind dabei allerdings auch von weiteren Einflussfaktoren auf Individual- und Gruppenebene abhängig. Zur Untersuchung von Einflüssen auf der Ebene der Schulklasse, wie Leistungsspektrum, Leistungsrückmeldung, Lernklima oder Unterrichtsstil, sind mehrebenenanalytische Verfahren notwendig, die in diesem ersten, weitgehend deskriptiven Bericht noch ausstehen und weiteren Analysen vorbehalten sind. An dieser Stelle soll aber schon geprüft werden, inwieweit das Geschlecht der Schülerinnen und Schüler und ihr familiärer Hintergrund einen Einfluss auf die Ausprägung des Leseselbstkonzepts haben.

Geschlechterdifferenzen

In der IGLU-Studie weisen die Mädchen gegenüber den Jungen die besseren Leseleistungen auf. Ihr Vorsprung in der Gesamtskala Lesen ist signifikant – im internationalen und europäischen Vergleich allerdings vergleichsweise gering (vgl. Bos et al., 2004, S. 72). Auch die Studien LOGIK (Helmke, 1998) und NOVARA (Valtin & Wagner, 2002) zeigen, dass Mädchen am Ende der vierten Klasse im Fach Deutsch ein höheres Leistungsniveau zeigen als Jungen.

Angesichts dieses geschlechtsabhängigen Unterschieds der Leistungsentwicklung im sprachlichen Bereich stellt sich die Frage, ob dies auch mit einer geschlechtsabhängigen Entwicklung von fähigkeitsspezifischen Selbstkonzepten einhergeht. Wenn dies der Fall sein sollte, wäre zu erwarten, dass Mädchen, als bessere Leser, auch günstigere Selbstkonzepte entwickeln.

In den Ergebnissen aus denjenigen Ländern der Bundesrepublik Deutschland, die 2001 an der IGLU-Studie teilgenommen haben, zeigt sich ein leicht aber signifikant höherer Leseselbstkonzeptwert bei den Mädchen (vgl. Valtin, Wagner & Schwippert, 2005). In der LOGIK- und der NOVARA-Studie zeigen sich für das Selbstkonzept im Fach Deutsch ebenfalls höhere Ausprägungen bei den Mädchen, wobei in der LOGIK-Studie der Unterschied allerdings sehr gering ist. Demnach ist zu erwarten, dass die in KESS 4 getesteten Mädchen gegenüber den Jungen ein leicht höheres Leseselbstkonzept zeigen.

Ethnischer Hintergrund und soziale Lage der Schülerfamilien

Kinder, bei denen eine oder beide elterliche Bezugspersonen nicht in Deutschland geboren wurden, zeigen im Vergleich zu ihren Klassenkameraden ohne Migrationshintergrund deutlich schlechtere Leistungen in der in IGLU untersuchten Lesekompetenz (vgl. Schwippert, Bos & Lankes, 2003, 2004). Deutliche Leistungsunterschiede in der IGLU-Studie zeigen sich ebenfalls zwischen Kindern aus Familien mit hohen und geringen ökonomischen Ressourcen (ebd.), was unter anderem an einem Indikator der sozialen Lage festgemacht wird, der die elterlichen Berufe nach sozialem Status, so genannten EGP-Klassen, einteilt (vgl. Erikson, Goldthorpe & Portocarero, 1979 und Kap. II in diesem Band). Dieser soziale Status wiederum hängt eng mit dem Familieneinkommen und den Bildungsabschlüssen der Eltern zusammen (vgl. Pietsch, in Druck).

Gemäß dem recht engen Zusammenhang zwischen Leseleistung und Leseselbstkonzept ist entsprechend zu erwarten, dass sich die bei den Kompetenzen gefundenen, durch den familiären Hintergrund bedingten Unterschiede ebenfalls in den Selbstkonzeptwerten widerspiegeln.

Auch wenn die Quellen zur Einschätzung der eigenen Lesekompetenz teilweise im außerschulischen Bereich liegen können und die Familie oder der Freundeskreis der Schülerinnen und Schüler womöglich als alternativer, nicht so kompetitiver Bezugsrahmen stützend auf das Selbstkonzept wirken kann, ist nicht zu erwarten, dass sich ein im schulischen Kontext erhobenes Leseselbstkonzept in ausgeprägter Weise auf außerschulische Leseerfahrungen und Vergleichsprozesse stützt.

2. Die Erhebung des Leseselbstkonzepts in der KESS-4-Studie

2.1 Stichprobe

Das Leseselbstkonzept der Hamburger Viertklässlerinnen und Viertklässler wurde im Rahmen des am zweiten Testtag ausgeteilten Schülerfragebogens erhoben. Die Beteiligungsquote an diesem Fragebogen lag bei 76,4 Prozent der insgesamt 14.110 an KESS 4 teilnehmenden Schülerinnen und Schüler, wobei sich die Fehlquote hauptsächlich dadurch erklärt, dass knapp 20 Prozent der Schülerinnen und Schüler keine Elterngenehmigung zur Fragebogenteilnahme hatten (vgl. dazu auch Kap. II in diesem Band).

2.2 Instrumente

Das Leseselbstkonzept wurde über folgende Aussagen erfasst: „Lesen fällt mir sehr leicht", „Ich kann nicht so gut lesen wie andere Schüler aus meiner Klasse" und „Laut vorlesen fällt mir sehr schwer". Diese Items wurden auf einer vierstufigen Skala von ‚stimme stark zu' (1) bis ‚stimme überhaupt nicht zu' (4) beantwortet. Sie bilden, bei Rekodierung des ersten Items, eine noch akzeptabel homogene Skala (Cronbachs α von .63).[1]

Um die mit dieser Skala erhobenen Werte in Relation zur tatsächlichen Lesefähigkeit der Schülerinnen und Schüler zu setzen, wird der in der KESS-4-Studie ermittelte Testscore der Leseleistung genutzt (vgl. Kap. IV in diesem Band).

2.3 Durchführung

Der Schülerfragebogen, mit dem das Leseselbstkonzept erfasst wurde, kam am zweiten Testtag zum Einsatz. Die Erhebung war damit zeitlich getrennt von der Erhebung der Lesekompetenz, wodurch der Einfluss des Tests auf das Antwortverhalten beim Schülerfragebogen möglichst gering gehalten werden sollte.

---

1 Die nur gerade akzeptable Homogenität der Skala ist nach bisherigem Erkenntnisstand erstens auf die geringe Anzahl an Items zurückzuführen, zweitens auf die Vermischung von zwei nur auf die eigene Person bezogenen Fragen zum Leseselbstkonzept mit einem Item, das explizit auf soziale Vergleiche angelegt ist („Ich kann nicht so gut lesen wie andere Schüler aus meiner Klasse"), und drittens auf die Mischung von Items zum sinnentnehmenden (Leise-)Lesen mit einem Item zum Vorlesen. Dies ist noch weiter zu klären und soll in folgenden Erhebungen mittels einer differenzierteren Skala berücksichtigt werden.

3. Das Leseselbstkonzept am Ende der Grundschulzeit

Im Folgenden werden die Befunde zum Leseselbstkonzept berichtet. Hierbei wird zunächst betrachtet, inwieweit die Höhe des Leseselbstkonzepts mit den in KESS 4 gemessenen Leseleistungswerten korrespondiert, und anschließend mit den in der IGLU-Studie erhobenen Leseselbstkonzeptwerten in anderen Ländern der Bundesrepublik Deutschland verglichen, die mit derselben Fragebogenskala erhoben wurden. Weiterhin ist von Interesse, inwieweit die für den Leseleistungstest gezeigten Unterschiede zwischen Mädchen und Jungen, Schülerinnen und Schülern mit unterschiedlichem ethnischen Hintergrund sowie aus Familien mit unterschiedlicher sozialer Lage (in Analogie zum Bericht über die Lesekompetenzen, vgl. Kap. IV in diesem Band) in den Leseselbstkonzepten nachzuweisen sind.

Dieser Bericht beschränkt sich zunächst auf erste Ergebnisse – eine vertiefende Analyse des im Rahmenmodell bedeutsamen Beziehungsgeflechts zwischen Leseleistung, Fähigkeitswahrnehmungen und motivationalen Aspekten (vgl. Bos et al., 2004; Lankes et al., 2003) ist weiterführenden Auswertungen vorbehalten.

3.1 Höhe des Leseselbstkonzepts und Zusammenhang mit der Leseleistung

Die Ergebnisse der KESS-4-Studie zeigen, dass Hamburger Viertklässlerinnen und Viertklässler eine recht positive Einschätzung ihrer Lesefähigkeit bzw. ein recht großes Vertrauen in ihre Lesefähigkeit haben. Der empirische Mittelwert des Leseselbstkonzepts liegt mit 3,05 statistisch signifikant und deutlich über dem bei einer Viererskala theoretischen mittleren Wert von 2,5.

Abbildung V.2: Leseleistung und Leseselbstkonzept im Vergleich

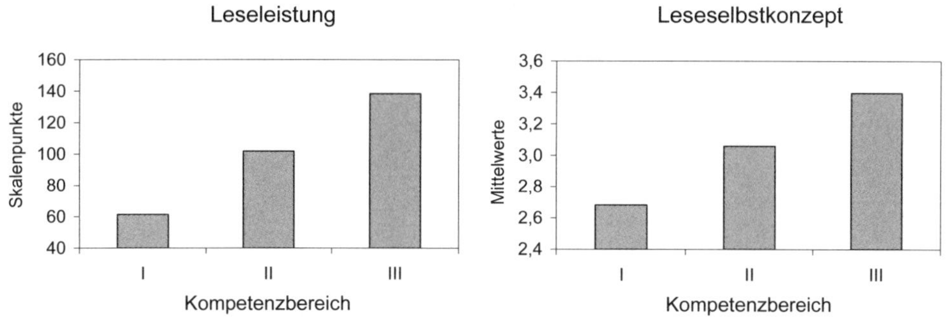

BBS / IFS / LI : Kompetenzen und Einstellungen von Schülerinnen und Schülern © KESS 4

Korreliert man das Leseselbstkonzept mit der gemessenen Leseleistung, zeigt sich mit r = .36 ein erwartungsgemäß mittelhoher positiver Zusammenhang. Je besser die Leistungen im Lesekompetenztest ausfallen, desto höher ist auch das Vertrauen in die Lesefähigkeit und umgekehrt. Dass die Schülerinnen und Schüler sich bereits relativ realistisch einschätzen können, zeigt sich auch, wenn man die Höhe der Selbstkonzepte von leistungsschwachen, durchschnittlichen und leistungsstarken Kindern gegenüberstellt. In den drei unterschiedenen Kompetenzbereichen entsprechen die signifikanten Unterschiede in der Leseleistung, mit mittleren Werten von 61,4 Punkten in Kompetenzbereich I, 101,8 Punkten in Kompetenzbereich II und 138,4 Punkten in Kompetenzbereich III, signifikanten Unterschieden im Leseselbstkonzept mit durchschnittlichen Werten von 2,68 (I), 3,06 (II) und 3,40 (III). Die Abbildung V.2 veranschaulicht diese Unterschiede.

3.2 Das Leseselbstkonzept am Ende der Grundschulzeit in KESS 4 und IGLU

Der Einsatz der identischen Fragebogenskala zum Leseselbstkonzept in der IGLU-Studie und in KESS 4 ermöglicht eine nachträgliche Einordnung der Hamburger Resultate[2] in die Ergebnisse von IGLU.[3]

Das Leseselbstkonzept Hamburger Schülerinnen und Schüler liegt mit einem Skalenmittelwert von 3,05 oberhalb desjenigen Wertes, der sich als Mittelwert für die an der IGLU-Untersuchung beteiligten Länder der Bundesrepublik Deutschland ergibt (3,0). Zusammen mit Baden-Württemberg und Bayern gehört Hamburg dabei zu den Ländern der Bundesrepublik Deutschland mit dem höchsten mittleren Leseselbstkonzept – Baden-Württemberg und Hamburg liegen dabei signifikant über dem deutschen Mittelwert, wie Abbildung V.3 veranschaulicht. Vergleicht man die Höhe der mittleren Leseselbstkonzeptwerte mit den Lesetestleistungen in den jeweiligen Ländern, zeigt sich innerhalb der Länder jeweils ein positiver Zusammenhang zwischen Leseselbstkonzept und Leseleistung. Wie Tabelle V.1 zu entnehmen ist, variieren die Korrelationen zwischen .26 in Bremen und .41 in Brandenburg.

---

2 Hierbei ist zu berücksichtigen, dass die in diesem Kapitel berichteten Lesetestergebnisse für Hamburg auf einer Stichprobe von n = 8.000 der an KESS 4 teilnehmenden Schülerinnen und Schülern basieren.

3 Dabei ist allerdings zu berücksichtigen, dass die IGLU-Studie zwei Jahre vor KESS 4 durchgeführt wurde, so dass zum einen Alterskohorteneffekte nicht ausgeschlossen werden können, zum anderen lesespezifische Auswirkungen von Reformbemühungen, beispielsweise als Resultat der PISA-Untersuchung, möglich sind, die wiederum auf das Leseselbstkonzept wirken können.

Abbildung V.3: Mittelwerte des Leseselbstkonzepts in einigen Ländern der Bundesrepublik Deutschland

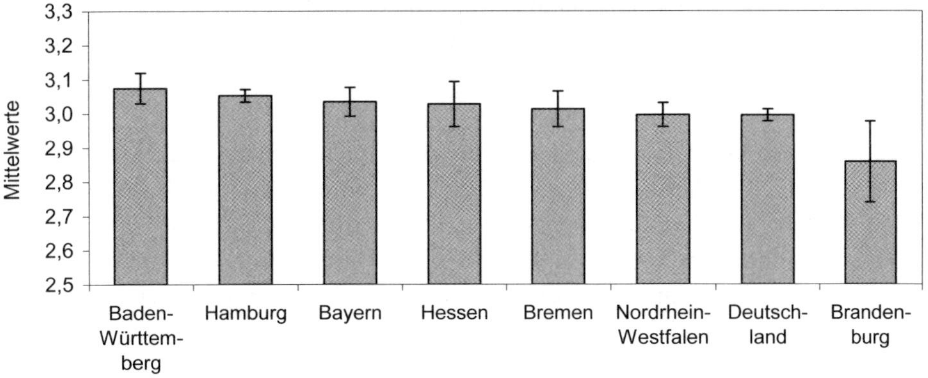

Zu Besonderheiten der Stichproben vgl. Bos et al., 2004.
Die Daten für die Vergleichsländer basieren auf der Erhebung im Rahmen von IGLU aus dem Jahr 2001.

BBS / IFS / LI : Kompetenzen und Einstellungen von Schülerinnen und Schülern © KESS 4

Aggregiert man den Zusammenhang zwischen Leseselbstkonzept und Leseleistung über die Länder bei gleicher Gewichtung für jedes Land, zeigt sich mit r = .30 ebenfalls ein positiver Zusammenhang – in Ländern, in denen das Leseselbstkonzept höher ausgeprägt ist, sind auch tendenziell bessere Leistungen im Lesetest zu verzeichnen.

Tabelle V.1: Zusammenhang zwischen Leseselbstkonzept und Leseleistung innerhalb einiger Länder der Bundesrepublik Deutschland

Land	r
Baden-Württemberg	.27 ***
Bayern	.28 ***
Brandenburg	.41 ***
Bremen	.26
Hamburg	.36 ***
Hessen	.32 ***
Nordrhein-Westfalen	.28 ***

*** Die Korrelation ist auf dem Niveau von p < .001 signifikant.
Zu Besonderheiten der Stichproben vgl. Bos et al., 2004.
Die Daten für die Vergleichsländer basieren auf der Erhebung im Rahmen von IGLU aus dem Jahr 2001.

BBS / IFS / LI : Kompetenzen und Einstellungen von Schülerinnen und Schülern © KESS 4

Dies ist insofern beachtenswert, als für das verbale Selbstkonzept am Ende der Sekundarstufe I in der PISA-Untersuchung mehrebenenanalytisch ermittelt wurde, dass „in den Ländern, in denen das fähigkeitsbezogene Selbstkonzept der Schüler niedriger ausgeprägt ist, tendenziell bessere Leistungen im Lesetest zu verzeichnen [sind]" (Artelt, Baumert & Julius-McElvany, 2003, S. 146). Solch ein so genannter *cross level bias* scheint im Grundschulalter für das Leseselbstkonzept also noch nicht vorzuliegen, was erlaubt, die Höhe der Selbstkonzeptwerte in den Ländern miteinander zu vergleichen.

In Hamburg, wo in der Leseleistung Werte im Bereich des deutschen Durchschnitts erzielt werden, haben die Kinder im Mittel überdurchschnittlich hohe Selbstkonzeptwerte. Wie in Bayern, Brandenburg und Nordrhein-Westfalen liegt auch in Hamburg das Leseselbstkonzept selbst von Schülerinnen und Schülern, die Leseleistungswerte auf der Kompetenzstufe I erzielten, oberhalb des mittleren Punktes der Antwortskala (vgl. Tab. V.2).

Tabelle V.2: Leseselbstkonzept von Schülerinnen und Schülern nach Kompetenzstufen in einigen Ländern der Bundesrepublik Deutschland

	Kompetenzstufen				
	unter I	I	II	III	IV
Baden-Württemberg	2,9	2,5	2,9	3,1	3,4
Bayern	2,7	2,6	2,8	3,1	3,3
Brandenburg	2,1	2,3	2,6	3,0	3,4
Bremen	2,7	2,6	3,0	3,2	3,3
Hamburg	2,5	2,7	2,9	3,1	3,4
Hessen	2,1	2,4	2,8	3,1	3,3
Nordrhein-Westfalen	2,5	2,7	2,8	3,1	3,3
Deutschland	2,5	2,5	2,8	3,1	3,4

Zu Besonderheiten der Stichproben vgl. Bos et al., 2004.
Die Daten für die Vergleichsländer basieren auf der Erhebung im Rahmen von IGLU aus dem Jahr 2001.

BBS / IFS / LI : Kompetenzen und Einstellungen von Schülerinnen und Schülern © KESS 4

In Abbildung V.4 lässt sich darüber hinaus eine Entwicklung ablesen, bei der sich Hamburger Schülerinnen und Schüler vom Bundesdurchschnitt unterscheiden. Während im Bundesdurchschnitt Schülerinnen und Schüler unterhalb und auf Kompetenzstufe I ihre Lesefähigkeit noch eher durchschnittlich einschätzen, geht hier bei Hamburger Kindern eine höhere Kompetenz auch mit einem höheren Selbstkonzept einher. Erst über die folgenden Kompetenzstufen gleicht sich der Abstand zunehmend an.

Abbildung V.4: Leseselbstkonzept von Schülerinnen und Schülern nach Kompetenzstufen im Bundesdurchschnitt und in Hamburg

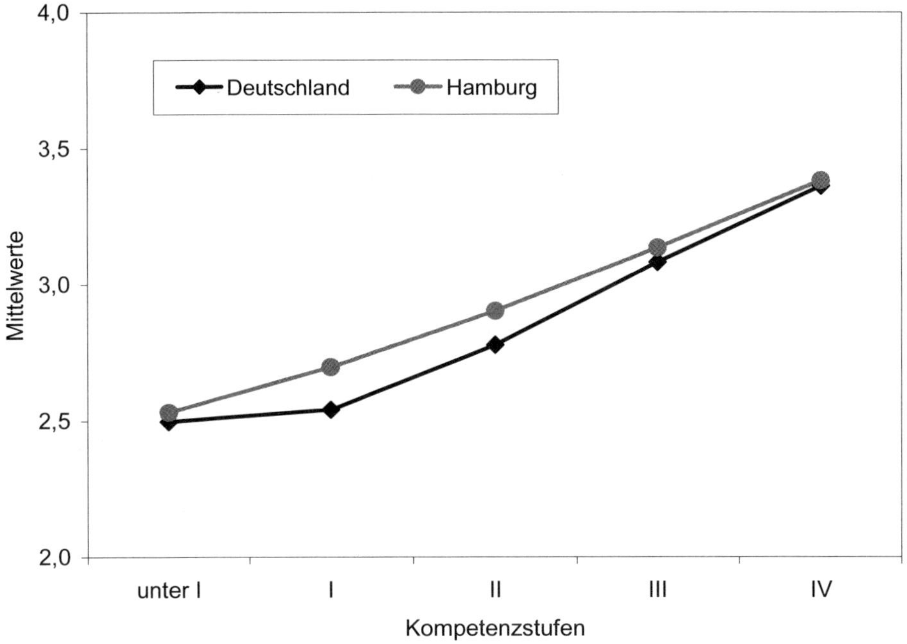

BBS / IFS / LI : Kompetenzen und Einstellungen von Schülerinnen und Schülern © KESS 4

Ein möglicher Grund für die positive Leseselbstkonzeptentwicklung leseschwächerer Hamburger Schülerinnen und Schüler kann in den Wirkungen des Projekts ‚Lesen und Schreiben für alle' (PLUS) liegen, bei dem Mitte bis Ende der 1990er Jahre in Hamburg gezielt Kinder mit Lese-Rechtschreib-Schwierigkeiten gefördert wurden (vgl. May, 2001). Diesem für Hamburg spezifischen positiven Stützeffekt für die Selbstkonzeptbildung auf den unteren und mittleren Kompetenzstufen ist an anderer Stelle noch weiter nachzugehen.

3.3 Geschlechts-, migrations- und soziallagenspezifische Disparitäten

Geschlechtsspezifische Unterschiede

Hamburger Jungen und Mädchen unterscheiden sich am Ende der Grundschulzeit in ihrem Leseselbstkonzept. Allerdings sind die Unterschiede nicht so groß wie bei der Leseleistung, wie Abbildung V.5 verdeutlicht.

Abbildung V.5: Leseleistung und Leseselbstkonzept bei Jungen und Mädchen im Vergleich

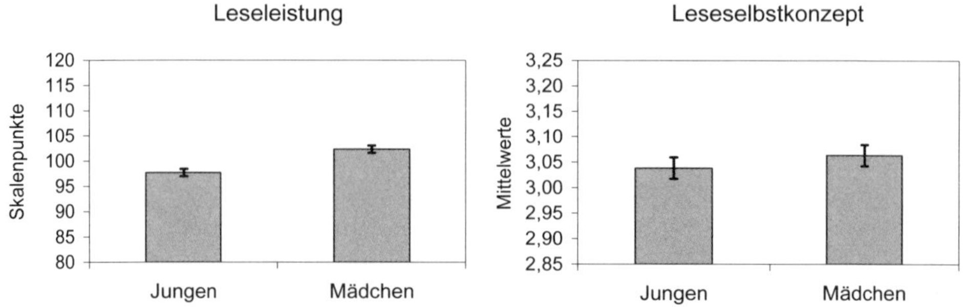

BBS / IFS / LI : Kompetenzen und Einstellungen von Schülerinnen und Schülern © KESS 4

Während die Leseleistungen der Mädchen mit einem durchschnittlichen Fähigkeitswert von 102,3 Punkten signifikant über denen der Jungen (97,7 Punkte) liegen, können die Unterschiede beim Leseselbstkonzept mit einem mittleren Wert von 3,06 bei den Mädchen und 3,04 bei den Jungen nicht gegen den Zufall abgesichert werden. Vergleicht man darüber hinaus die jeweiligen Effektstärken, zeigt sich beim Leseselbstkonzept mit d = 0,03 nur ein minimaler geschlechtspezifischer Unterschied, während bei der Leseleistung mit d = 0,15 eine vergleichsweise deutlich größere Stärke des Effekts zu berichten ist. Insgesamt gesehen ist aber auch bei der Leseleistung der Effekt relativ klein – erst ab einer Effektstärke von 0,50 spricht man von einem mittleren, ab 0,80 von einem großen Effekt (vgl. Bortz & Döring, 2002).

Migrationsspezifische Unterschiede

Bei Schülerinnen und Schülern mit unterschiedlichem ethnischen Hintergrund zeigen sich erwartungsgemäß Unterschiede im Leseselbstkonzept. Unterschieden wurden drei Gruppen von Kindern: Kinder, bei denen beide Elternteile in Deutschland geboren wurden, Kinder, bei denen ein Elternteil in Deutschland geboren wurde, und solche, bei denen kein Elternteil in Deutschland geboren wurde.

Während es für das Leseselbstkonzept keinen signifikanten Unterschied macht, ob lediglich ein oder beide Elternteile in Deutschland geboren wurden, zeigen Schülerinnen und Schüler aus Familien, in denen kein Elternteil in Deutschland geboren wurde, ein signifikant geringer ausgeprägtes Leseselbstkonzept. Der Unterschied im Leseselbstkonzept ist allerdings deutlich geringer als der Unterschied in der Leseleistung. Wie Abbildung V.6 zeigt, liegen die Leseleistungen der Schülerinnen und

Schüler, bei denen beide Elternteile im Ausland geboren wurden, mit einem mittleren Punktwert von 90,3 signifikant und wesentlich unter den Leistungswerten der Kinder aus Familien, in denen nur ein Elternteil im Ausland geboren wurde (104,4 Punkte) oder in denen beide Eltern in Deutschland geboren wurden (111,1 Punkte). Beim Leseselbstkonzept fallen die Unterschiede ähnlich, aber nicht so deutlich aus.

Abbildung V.6: Leseleistung und Leseselbstkonzept bei Kindern mit unterschiedlichem Migrationsstatus[1]

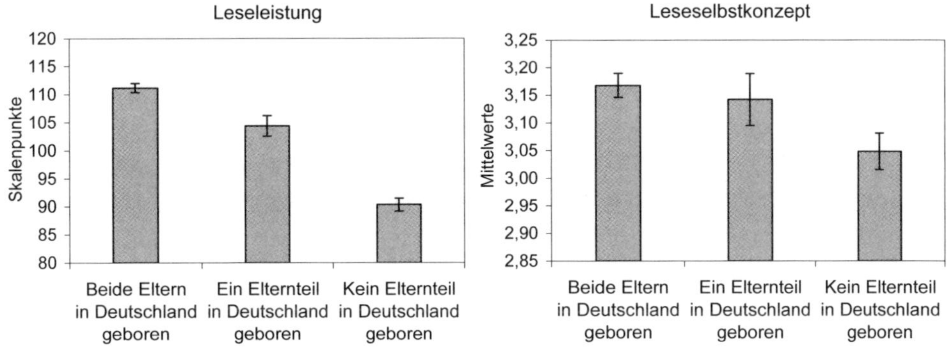

[1] Die Angaben zum Migrationsstatus stammen aus dem Schülerfragebogen.

BBS / IFS / LI : Kompetenzen und Einstellungen von Schülerinnen und Schülern © KESS 4

Die Kinder ohne einen in Deutschland geborenen Elternteil liegen mit einem mittleren Leseselbstkonzeptwert von 3,05 unter den mittleren Werten derjenigen Kinder, die aus Familien stammen, in denen nur ein (M = 3,14) oder gar kein Elternteil (M = 3,17) im Ausland geboren wurde. Dabei ist der Unterschied zwischen den letzten beiden Gruppen nicht signifikant und derjenige zwischen Kindern mit zwei und mit einem im Ausland geborenen Elternteil nur gerade signifikant. Der im Vergleich zur Leseleistung wesentlich geringere Unterschied im Leseselbstkonzept von Kindern mit und ohne Migrationshintergrund zeigt sich auch bei dem Vergleich der Effektstärken zwischen Kindern mit zwei in Deutschland geborenen und Kindern mit zwei im Ausland geborenen Elternteilen. Beim Leseselbstkonzept ist die Effektstärke mit d = 0,16 klein, während sie bei der Leseleistung mit d = 0,76 groß ausfällt.

Die absolute Höhe der Mittelwerte des Leseselbstkonzepts (alle über 3,0) macht deutlich, dass selbst bei Kindern mit Eltern, die beide nicht in Deutschland geboren wurden, das Vertrauen in die eigene Lesefähigkeit deutlich über dem theoretischen Mittel der Antwortskala (2,5 bei einer vierstufigen Skala) liegt. Im Durchschnitt stimmen sie den Aussagen zu ihrer Lesefähigkeit (z. B. „Lesen fällt mir sehr leicht“) also eher zu.

Unterschiede nach sozialer Lage der Schülerfamilien

Die Unterschiede des Leseselbstkonzepts von Schülerinnen und Schülern aus Familien mit unterschiedlicher sozialer Lage zeigen ein ähnliches Bild wie bei der Leseleistung (vgl. Abb. V.7), wobei die Unterschiede in den Leseselbstkonzeptwerten – wie auch schon beim Vergleich zwischen Jungen und Mädchen und dem zwischen Kindern mit unterschiedlichem Migrationshintergrund – vergleichsweise geringer ausfallen.

Abbildung V.7: Leseleistung und Leseselbstkonzept bei Kindern aus Familien mit unterschiedlicher sozialer Lage

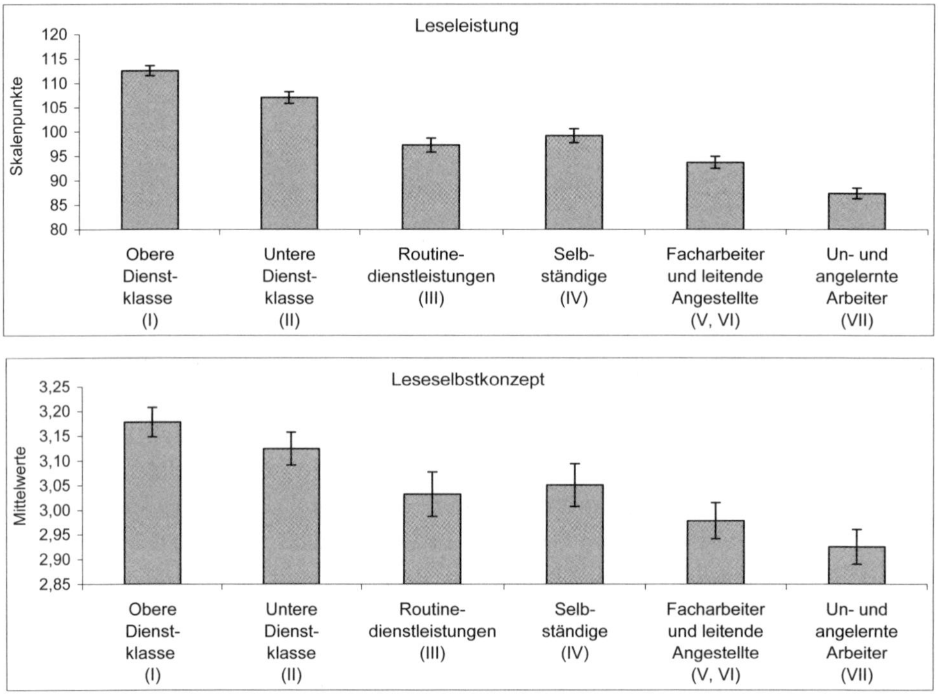

BBS / IFS / LI : Kompetenzen und Einstellungen von Schülerinnen und Schülern © KESS 4

Ist der Unterschied in der Leseleistung zwischen Kindern, deren Eltern der oberen Dienstklasse (EGP I) zugeordnet wurden, und den Kindern un- und angelernter Arbeiter (EGP VII) mit 112,6 zu 87,4 Punkten und einer Effektstärke von d = 0,89 groß, so zeigt er sich beim Leseselbstkonzept mit mittleren Werten von 3,18 (EGP I) zu 2,93 (EGP VII) geringer, was sich auch in der nur kleinen bis mittleren Effektstärke von d = 0,34 ausdrückt. Bei Kindern aus den weiteren Dienstklassen ergeben sich beim Leseselbstkonzept mittlere Werte von 3,12 (EGP II), 3,03 (EGP III), 3,05 (EGP IV) und 2,98 (EGP V, VI).

Wie man in Abbildung V.7 sehen kann, sind nur die Unterschiede zwischen den Leseselbstkonzepten von Kindern aus den oberen beiden EGP-Statusgruppen signifikant unterschiedlich von denen aus den unteren beiden Gruppen. Generell sind auch hier die Unterschiede in der Leseleistung zwischen den EGP-Gruppen wesentlich größer als die Unterschiede im Leseselbstkonzept.

Während zudem die Leseleistung bereits bei Kindern aus Familien mit mittlerem EGP-Status unterhalb des Mittelwertes von 100 liegt, bleibt das Leseselbstkonzept auch bei Kindern aus Familien mit niedrigstem EGP-Status noch dicht am durchschnittlichen Wert Hamburger Viertklässlerinnen und Viertklässler. Das Vertrauen in die eigene Lesefähigkeit bleibt also auch bei Kindern aus Familien mit geringen ökonomischen Ressourcen im Wesentlichen erhalten.

4. Regressionsanalytische Betrachtung

Im Hinblick auf die hier dokumentierten geschlechts-, migrations- und soziallagenspezifischen Unterschiede im Leseselbstkonzept stellt sich die Frage, wie gut sich das Leseselbstkonzept über die Vorhersage durch die Leseleistung hinaus durch diese Variablen vorhersagen lässt bzw. inwieweit hier konfundierte Effekte vorliegen. Dabei zeigt sich wie erwartet, dass die Leseleistung den weitaus größten Anteil des Leseselbstkonzepts erklärt. Unter Kontrolle der Leseleistung zeigt sich darüber hinaus, dass die soziale Lage und der Migrationshintergrund einen zwar signifikanten, aber geringen Effekt haben und der Einfluss des Geschlechts nicht gegen den Zufall abgesichert werden kann.

Betrachtet man dies differenzierter in einem Regressionsmodell mit unabhängigen, dummyzerlegten Variablen (vgl. Tab. V.3), zeigt sich ein signifikanter, leicht negativer Einfluss der EGP-Klassen V, VI und VII und ein signifikanter, leicht positiver Einfluss des Migrationshintergrunds. Die geringen Beta-Gewichte bei den EGP-Klassen V, VI und VII und bei einem im Ausland geborenen Elternteil bzw. beiden im Ausland geborenen Elternteilen machen aber deutlich, dass diese Einflüsse im

Vergleich zur Leseleistung zwar statistisch signifikant sind, aber nur vergleichsweise gering ins Gewicht fallen.

Tabelle V.3: Effekte sozialer und kultureller Prädiktoren auf das Leseselbstkonzept

	ß	p
Leseleistung	.36	.000
Geschlecht[1]		
Jungen	.00	.789
Soziale Lage (EGP-Klassen)[2]		
Untere Dienstklasse (II)	-.02	.190
Routinedienstleistungen (III)	-.01	.423
Selbständige (IV)	-.01	.459
Facharbeiter und leitende Angestellte (V, VI)	-.03	.042
Un- und angelernte Arbeiter, Landarbeiter (VII)	-.03	.013
Migrationsstatus[3]		
Ein Elternteil im Ausland geboren	.02	.097
Beide Eltern im Ausland geboren	.05	.000

[1] Referenzkategorie: Mädchen.
[2] Referenzkategorie: Obere Dienstklasse (I).
[3] Referenzkategorie: Beide Eltern in Deutschland geboren.

BBS / IFS / LI : Kompetenzen und Einstellungen von Schülerinnen und Schülern © KESS 4

5. Interpretation und Diskussion der Ergebnisse

Das bei den Hamburger Viertklässlerinnen und Viertklässlern erhobene Leseselbstkonzept ist eine sehr allgemeine Einschätzung der eigenen Lesefähigkeit. Die Erhebung erfolgte einen Tag nach der Durchführung des Lesetests. Die sehr allgemein gehaltenen Selbstkonzept-Items und der zeitliche Abstand zur Leistungserfassung lassen vermuten, dass die Schülerinnen und Schüler Auskunft über eine relativ stabile Einschätzung ihrer Lesefähigkeit abgegeben haben.

Mit einem mittleren Selbstkonzeptwert von 3,05, der statistisch signifikant und deutlich über dem theoretischen Mittelwert der eingesetzten Viererskala von 2,5 liegt, schätzen die Hamburger Schülerinnen und Schüler ihre Lesefähigkeit zuversichtlich ein. Die mittelhohe positive Korrelation zwischen dem Leseselbstkonzept und der erhobenen Leseleistung von $r = .36$ ist erwartungsgemäß und spricht für eine schon recht realistische Einschätzung der Lesefähigkeit, was auch durch eine Gegenüberstellung der Selbstkonzeptwerte von leistungsschwachen, durchschnittlichen und leistungsstarken Schülerinnen und Schülern deutlich wird: Signifikanten Leistungsunterschieden in den drei unterschiedenen Kompetenzbereichen entsprechen signifikante Unterschiede im Leseselbstkonzept.

Der Bundesvergleich hebt die recht selbstbewusste Einschätzung der Hamburger Schülerinnen und Schüler noch einmal hervor. Insbesondere auf den unteren IGLU-Kompetenzstufen haben sie am Ende der Grundschulzeit ein höheres Vertrauen in ihre Lesefähigkeit als der Bundesdurchschnitt. Dass sich die Hamburger Kinder dabei mäßig überschätzen, ist zunächst als positiv zu bewerten, da eine optimistische Selbsteinschätzung wie ein ‚Zusatzmotor' für Ausdauer und Anstrengung wirkt: Für den tatsächlichen Leistungsstand eigentlich zu schwierige Aufgaben werden trotzdem in Angriff genommen und das Durchhaltevermögen steigt (vgl. Helmke, 1998). Die zuversichtliche Selbstwahrnehmung kann somit als günstige Voraussetzung dafür eingeschätzt werden, dass sich die Hamburger Schülerinnen und Schüler auch in ihrer weiteren Schullaufbahn motiviert mit Texten auseinandersetzen werden.

Helmke (1998) weist allerdings auch darauf hin, dass die Selbstkonzepte nicht unrealistisch hoch ausfallen sollen, damit Kinder nicht notwendige Lernanstrengungen unterlassen, weil sie den Lernerfolg für selbstverständlich halten. Dass die leistungsschwächeren Hamburger Schülerinnen und Schüler aus dem Kompetenzbereich I noch ein über dem theoretischen Mittelpunkt der Antwortskala liegendes Leseselbstkonzept (M = 2,68) haben, ist im Ländervergleich nicht ungewöhnlich (vgl. Tab. V.2) und vor dem Hintergrund der Ergebnisse zum Deutsch-Selbstkonzept aus der LOGIK-Studie erwartungskonform (vgl. Helmke, 1998). Aus didaktischer Sicht ist dies aber durchaus differenziert zu betrachten: Einerseits hilft den schwächeren Schülern ihre zuversichtliche Einstellung, sich als Leser nicht entmutigen zu lassen, andererseits kann dies aber auch dazu führen, dass sie sich ihre tatsächlichen Probleme nicht eingestehen und nicht an ihnen arbeiten wollen. Hier sind noch detailliertere Analysen zu der Gruppe der schwächeren Schüler notwendig, die das Wechselspiel von Leistungs- und Selbstkonzeptentwicklung genauer aufschlüsseln.

Bei den geschlechts-, migrations- und soziallagenspezifischen Unterschieden ist auffällig, dass die Unterschiede im Selbstkonzept geringer ausfallen als bei der im Test gezeigten Leseleistung. Während die Unterschiede in der Leseleistung sowohl in den Gruppen mit unterschiedlichem ethnischem Hintergrund als auch in den nach ökonomischen Ressourcen der Familie unterschiedenen Gruppen deutlich variieren, schwanken die Leseselbstkonzeptwerte lediglich geringfügig um den Skalenwert 3.

Die Regressionsanalyse zeigt hierbei deutlich, dass die Leistungsfähigkeit der zentrale Bezugspunkt für die Einschätzung der Lesefähigkeit ist. Dennoch sind die Einflüsse der sozialen Lage und des Migrationshintergrunds auf das Leseselbstkonzept nicht völlig zu vernachlässigen. Es lässt sich feststellen, dass Kinder aus bildungsfernen Elternhäusern doppelt benachteiligt sind. Neben der geringeren Leseleistung sind sie offensichtlich auch weniger gut in der Lage, als Kinder aus bildungsnahen Elternhäusern, ein positives Leseselbstkonzept aufzubauen. Der positive Einfluss des Migrationshintergrunds macht deutlich, dass sich der Migrationshintergrund demgegenüber eher stützend auf das Leseselbstkonzept auswirkt.

Auffällig ist, dass sich der Vorsprung in der Leseleistung, den Mädchen gegenüber Jungen erzielen, nicht in signifikanten Unterschieden im Leseselbstkonzept wiederfindet. Der Hamburger Grundschule scheint es hier zu gelingen, entgegen traditioneller Geschlechtsstereotype auch den Jungen den Aufbau einer Zuversicht in ihre Lesefähigkeit zu ermöglichen – dass sie sich dabei, verglichen mit ihren tatsächlichen Leistungen, leicht überschätzen, kann als eine günstige Voraussetzung gesehen werden, ihr Leseinteresse auch in der Sekundarstufe aufrecht zu erhalten.

Insgesamt bringen die Hamburger Viertklässlerinnen und Viertklässler am Ende der Grundschulzeit mit ihrem positiven Leseselbstkonzept günstige Voraussetzungen für den weiteren Unterricht mit. Die erhobenen Werte zeigen zudem, dass sie im Laufe der Grundschulzeit schon ein relativ realistisches Einschätzungsvermögen der eigenen Lesefähigkeit entwickeln konnten. Dies ist eine wichtige Voraussetzung für das selbstregulierte Lernen, das in ihrer weiteren Schullaufbahn zunehmend an Bedeutung gewinnt.

Literatur

Artelt, C., Baumert, J. & Julius-McElvany, N. (2003). Selbstreguliertes Lernen. Motivation und Strategien in den Ländern der Bundesrepublik Deutschland. In J. Baumert, C. Artelt, E. Klieme, M. Neubrand, M. Prenzel, U. Schiefele, W. Schneider, K.-J. Tillmann & M. Weiß (Hrsg.), *PISA 2000. Ein differenzierter Blick auf die Länder der Bundesrepublik Deutschland* (S. 131–164). Opladen: Leske + Budrich.

Behörde für Bildung und Sport der Freien und Hansestadt Hamburg (Hrsg.). (2003). *Bildungsplan Grundschule*. Hamburg: Behörde für Bildung und Sport.

Bong, M. & Clark, R. E. (1999). Comparison between self-concept and self-efficacy in academic motivation research. *Educational Psychologist, 34*, 139–153.

Bortz, J. & Döring, N. (2002). *Forschungsmethoden und Evaluation für Human- und Sozialwissenschaftler* (3., überarbeitete Aufl.). Berlin: Springer.

Bos, W., Valtin, R., Lankes, E.-M., Schwippert, K., Voss, A., Badel, I. & Plaßmeier, N. (2004). Lesekompetenzen am Ende der vierten Jahrgangsstufe in einigen Ländern der Bundesrepublik Deutschland im nationalen und internationalen Vergleich. In W. Bos, E.-M. Lankes, M. Prenzel, K. Schwippert, R. Valtin & G. Walther (Hrsg.), *IGLU. Einige Länder der Bundesrepublik Deutschland im nationalen und internationalen Vergleich* (S. 49–92). Münster: Waxmann.

Chapman, J. W. & Tunmer, W. E. (1997). A longitudinal study of beginning reading achievement and reading self-concept. *British Journal of Educational Psychology*, *67*, 279–291.

Chapman, J. W., Tunmer, W. E. & Prochnow, J. E. (2000). Early reading-related skills and performance, reading self-concept, and the development of academic self-concept: A longitudinal study. *Journal of Educational Psychology*, *92* (4), 703–708.

Erikson, R., Goldthorpe, J. H. & Portocarero, L. (1979). Intergenerational class mobility in three Western European societies: England, France and Sweden. *British Journal of Sociology*, *30*, 341–415.

Helmke, A. (1998). Vom Optimisten zum Realisten? Zur Entwicklung des Fähigkeitsselbstkonzeptes vom Kindergarten bis zur 6. Klassenstufe. In F. E. Weinert (Hrsg.), *Entwicklung im Kindesalter* (S. 115–132). Weinheim: Beltz PVU.

Helmke, A. & Aken, M. A. G. van (1995). The causal ordering of academic achievement and self-concept of ability during elementary school: A longitudinal study. *Journal of Educational Psychology*, *87*, 624–637.

Henk, W. A. & Melnick, S. A. (1992). The initial development of a scale to measure 'perception of self as reader'. In C. K. Kinzer & D. J. Leu (Hrsg.), *Literacy research, theory, and practice: Views from many perspectives* (S. 111–117). Chicago: National Reading Conference.

Köller, O. (2004). *Konsequenzen von Leistungsgruppierungen* (Pädagogische Psychologie und Entwicklungspsychologie, Bd. 37). Münster: Waxmann.

Kurtz-Costes, B. E. & Schneider, W. (1994). Self-concept, attributional beliefs, and school achievement. *Contemporary Educational Psychology*, *19*, 199–216.

Lankes, E.-M., Bos, W., Mohr, I., Plaßmeier, N., Schwippert, K., Sibberns, H. & Voss, A. (2003). Anlage und Durchführung der Internationalen Grundschul-Lese-Untersuchung (IGLU) und ihrer Erweiterung um Mathematik und Naturwissenschaften (IGLU-E). In W. Bos, E.-M. Lankes, M. Prenzel, K. Schwippert, G. Walther & R. Valtin (Hrsg.), *Erste Ergebnisse aus IGLU. Schülerleistungen am Ende der vierten Jahrgangsstufe im internationalen Vergleich* (S. 7–28). Münster: Waxmann.

Marsh, H. W. (1987). The big-fish-little-pond effect on academic self-concept. *Journal of Educational Psychology*, *79*, 280–295.

Marsh, H. W. (1990). A multidimensional, hierarchical model of self-concept: Theoretical and empirical justification. *Educational Psychology Review*, *2*, 77–172.

Marsh, H. W., Byrne, B. M. & Shavelson, R. J. (1988). A mulitfaceted academic self-concept: Its hierarchical structure and its relation to academic achievement. *Journal of Educational Psychology*, *80*, 366–380.

May, P. (2001). *Projekt ‚Lesen und Schreiben für alle' (PLUS)*. Hamburg: Behörde für Schule, Jugend und Berufsbildung.

Möller, J. & Köller, O. (2004). Die Genese akademischer Selbstkonzepte: Effekte dimensionaler und sozialer Vergleiche. *Psychologische Rundschau*, *55* (1), 19–27.

Möller, J. & Schiefele, U. (2004). Motivationale Grundlagen der Lesekompetenz. In U. Schiefele, C. Artelt, W. Schneider & P. Stanat (Hrsg.), *Struktur, Entwicklung und Förderung von Lesekompetenz* (S. 101–124). Wiesbaden: VS Verlag für Sozialwissenschaften.

Pietsch, M. (in Druck). Soziale Herkunft und Schulleistung Hamburger Kinder am Ende der Grundschulzeit. In W. Bos, C. Gröhlich & M. Pietsch (Hrsg.), KESS 4. Lehr- und Lernbedingungen in Hamburger Grundschulen (S. 7–34). Münster: Waxmann.

Schwippert, K., Bos, W. & Lankes, E.-M. (2003). Heterogenität und Chancengleichheit am Ende der vierten Jahrgangsstufe im internationalen Vergleich. In W. Bos, E.-M. Lankes, M. Prenzel, K. Schwippert, G. Walther & R. Valtin (Hrsg.), *Erste Ergebnisse aus IGLU. Schülerleistungen am Ende der vierten Jahrgangsstufe im internationalen Vergleich* (S. 265–302). Münster: Waxmann.

Schwippert, K., Bos, W. & Lankes, E.-M. (2004). Heterogenität und Chancengleichheit am Ende der vierten Jahrgangsstufe in den Ländern der Bundesrepublik Deutschland und im internationalen Vergleich. In W. Bos, E.-M. Lankes, M. Prenzel, K. Schwippert, R. Valtin & G. Walther (Hrsg.), *IGLU. Einige Länder der Bundesrepublik Deutschland im nationalen und internationalen Vergleich* (S. 165–190). Münster: Waxmann.

Shavelson, R. J., Hubner, J. J. & Stanton, G. C. (1976). Self-concept: Validation of construct interpretations. *Review of Educational Research*, *46*, 407–444.

Valtin, R. & Wagner, C. (2002). Wie wirken sich Notengebung und verbale Beurteilung auf die leistungsbezogene Persönlichkeitsentwicklung aus? In R. Valtin (Hrsg.), *Was ist ein gutes Zeugnis? Noten und verbale Beurteilungen auf dem Prüfstand* (S. 113–137). Weinheim: Juventa.

Valtin, R., Wagner, C. & Schwippert, K. (2005). Schülerinnen und Schüler am Ende der vierten Klasse – schulische Leistungen, lernbezogene Einstellungen und außerschulische Lernbedingungen. In W. Bos, E.-M. Lankes, M. Prenzel, K. Schwippert, R. Valtin & G. Walther (Hrsg.), *IGLU. Vertiefende Analysen zu Leseverständnis, Rahmenbedingungen und Zusatzstudien* (S. 187–238). Münster: Waxmann.

Wigfield, A. & Karpathian, M. (1991). Who am I and what can I do: Children's self-concepts and motivation in achievement situations. *Educational Psychologist*, *26*, 233–261.

VI. Orthographische Kompetenz und ihre Bedingungen am Ende der vierten Jahrgangsstufe

Peter May

Im Rahmen von KESS 4 wurden zwei verschiedene Rechtschreibtests eingesetzt: die Hamburger Schreibprobe HSP 4/5 (May, 2002) und die Dortmunder-Schriftkompetenz-Ermittlung DoSE (Löffler & Meyer-Schepers, 2001). Der Grund hierfür liegt in dem Ziel, die Ergebnisse von KESS 4 sowohl mit den Ergebnissen der nationalen IGLU-Studie, in der die DoSE eingesetzt worden war (Valtin, Badel, Löffler, Meyer-Schepers & Voss, 2003; Valtin, Löffler, Meyer-Schepers & Badel, 2004), als auch mit den früheren Hamburger Untersuchungen PLUS (May, 1994b, 2001) und LAU 5 (Lehmann & Peek, 1996), in denen die HSP eingesetzt worden war, vergleichen zu können. Beide Tests wurden jeweils in jeder zweiten, nach Zufall ausgewählten Klasse eingesetzt.

Für die Analyse der allgemeinen Merkmale der Rechtschreibleistung wurden die Ergebnisse beider Tests auf einer gemeinsamen Skala erfasst, die mit Hilfe des einparametrischen Modells der probabilistischen Testtheorie gebildet wurde. Als globales Maß der orthographischen Kompetenz wurde hierbei ausschließlich berücksichtigt, ob die Wörter richtig oder falsch geschrieben wurden. Für die Vergleiche mit den jeweiligen Referenzstudien wurde entweder die DoSE oder die HSP ausgewählt. Für die Analyse der Rechtschreibstrategien wurde auf die HSP zurückgegriffen, da eine entsprechende Differenzierung für die DoSE nicht vorliegt.

1. Aufbau und Durchführung der Tests

Bei der DoSE werden Sätze mit 45 Wortlücken diktiert, die von allen Kindern im gleichen Takt ausgefüllt werden müssen. Bei der HSP werden insgesamt 42 Wörter in Form von Einzelwörtern und fünf Sätzen vorgelesen und als Bildimpulse dargeboten, so dass die Kinder in selbstgewählter Reihenfolge und in eigenem Tempo schreiben können.

Bei beiden Tests wurde die Anzahl richtig geschriebener Wörter und Grapheme ausgewertet.[1] Bei der HSP wurden darüber hinaus die verschiedenen Rechtschreib-

1 Um eine Vergleichbarkeit beider Verfahren zu gewährleisten, wurde auch bei der DoSE die Zahl der richtigen Wörter und nicht die Fehlerzahl gewertet. Auf eine weitergehende Auswer-

strategien (alphabetisch, orthographisch, morphematisch) sowie die Anzahl überflüssiger orthographischer Elemente und Oberzeichenfehler ausgewertet. Die Beherrschung der Rechtschreibstrategien wird anhand so genannter Lupenstellen ausgewertet, mit denen einzelne Grapheme oder größere Wortteile den verschiedenen Strategien zugeordnet und interpretiert werden.[2]

Zur Überprüfung der Vergleichbarkeit beider Verfahren wurden Werte für die Zuverlässigkeit (interne Konsistenz) sowie für die Validität (Übereinstimmung mit dem Lehrerurteil) bestimmt. Tabelle VI.1 zeigt die wichtigsten Kennwerte der beiden Verfahren im Vergleich.

Tabelle VI.1: Kennwerte von DoSE und HSP

	Anzahl richtiger Wörter		Anzahl richtiger Grapheme	
	HSP 4/5	DoSE	HSP 4/5	DoSE
Anzahl Schüler	6.749	6.727	6.749	6.727
Maximum	42	45	277	359
Mittelwert	29,8	23,6	256,1	333,3
Standardabweichung	8,4	9,9	18,4	19,3
Zuverlässigkeit (interne Konsistenz)	.92	.92	.96	.95
Validität (Korrelation mit Rechtschreibnote)	-.73	-.71	-.69	-.63

BBS / IFS / LI : Kompetenzen und Einstellungen von Schülerinnen und Schülern © KESS 4

Die Wörter der DoSE sind im Mittel schwieriger als diejenigen der HSP. Von den 45 vorgegebenen Wörtern der DoSE werden im Mittel 23,6 Wörter richtig geschrieben (52,4 %), von den 42 HSP-Wörtern sind es im Mittel 29,8 Wörter (71 %). Dies liegt zum Teil daran, dass bei der DoSE lediglich Einzelwörter (in Satzlücken) geschrieben werden, während die HSP neben Einzelwörtern (ausschließlich Substantive) auch ganze Sätze mit kurzen Satzstrukturwörtern (z. B. Artikel) enthält, bei denen in Klasse 4 nur noch selten Fehler vorkommen. Dies drückt sich auch in der

tung der DoSE wurde verzichtet, da bisher weder Einzelheiten zur diagnostischen Konzeption der DoSE noch Veröffentlichungen zur Testanalyse vorliegen. Zur Konzeption der HSP und zu testanalytischen Daten der HSP 4/5 siehe May (2002).

2 Die im Rahmen von KESS 4 durchgeführte Kodierung erfolgte allerdings nach den Richtlinien einer älteren Version der HSP. Infolgedessen wurden die wortübergreifenden Zugriffsweisen nicht erfasst, und ausgelassene bzw. fehlerhafte Satzzeichen wurden der Kategorie der Oberzeichenfehler zugeordnet. Zudem wurden abweichende Graphemschreibungen lediglich nach dem Kriterium richtig bzw. falsch und nicht nach den spezifischen Gesichtspunkten der einzelnen Rechtschreibstrategien kodiert. Dadurch ergeben sich Abweichungen gegenüber den aktuell gültigen Normwerten der HSP.

mittleren Wortlänge aus, die bei der HSP mit 6,6 Graphemen pro Wort durchschnittlich geringer ist als bei der DoSE (Durchschnitt: 8,0 Grapheme). Demgegenüber enthalten die Wörter der HSP (mit Ausnahme der Satzstrukturwörter) etwas schwierigere Grapheme, deren Lösungshäufigkeit mit durchschnittlich 92,5 Prozent trotz der acht Kurzwörter etwas unter der mittleren Lösungshäufigkeit der DoSE-Grapheme von 92,8 Prozent liegt.

Die Werte für die Reliabilität (interne Konsistenz) liegen bei beiden Tests auf etwa gleicher Höhe zwischen .92 und .96 und bescheinigen beiden Tests eine hohe Zuverlässigkeit für Gruppentestvergleiche und auch für Einzelfalldiagnosen.[3]

Die Übereinstimmung mit dem Lehrerurteil (Korrelation mit der Rechtschreibnote) liegt zwischen .63 (DoSE-Grapheme) und .73 (HSP-Wörter), die gemeinsam erfasste Varianz von Zeugnisnoten und Testergebnissen liegt damit zwischen 39 und 53 Prozent.

Im Vergleich zwischen DoSE und HSP deutet sich hinsichtlich der Testgütekriterien an, dass bei der HSP mit geringerem Aufwand (Wort- und Graphemzahl) etwas mehr orthographierelevante Informationen ausgeschöpft werden als bei der DoSE. Beide Tests erfassen jedoch – gemessen am Ausmaß der Korrelation mit dem Lehrerurteil – ein hinreichend übereinstimmendes Spektrum der orthographischen Kompetenz, so dass die Entscheidung, für die Analyse der Rechtschreibleistungen im Zusammenhang mit anderen Merkmalen eine gemeinsame Rasch-Skala für beide Tests zu bilden, gerechtfertigt ist.

2. Orthographische Kompetenz bei guten und schwachen Rechtschreibern

Um zu zeigen, wie sich die Rechtschreibleistungen der Hamburger Viertklässlerinnen und Viertklässler verteilen, wurden die Schülerinnen und Schüler nach ihrer Gesamtleistung (Raschwerte) in drei Gruppen eingeteilt.

---

3 Ein Vergleich der HSP-Werte aus KESS 4 mit der Hamburger Teilstichprobe aus der Eichungsuntersuchung von 2001 zeigt, dass die HSP exakt zu demselben Ergebnis kommt. Die von Valtin geäußerte Begründung für die Nichtverwendung der HSP in der IGLU-Studie von 2002, dass die HSP laut einer Studie von Tacke, Völker und Lohmüller (2001) zu Fehldiagnosen führe (Valtin et al., 2003, S. 233), lässt sich demnach nicht aufrechterhalten (vgl. dazu auch May, Malitzky & Vieluf, 2001).

Gruppe 1: Überdurchschnittliche Leistungen, die mindestens eine Standardabweichung über dem Mittelwert aller Hamburger Viertklässlerinnen und Viertklässler liegen (n = 958);

Gruppe 2: Durchschnittliche Leistungen, die innerhalb einer Standardabweichung oberhalb bzw. unterhalb des Mittelwertes aller Viertklässlerinnen und Viertklässler liegen (n = 4.707);

Gruppe 3: Unterdurchschnittliche Leistungen, die mindestens eine Standardabweichung unter dem Mittelwert aller Hamburger Viertklässlerinnen und Viertklässler liegen (n = 1.084).

Tabelle VI.2 zeigt die mittleren Ergebnisse der drei Leistungsgruppen für die einzelnen Kennwerte der HSP und die Prozentanteile der richtigen Lösungen sowie die Effektstärken der Mittelwertunterschiede zwischen guten und schwachen Rechtschreibern.

Tabelle VI.2: Rechtschreibleistungen von guten, mittleren und schwachen Rechtschreibern (Mittelwerte und Prozentanteil richtiger Lösungen)

	Gute Schreiber (in %)	Mittlere Schreiber (in %)	Schwache Schreiber (in %)	Effektstärke[1]
Richtig geschriebene Wörter	40,1 (95,6)	31,0 (73,8)	15,2 (36,3)	2,96
Graphemtreffer	274,4 (99,1)	259,7 (93,7)	224,3 (81,0)	2,72
Alphabetische Strategie	24,6 (98,5)	22,6 (90,2)	17,7 (70,7)	2,32
Orthographische Strategie	19,6 (97,8)	16,2 (80,8)	8,5 (42,3)	2,62
Morphematische Strategie	14,3 (95,5)	11,3 (75,5)	6,1 (40,4)	2,57
Überflüssige orthographische Elemente	0,5	2,5	4,9	-1,77
Oberzeichenfehler[2]	0,4	1,6	3,7	-1,42

[1] Die Effektstärke wurde berechnet, indem die Differenz der Mittelwerte der guten bzw. schwachen Rechtschreiber durch die Standardabweichung der gesamten Stichprobe geteilt wurde.
[2] Einschließlich Satzpunkte.

BBS / IFS / LI : Kompetenzen und Einstellungen von Schülerinnen und Schülern © KESS 4

Die Werte für die guten Rechtschreiber unterstreichen, dass diese Schülerinnen und Schüler bereits über eine hohe orthographische Kompetenz verfügen, die eine solide Basis für weiterführende Anforderungen im Bereich der Rechtschreibung darstellt. Sie schreiben über 99 Prozent der Grapheme und fast 96 Prozent der Wörter richtig und beherrschen alle grundlegenden Rechtschreibstrategien nahezu perfekt.

Demgegenüber zeigen die schwachen Rechtschreiber in allen Belangen besorgniserregende Schwächen. Nur gut ein Drittel aller Wörter (36,3 %) wird von ihnen korrekt geschrieben, etwa jedes fünfte Graphem (19 %) ist falsch oder fehlt. Überwiegend angemessen (70,7 % richtige Lösungen) können diese Schülerinnen und Schüler nur die ‚alphabetische Strategie' (Schreiben nach der eigenen Artikulation) einsetzen. Dagegen werden Wortteile, die der ‚orthographischen Strategie' (Merkelemente, z. B. Briefträger, Fahrradschloss, oder Regelelemente, z. B. Schmetterling, Spinnennetz) zuzuordnen sind, lediglich zu 42,3 Prozent angemessen geschrieben. Am geringsten beherrscht wird die ‚morphematische Strategie', mit Hilfe derer die Schreibungen nach der ‚inhaltlichen Bedeutung' der Wörter (z. B. Handtuch, Briefträger) abgeleitet bzw. entsprechend ihrer ‚morphologischen Struktur' (z. B. Verkehrsschild, Vorsicht) erschlossen werden können.[4] Der relativ hohe Wert von durchschnittlich 4,9 ‚überflüssigen orthographischen Elementen' (z. B. *Fehrnsehprogramm, *Verkäuferrin) weist zudem darauf hin, dass diese Schülerinnen und Schüler über keine tragfähigen Kriterien für die Anwendung der verschiedenen Rechtschreibstrategien verfügen, d. h., die Schreibung orthographischer Elemente erfolgt häufig nach irrelevanten Gesichtspunkten. Darüber hinaus kontrollieren diese schwachen Rechtschreiber ihre Schreibprodukte unzureichend, wie der hohe Wert von 3,7 fehlenden Oberzeichen und Satzschlusspunkten zeigt.

Um zu veranschaulichen, welche Schwierigkeiten die verschiedenen Leistungsgruppen auf dem Weg zur umfassenden Rechtschreibkompetenz noch bewältigen müssen, wurden die insgesamt 87 Schreibwörter aus beiden Tests nach den ermittelten Lösungshäufigkeiten in den drei Gruppen in jeweils fünf Schwierigkeitsstufen eingeteilt (vgl. Tab. VI.3).

Tabelle VI.3: Schwierigkeitsstufen der Wörter

Schwierigkeitsgrad der Wörter	Anteil der Kinder, die diese Wörter richtig schreiben
Sehr leicht	91–100 %
Leicht	71–90 %
Mittel	31–70 %
Schwierig	11–33 %
Sehr schwierig	1–10 %

BBS / IFS / LI : Kompetenzen und Einstellungen von Schülerinnen und Schülern © KESS 4

4 Zur ausführlichen Beschreibung der grundlegenden Rechtschreibstrategien siehe May (2002).

Tabelle VI.4 zeigt den Anteil der Wörter aus dem gesamten Testkorpus, die in den drei Leistungsgruppen unter die einzelnen Schwierigkeitskategorien fallen, sowie Wortbeispiele für die einzelnen Schwierigkeitsstufen.

Tabelle VI.4: Schwierigkeitsgrad von Wörtern für gute, mittlere und schwache Rechtschreiber – Angaben in Prozent

Schwierigkeit	Für gute Schreiber	Für mittlere Schreiber	Für schwache Schreiber
Sehr leicht			
Wortanteil	71,3	12,6	1,1
Beispiele	(98) Computer (93) Fahrradschloss (92) Verkäuferin	(99) mit (97) am (93) schreibt	(95) mit
Leicht			
Wortanteil	21,8	27,6	9,2
Beispiele	(87) Gießkanne (85) Verkehrsschild (73) Fernsehprogramm	(84) Rollschuhe (76) Computer (71) Torwart	(88) die (83) zwei (78) am
Mittel			
Wortanteil	6,9	47,1	26,4
Beispiele	(69) Schiedsrichter (67) fertigt (45) Interesse	(62) Fahrradschloss (49) Verkäuferin (43) Gießkanne	(76) beim (62) schreibt (35) Torwart
Schwierig			
Wortanteil	-	12,6	33,3
Beispiele	-	(28) Verkehrsschild (18) Fernsehprogramm (16) Schiedsrichter	(27) Computer (14) Fahrradschloss (11) Bankräuber
Sehr schwierig			
Wortanteil	-	-	29,9
Beispiele	-	-	(6) Verkäuferin (3) Gießkanne (0) Fernsehprogramm

BBS / IFS / LI : Kompetenzen und Einstellungen von Schülerinnen und Schülern © KESS 4

Den guten Rechtschreibern fallen fast drei Viertel der Schreibwörter bereits sehr leicht; wirklich schwierige Wörter für diese Gruppe kommen in den eingesetzten Tests gar nicht mehr vor – das schwierigste Wort (Interesse) hat einen Anteil von 45 Prozent richtigen Lösungen. Auch für die Gruppe der mittleren Rechtschreiber kommen in den Tests keine sehr schwierigen Wörter mehr vor. Die schwierigsten Wörter (Interesse, Schiedsrichter) werden von immerhin 16 Prozent richtig geschrieben. Etwa 40 Prozent der Testwörter können für die Gruppe der mittleren Rechtschreiber als sehr leicht bis leicht eingestuft werden. Im Vergleich dazu kann für die

Gruppe der schwachen Rechtschreiber nur ein einziges Wort (mit) als sehr leicht eingestuft werden, unter den ‚leichten' Wörtern kommen nur solche vor, die sich gegebenenfalls allein mit Hilfe der alphabetischen Strategie richtig schreiben lassen oder die als so genannte Partikel zu den geläufigsten Strukturwörtern im Deutschen gehören. Demgemäß ist davon auszugehen, dass schwache Rechtschreiber sich außer auf die logographemische Strategie (Auswendiglernen der Wörter) nur auf die alphabetische Strategie als einigermaßen sicher verfügbare Zugriffsweisen stützen können. Fast zwei Drittel der Wörter sind für diese Kinder als schwierig bis sehr schwierig einzustufen, darunter alle Wörter, deren Rekonstruktion explizit orthographische bzw. morphematische Zugriffsweisen erfordert.

Fasst man die verschiedenen Strategiewerte der drei Leistungsgruppen zusammen und berücksichtigt die orthographische Struktur der Schreibwörter, die von ihnen jeweils leicht bzw. mit Mühe oder noch gar nicht bewältigt werden, so lässt sich die erreichte orthographische Kompetenz in Form von drei Niveaustufen beschreiben (vgl. Tab. VI.5).

Tabelle VI.5: Beschreibung der Leistungsgruppen

Kompetenzbereiche	Kurzbeschreibung
Elementare Fertigkeiten (I)	Die Schreiber können die Lautstrukturen geläufiger und einfach strukturierter Wörter weitgehend vollständig wiedergeben, haben jedoch noch erhebliche Schwierigkeiten, orthographische Regeln und Prinzipien zu verstehen und anzuwenden. Sie können die morphematische Struktur der Wörter erst ansatzweise analysieren. Für die Rechtschreibung relevante grammatische Phänomene werden von ihnen noch kaum beachtet.
Grundlegende Kenntnisse (II)	Die Schreiber können die Lautstrukturen auch komplexerer Wörter weitgehend vollständig und sicher wiedergeben und dabei grundlegende orthographische Regeln und Prinzipien anwenden. Sie können die morphematische Struktur einfacher Wörter analysieren und ansatzweise für die Rechtschreibung relevante grammatische Phänomene beachten.
Fortgeschrittene Sicherheit (III)	Die Schreiber können die Lautstrukturen komplexer Wörter vollständig wiedergeben und dabei die wesentlichen orthographischen Regeln und Prinzipien anwenden. Sie können die morphematische Struktur komplexer Wörter analysieren und für die Rechtschreibung relevante grammatische Phänomene beachten.

3. Rechtschreibleistungen der Hamburger Viertklässlerinnen und Viertklässler im Vergleich

Der im Rahmen des IGLU-Vergleichs (vgl. Kap. IV in diesem Band) mit Hilfe des DoSE-Tests ermittelte Leistungsrückstand Hamburger Grundschülerinnen und Grundschüler im Rechtschreiben gegenüber dem Bundesdurchschnitt wird auch durch den Vergleich der Hamburger HSP-Ergebnisse mit den im Jahr 2001 ermittelten Werten der bundesdeutschen Vergleichsstichprobe (vgl. May, 2002) bestätigt. Die durchschnittlichen Hamburger Gesamtwerte (Wörter, Graphemtreffer) liegen um ca. eine viertel Standardabweichung hinter denen des Bundesgebiets zurück (Tab. VI.6).

Tabelle VI.6: Werte der HSP in Hamburg und im Bundesgebiet

	Hamburg 2003		Bundesgebiet 2001[1]		
	Mittelwert	Standardabweichung	Mittelwert	Standardabweichung	Effektstärke
Richtig geschriebene Wörter	29,8	8,4	31,6	8,2	-0,22
Graphemtreffer	256,1	18,4	260,3	17,0	-0,25
Alphabetische Strategie	22,1	3,0	22,8	2,8	-0,25
Orthographische Strategie	15,4	4,2	15,9	4,2	-0,12
Morphematische Strategie	10,9	3,2	11,9	3,0	-0,33
Überflüssige orthographische Elemente	2,6	2,5	2,2	2,4	0,17
Oberzeichenfehler[2]	1,8	2,4	0,7 (1,2)	1,2 (1,9)	(0,32)

[1] Die Daten für die Vergleichsländer basieren auf der Erhebung im Rahmen von IGLU aus dem Jahr 2001.
[2] In Klammern: bundesdeutscher Wert von 1994 einschließlich Satzschlusspunkte.

BBS / IFS / LI : Kompetenzen und Einstellungen von Schülerinnen und Schülern © KESS 4

Vergleicht man die einzelnen Strategiewerte, so wird erkennbar, auf welchen Gebieten die Hamburger Grundschülerinnen und Grundschüler relative Stärken bzw. Schwächen aufweisen. Am geringsten ist ihr Rückstand im Bereich der Beachtung orthographischer Merkelemente und der Anwendung orthographischer Regeln ausgeprägt (Effektstärke -0,12). Dagegen entspricht der Mittelwertunterschied bei der morphematischen Strategie einer deutlich höheren Effektstärke von 0,33. Dies besagt, dass die Hamburger Grundschülerinnen und Grundschüler vor allem weniger sicher im Ableiten der Schreibung aus der Wortbedeutung und der Wortzusammensetzung sind als Grundschülerinnen und Grundschüler aus anderen Ländern der Bundesrepublik Deutschland. Ebenfalls hoch fällt der Mittelwertunterschied bei den so genannten Oberzeichenfehlern ins Gewicht (Effektstärke 0,32).[5] Dies deutet darauf hin, dass Hamburger Viertklässlerinnen und Viertklässler die Korrektheit ihrer Schreibungen weniger aufmerksam kontrollieren.

Um einen Vergleich zu früheren Rechtschreibleistungen Hamburger Schülerinnen und Schüler zu ziehen, können die Ergebnisse der Voruntersuchung zum PLUS-Projekt von 1993/94 (May, 1994b) und der Schlusserhebung am Ende dieses Projekts 1998/99 (May, 2001) sowie Daten aus der LAU-5-Untersuchung (Lehmann, Peek & Gänsfuß, 1997) herangezogen werden.[6]

Bei der Voruntersuchung zum PLUS-Projekt in den Jahren 1993/94 war aus jeder Hamburger Grundschule je eine zufällig ausgewählte vierte Klasse getestet worden. Von den Schulen, die in das Projekt einbezogen waren, konnten 60 identifiziert werden, in denen auch in der KESS-4-Studie die HSP eingesetzt wurde. Darüber hinaus waren im Rahmen der LAU-5-Untersuchung in einer Zufallsstichprobe von insgesamt 104 Klassen die Rechtschreibleistungen mittels der HSP erhoben worden. Tabelle VI.7 zeigt die Ergebnisse zu den vier Zeitpunkten.

Der Vergleich zwischen Ergebnissen aus KESS 4 (2003) und der Voruntersuchung von PLUS (1993/94) ergibt, dass innerhalb des Zeitraums von zehn Jahren die Rechtschreibleistungen im Mittel etwas angestiegen sind (Effektstärke 0,08). Im Vergleich zur 1996 durchgeführten LAU-5-Erhebung liegen die aktuell erhobenen Leistungen im Rechtschreiben im Mittel deutlich höher (Effektstärke 0,21). Der Vorteil der aktuellen Rechtschreibleistungen im Sieben-Jahres-Vergleich fällt höher aus als im Zehn-Jahres-Vergleich, da die mittleren Leistungen der Hamburger Grundschülerinnen und Grundschüler von 1993 bis 1996 etwas abgesunken waren (Effektstärke 0,12).[7]

---

5 Da bei der Hamburger KESS-4-Auswertung in dieser Kategorie auch die fehlenden Satzschlusspunkte gezählt wurden, wurde hier zum Vergleich der Wert aus der früheren HSP-Eichung von 1994 herangezogen, der damals die Satzschlusspunkte mit einbezog.

6 Da in den früheren Erhebungen ausschließlich die HSP zum Einsatz gekommen war, mussten jene Klassen ausgeklammert werden, bei denen im Rahmen der KESS-4-Untersuchung der DoSE-Test eingesetzt wurde.

7 Ein weiterer Grund könnte darin liegen, dass im Rahmen der PLUS-Erhebungen die Tests von den Lehrkräften selbst durchgeführt und anschließend zentral ausgewertet wurden, während die Tests im Rahmen von LAU 5 durch externe Testleiter beaufsichtigt wurden. Es ist nicht auszuschließen, dass bei der Durchführung durch die Lehrkräfte selbst unbemerkt kleine Hilfen gegeben wurden. Daneben ist zu berücksichtigen, dass bei der LAU-5-Erhebung mehrere Tests nacheinander bearbeitet wurden, so dass die Konzentrationsfähigkeit beim Rechtschreibtest möglicherweise etwas herabgesetzt war.

Tabelle VI.7: Rechtschreibleistungen (HSP – Graphemtreffer) von 1993/94 bis 2003

	Mittelwert	Standard-abweichung	Effekt-stärke[4]	Anzahl Schüler
Alle Hamburger Schulen				
PLUS-Voruntersuchung (1993/94)[1]	255,5	18,4	0,08	4.020
LAU-5-Untersuchung (1996)[2]	253,2	20,2	0,21	2.350
KESS-4-Untersuchung (2003)	256,9	17,9	-	6.750
Schulen des PLUS-Projekts[3]				
PLUS-Voruntersuchung (1993/94)	251,1	19,5	0,21	1.269
PLUS-Abschlusserhebung (1998/99)	255,4	18,2	-0,03	1.355
KESS-4-Untersuchung (2003)	254,9	18,5	-	1.574

1 Je eine zufällig ausgewählte vierte Klasse aus allen Hamburger Grundschulen.
2 Zufallsauswahl von 104 Klassen innerhalb der LAU-5-Untersuchung.
3 Klassen aus 60 Schulen der PLUS-Erhebung, in denen bei der KESS-4-Untersuchung die HSP eingesetzt wurde.
4 Mittelwertunterschied zwischen KESS 4 und der früheren Untersuchung, geteilt durch die KESS-4-Standardabweichung.

BBS / IFS / LI : Kompetenzen und Einstellungen von Schülerinnen und Schülern © KESS 4

Bezieht man die Vergleiche innerhalb des Zehn-Jahres-Zeitraums nur auf die in das PLUS-Projekt einbezogenen 60 Schulen, die vorwiegend sozial stärker belastete Gebiete Hamburgs repräsentieren, fällt die Steigerung zwischen 1993/94 und 2003 stärker aus (Effektstärke 0,21) als in der Gesamtstichprobe. Diese Schulen mit ursprünglich deutlich geringeren Leistungen (Mittelwert 251,1) als der Hamburger Gesamtdurchschnitt (Effektstärke 1993/94 -0,24) hatten die Durchschnittsleistungen ihrer Schülerinnen und Schüler (Mittelwert 255,4) bis zum Ende des PLUS so weit gesteigert, dass sie fast genau auf dem mittleren Niveau aller Hamburger Viertklässlerinnen und Viertklässler von 1994 (Mittelwert 255,5) lagen. Gegenüber dem Stand am Ende der 1990er Jahre ist die mittlere Rechtschreibleistung dieser Schulen im Jahr 2003 allerdings wieder geringfügig abgesunken (Effektstärke -0,03).[8]

8 Die Inspektion der Kennziffern für die soziale Belastung des Umfelds dieser 60 Schulen ergibt, dass sich die soziale Belastung dieser Schulen, erfasst durch den Sozialindex in LAU 5 bzw. KESS 4, im Vergleich zum Hamburger Durchschnitt nicht wesentlich verändert hat. Demnach lässt sich die Stagnation der Leistungsentwicklung in diesen Schulen nicht auf eine ungünstige Veränderung der soziokulturellen Zusammensetzung der Schülerschaft zurückführen.

Aus den Ergebnissen des zeitlichen Vergleichs lassen sich zwei Tendenzen erkennen:

(1) Die Rechtschreibleistungen der Hamburger Grundschülerinnen und Grundschüler sind im letzten Jahrzehnt deutlich gestiegen. Dieser Anstieg ist offenbar insbesondere auf die deutliche Steigerung der Rechtschreibleistungen in Schulen in sozial eher belasteten Regionen zurückzuführen, in denen im Rahmen des PLUS die Förderangebote intensiviert und systematisiert worden waren. Damit zeigt sich, dass die in den 1990er Jahren eingeleiteten Maßnahmen zur Verbesserung der schriftsprachlichen Leistungen nachhaltige Wirkungen erzielt haben.[9]

(2) Die im Laufe des PLUS erzielte überproportionale Steigerung der Rechtschreibleistungen in sozial besonders belasteten Schulen konnte seit Beendigung des Förderprojekts jedoch nicht gehalten werden. Dies weist darauf hin, dass in diesen Schulen weiterhin Maßnahmen zur systematischen Diagnose und Förderung erforderlich sind, um die erzielten Verbesserungen nachhaltig zu sichern.

4. Rechtschreibleistungen in Teilgruppen

4.1 Stärken und Schwächen von Jungen und Mädchen

Auch bei KESS 4 bestätigt sich der seit längerem bekannte Befund, dass Mädchen mehrheitlich über bessere Sprachfähigkeiten verfügen und insbesondere bessere Rechtschreibleistungen erzielen als Jungen (May, 1994a; Richter, 1996). Dies zeigt sich in den Gesamtwerten der HSP (Wörter, Graphemtreffer) ebenso wie in der DoSE (Tab. VI.8).

Die Vorteile der Mädchen erstrecken sich auf alle Aspekte des Rechtschreibens, allerdings fallen die Unterschiede bei den einzelnen Teilbereichen unterschiedlich aus, wie die Effektstärken der Mittelwertunterschiede zeigen. Bei der orthographischen Strategie beträgt die Effektstärke 0,25 und ist damit mehr als doppelt so hoch wie bei der morphematischen Strategie (Effektstärke 0,11). Damit bestätigt sich ein früherer Befund, nach dem Mädchen sich im Vergleich zu Jungen beim

9 Die Tatsache, dass in Hamburg als erstem Bundesland durch systematisch eingeleitete Leistungsmessungen in den 1990er Jahren die Nachhaltigkeit von Fördererfolgen belegt werden konnte, wurde kürzlich entsprechend in der Presse als „Triumph der Tester“ gewürdigt (Hartung & Kerstan, 2004).

Schreiben mehrheitlich eher auf die Anwendung von Regeln (orthographische Strategie) stützen, während sich Jungen meist stärker an der inhaltlichen Bedeutung der Wörter orientieren (May, 1994a, 2002). Zudem kontrollieren die Jungen ihre Schreibprodukte deutlich weniger als die Mädchen, was sich im großen Unterschied hinsichtlich der Oberzeichenfehler (Effektstärke -0,31) ausdrückt.

Tabelle VI.8: Rechtschreibleistungen von Mädchen und Jungen in der HSP

	Mädchen[1]		Jungen[2]		
	Mittelwert	Standardabweichung	Mittelwert	Standardabweichung	Effektstärke
Richtig geschriebene Wörter	31,2	7,7	29,1	8,6	0,25
Graphemtreffer	259,0	15,9	255,1	19,0	0,22
Alphabetische Strategie	22,4	2,7	21,9	3,0	0,17
Orthographische Strategie	16,1	3,7	15,1	4,4	0,25
Morphematische Strategie	11,2	3,0	10,9	3,3	0,11
Überflüssige orthographische Elemente	2,4	2,4	2,6	2,5	-0,06
Oberzeichenfehler[3]	1,3	1,9	2,0	2,5	-0,31
DoSE: Richtige Wörter	25,1	9,4	23,1	10,0	0,20

1 n = 2.587
2 n = 2.532
3 Einschließlich Satzschlusspunkte.

BBS / IFS / LI : Kompetenzen und Einstellungen von Schülerinnen und Schülern © KESS 4

Der Einfluss der persönlichen Bedeutung der Schreibwörter auf die Rechtschreibleistung lässt sich auch an der Häufigkeit zeigen, in der verschiedene Wörter von Jungen und Mädchen richtig geschrieben werden. Tabelle VI.9 zeigt die Werte für jeweils fünf Wörter, bei denen sich besonders große Vorteile auf Seiten der Mädchen bzw. relative Vorteile auf Seiten der Jungen ergeben.

Die fünf Wörter, bei denen sich die größten Unterschiede zugunsten der Mädchen ergeben (siehe oberer Teil der Tabelle), stehen der Erfahrungswelt der Mädchen deutlich näher als die Wörter, die von den Jungen vergleichsweise gut geschrieben werden.[10] Der Einfluss der persönlichen Bedeutung der Wörter auf deren Schreibung ist bei Jungen deutlich stärker ausgeprägt als bei Mädchen. Dies zeigt schon ein Blick auf die Effektstärken in Tabelle VI.9. Die fünf ‚Mädchenwörter' werden von

10 Bei den HSP-Wörtern wurde die unterschiedliche Beziehung zur geschlechtsspezifischen Sozialisation durch Befragungen von Schülern und Lehrkräften ermittelt (siehe ausführlich May, 1994a, 2002). Danach besteht ein signifikanter Zusammenhang zwischen dem Ausmaß, in dem die einzelnen Wörter eher als ‚Jungenwörter' oder als ‚Mädchenwörter' eingeschätzt werden, und dem Leistungsunterschied zwischen den Geschlechtern.

den Mädchen im Mittel zu 64 Prozent richtig geschrieben, während die Jungen hier nur 53 Prozent richtige Lösungen erzielen (elf Prozentpunkte Unterschied). Auf der anderen Seite schreiben die Mädchen auch die ‚Jungenwörter' mit durchschnittlich 54 Prozent richtigen Lösungen nur unwesentlich schlechter als die Jungen selbst (56 % richtige Schreibungen). Dieser Effekt zeigt sich auch bei den Oberzeichen der jeweiligen Wortgruppen, was auf einen motivationalen Einfluss durch die persönliche Bedeutsamkeit der Wörter hinweist. Jungen sind demnach stärker beeinflussbar von der persönlichen Beziehung zum Lerngegenstand als Mädchen, die sich eher von allgemeinen Regeln leiten lassen und ihre Leistungsfähigkeit entsprechend besser anpassen können. Für einen zielgruppenbezogenen bzw. individualisierten Unterricht lassen sich daraus wichtige Hinweise auf die Ausrichtung des Lernangebots an den Erfahrungshintergründen der Lernenden ableiten (vgl. May, Brügelmann & Richter, 1993), denn entsprechende gruppenspezifische Einflussfaktoren lassen sich auch für andere Teilgruppen (z. B. Migranten, soziale Lagen, Region) aufzeigen.

Tabelle VI.9: Richtigschreibungen einzelner Wörter von Mädchen und Jungen (Angaben in Prozent)

	Richtigschreibungen		Effekt-stärke
	Mädchen	Jungen	
Geburtstag	63	51	0,24
Familie	76	65	0,24
Frühstück	59	47	0,24
Päckchen	54	42	0,24
Eichhörnchen	69	58	0,23
Kreuzung	68	69	-0,02
Torwart	68	70	-0,04
Aktentasche	68	70	-0,04
Benzintanks	45	49	-0,08
Schiedsrichter	20	24	-0,10

BBS / IFS / LI : Kompetenzen und Einstellungen von Schülerinnen und Schülern © KESS 4

4.2 Einsprachige und zweisprachige Kinder

Um die Rechtschreibleistungen auf die verschiedenen sprachlichen Hintergründe der Kinder zu beziehen, wurden ihre Angaben zu der Frage, welche Sprache die Eltern überwiegend zu Hause sprechen, herangezogen. Für die Leistungsvergleiche wurden neben den einsprachig deutschen Kindern die Sprachgruppen ‚europäische Sprache' (z. B. Spanisch, Polnisch) sowie ‚andere Sprache' (z. B. Farsi) gebildet. Abbildung

VI.1 zeigt die Unterschiede hinsichtlich der Gesamtleistung (gemeinsame Raschwerte für HSP und DoSE) sowie hinsichtlich der einzelnen HSP-Kategorien zwischen den Mittelwerten der verschiedenen Sprachgruppen und dem Gesamtmittelwert aller Hamburger Viertklässlerinnen und Viertklässler in Form der Effektstärken.[11] Je höher die Effektstärke ist, desto größer ist die Abweichung des jeweiligen Mittelwertes von der Gesamtdurchschnittsleistung, jeweils bezogen auf die Streuung der Werte.

Abbildung VI.1: Effektstärken der Abstände der durchschnittlichen Rechtschreibleistungen einsprachig deutscher sowie zweisprachiger Kinder vom Hamburger Gesamtmittelwert

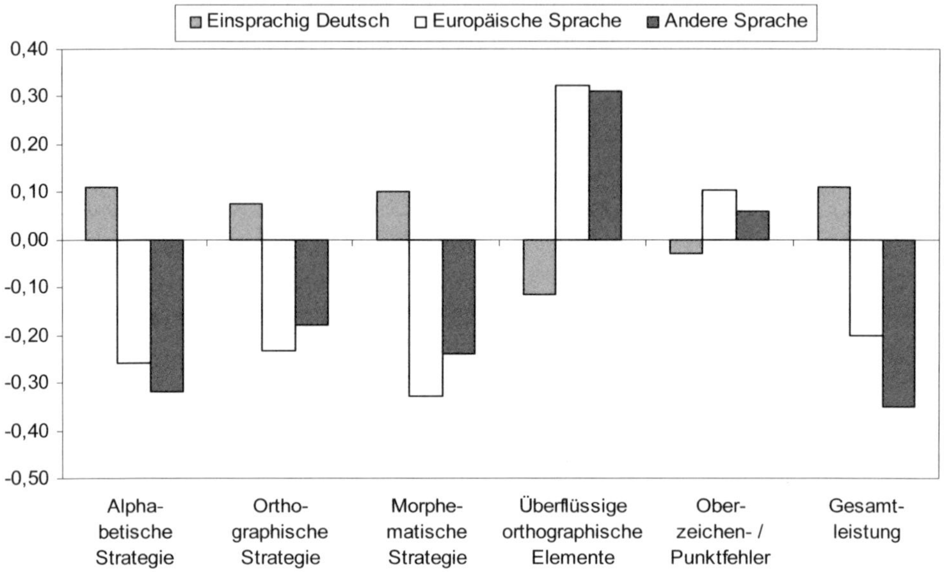

BBS / IFS / LI : Kompetenzen und Einstellungen von Schülerinnen und Schülern © KESS 4

Erwartungsgemäß schneiden die zweisprachigen Kinder in fast allen Belangen der Rechtschreibung erheblich schwächer ab als einsprachig deutsche Kinder. Allerdings bestehen deutliche Unterschiede zwischen den verschiedenen Sprachgruppen und hinsichtlich der einzelnen Teilkomponenten der Rechtschreibung. Am geringsten fallen die Unterschiede zwischen den Gruppen bei den Oberzeichenfehlern ins Gewicht, da diese weniger als Merkmale der orthographischen Kompetenz, sondern

11 Die Effektstärke ist hier die Differenz zwischen dem Mittelwert der einsprachig deutschen Kinder und dem Mittelwert der zweisprachig aufwachsenden Kinder, geteilt durch die gemeinsame Standardabweichung.

eher als Hinweise auf die Aufmerksamkeit und Kontrolle beim Schreiben zu werten sind. Die Kinder mit europäischer Herkunftssprache erzielen deutlich bessere Gesamtleistungen als Kinder mit außereuropäischen Herkunftssprachen.

Aufgrund der Größe der Stichprobe ergibt sich zwar ein hochsignifikanter Zusammenhang zwischen der Häufigkeit, mit der zweisprachig aufwachsende Kinder mit anderen Personen (Freunden, Mitschülern, Nachbarkindern, Sportgruppe, Geschwistern und Großeltern) Deutsch sprechen, jedoch erreicht der multiple Korrelationskoeffizient zwischen Rechtschreibleistung und Dauer des Deutschsprechens mit den verschiedenen Personengruppen lediglich r = .15, d. h., dieser Zusammenhang erklärt weniger als 4 Prozent der Unterschiede bei der Rechtschreibleistung. Der Grund liegt vermutlich darin, dass sich die Sprachkontaktbedingungen außerhalb der Familie für die Mehrzahl der zweisprachigen Kinder (u. a. wegen des obligatorischen Schulbesuchs) nicht gravierend unterscheiden.

4.3 Rechtschreibung und soziale Lage

Zur Unterscheidung der sozialen Lagen, in denen die Kinder aufwachsen, wurden die so genannten EGP-Klassen-Kategorien herangezogen (siehe Kap. II in diesem Band). Tabelle VI.10 zeigt die Mittelwerte in den beiden Rechtschreibtests (gemeinsame Rasch-Skala) für die so gebildeten Gruppen.

Tabelle VI.10: Rechtschreibleistungen von Kindern unterschiedlicher sozialer Lagen (EGP-Klassen)

Soziale Lage der Bezugsperson (EGP-Klasse)	Mittelwert	Standardabweichung	Effektstärke	n
Obere Dienstklasse (I)	110,3	29,2	0,34	2.900
Untere Dienstklasse (II)	105,8	29,5	0,19	2.385
Routinedienstleistungen (III)	99,0	28,8	-0,04	1.569
Selbständige (IV)	99,2	29,6	-0,03	1.678
Facharbeiter und leitende Angestellte (V, VI)	94,2	28,1	-0,19	2.201
Un- und angelernte Arbeiter, Landarbeiter (VII)	89,8	29,0	-0,34	2.743
Alle Schüler	100,0	30,0	0,00	13.476

BBS / IFS / LI : Kompetenzen und Einstellungen von Schülerinnen und Schülern © KESS 4

Erwartungsgemäß ergeben sich große Unterschiede zwischen den einzelnen Gruppen. Der Mittelwertunterschied zwischen den Gruppen I (obere Dienstklasse) und VII (un- und angelernte Arbeiter) beträgt 20,5 Punkte, was einer Effektstärke von 0,68 entspricht, d. h., zwischen diesen Gruppen gibt es kaum Überlappungen. Die Rechtschreibleistung am Ende der Grundschule weist damit einen engen Zusammenhang zur sozialen Lage auf.

5. Rechtschreibleistungen und Klassenzusammensetzung

Neben der Klassengröße wurde die Zahl der Kinder mit Schwierigkeiten im Deutschen und erhöhtem Förderbedarf als Kontextbedingung mit der Rechtschreibleistung in Zusammenhang gebracht. Die in die Analyse einbezogenen Merkmale der Klassenzusammensetzung wurden den einzelnen Schülerinnen und Schülern zugeordnet, so dass für jedes Kind eine Beziehung zwischen seinen individuellen Leistungen und Merkmalen, die sich auf die ganze Klasse beziehen, hergestellt werden konnte.

Tabelle VI.11: Merkmale der Klassenzusammensetzung und Rechtschreibleistung

Klassenmerkmal	Mittelwert	Standardabweichung	Anzahl Schüler	Korrelation mit der Rechtschreibleistung (individuell)
Klassengröße	23,4	3,6	9.633	.16 (p < .000)
Schüler mit Schwierigkeiten, gesprochenes Deutsch zu verstehen	8,8	14,4	9.077	-.18 (p < .000)
Schüler, die Förderunterricht im Lesen bräuchten	17,7	13,9	9.263	-.18 (p < .000)

BBS / IFS / LI : Kompetenzen und Einstellungen von Schülerinnen und Schülern © KESS 4

Die klassenbezogenen Merkmale,

- wie viele Schülerinnen und Schüler Schwierigkeiten haben, gesprochenes Deutsch zu verstehen,
- wie viele Schülerinnen und Schüler Förderunterricht im Lesen bräuchten,

wurden aus dem Fragebogen für Deutschlehrkräfte gewonnen. Sie wurden als Prozentanteil an der Gesamtzahl der Schülerinnen und Schüler in der Klasse berechnet und anschließend mit der Rechtschreibleistung korreliert. Tabelle VI.11 zeigt die Ergebnisse.

5.1 Klassengröße

Frühere Studien zum Zusammenhang zwischen Schulleistungen und Klassengröße erbrachten meist kaum messbare Befunde (vgl. Ingenkamp, Petillion & Weiss, 1985). Einige neuere Untersuchungen kommen zu dem Ergebnis, dass größere Klassen sogar eher bessere Leistungen verzeichnen (vgl. Saldern, 1991; Wilberg & Rost, 1999). Dabei bleiben Aspekte wie z. B. der Umfang der für Teilung, Differenzierung und Förderung zur Verfügung stehenden Ressourcen, der in Hamburg mit der Klassengröße zunimmt, allerdings außer Betracht.

So ergibt sich auch in der KESS-4-Untersuchung eine signifikante positive Korrelation von r. = .16 zwischen der Klassengröße und der Rechtschreibleistung der Schülerinnen und Schüler, bei Berücksichtigung der sozialen Lage der Kinder als Kontrollvariable von r = .14.

Neben der unterschiedlichen Ausstattung mit Ressourcen für Teilung, Differenzierung und Förderung könnte ein weiterer Grund für diesen scheinbar paradoxen Befund darin liegen, dass die objektiv vorhandenen Möglichkeiten kleinerer Klassen zur Individualisierung des Unterrichts durch die Lehrer häufig kaum genutzt werden, wie eine Studie von Wild und Rost (1995) zur diagnostischen Qualität von Lehrerbeurteilungen in unterschiedlich großen Grundschulklassen zeigte. Helmke und Weinert (1997) führen das Ausbleiben förderlicher Wirkungen kleinerer Klassen darauf zurück, dass zahlenmäßig größere Klassen entweder ein effektiveres Lehrerverhalten erzwingen oder von Seiten der Schulleitung kompetentere Lehrkräfte zu gewiesen bekommen.

Allerdings lässt sich dieser Zusammenhang nur innerhalb eines relativ kleinen Streuungsbereichs der Klassengröße feststellen. Die mittlere Klassengröße in der KESS-4-Untersuchung lag bei 23,4 Schülerinnen und Schülern mit einer Standardabweichung von 3,6, d. h., in zwei Drittel der Klassen liegen die Schülerzahlen zwischen ca. 20 und 27 Schülerinnen und Schülern. Würde man erheblich kleinere bzw. größere Klassen vergleichen, dürften sich vermutlich eher Effekte zugunsten der kleineren Klassen zeigen.[12] Allerdings kommen solche Klassen in Hamburg kaum vor.

5.2 Schülerinnen und Schüler mit Schwierigkeiten in Deutsch

Der Anteil der Schülerinnen und Schüler, die nach Einschätzung der Deutschlehrkräfte im Lehrerfragebogen „Schwierigkeiten haben, gesprochenes Deutsch zu verstehen“, beträgt im Durchschnitt aller Klassen 8,8 Prozent. Mit der individuellen Rechtschreibleistung ergibt sich eine hochsignifikante Korrelation von $r = -.18$. Erwartungsgemäß fällt die Richtung des Zusammenhangs negativ aus, weil ein höherer Anteil von Kindern mit Deutschschwierigkeiten für die individuelle Lernentwicklung im Rechtschreiben hinderlich sein kann. Allerdings kommt diesem Aspekt nur eine untergeordnete Rolle für den Lernprozess der einzelnen Kinder zu, denn die individuelle Rechtschreibleistung lässt sich nur zu 3,3 Prozent dadurch aufklären.

5.3 Anteil an Schülerinnen und Schülern, die Förderunterricht im Lesen bräuchten

Nach Einschätzung der Lehrkräfte bräuchten durchschnittlich 17,7 Prozent aller Viertklässlerinnen und Viertklässler einen Förderunterricht im Lesen, die Bandbreite reicht in den einzelnen Klassen von 0 bis 100 (!) Prozent. Zwar wurde nicht die Förderbedürftigkeit im Rechtschreiben erfragt, jedoch dürfte deren Ausmaß im Lesen annähernd das Lernumfeld in der Klasse für das schriftsprachliche Lernen insgesamt kennzeichnen.

Insgesamt ergeben sich für die erfassten Merkmale der Klassenzusammensetzung zwar signifikante Zusammenhänge mit der individuellen Rechtschreibleistung, jedoch lassen sich letztere dadurch nur zu einem sehr kleinen Teil erklären. Dies entspricht auch den Ergebnissen früherer Studien zur Lernentwicklung in der Grundschule, nach denen „Merkmale der Klassenzusammensetzung … insgesamt gesehen nur eine marginale Rolle für Unterschiede der Unterrichtsqualität“ (Helmke & Weinert, 1997, S. 246) spielen.

---

12 Dies wird durch eine neue Studie der Universität Buffalo (vgl. Finn & Gerber, 2005) bestätigt, bei der die Schulentwicklung von 5.000 Kindern vom Kindergarten an beobachtet worden war. Kinder, die in sehr kleinen Grundschulklassen (13 bis 17 Kinder) unterrichtet wurden, erzielten im Vergleich zu Kindern aus relativ großen Grundschulklassen (22 bis 26 Schüler) bessere Leistungen im Lesen und in Mathematik und erreichten als Jugendliche häufiger einen High School-Abschluss. Dieser Zusammenhang zwischen Klassengröße und Schulerfolg zeigte sich insbesondere bei Jugendlichen aus ärmeren Familien.

6. Rechtschreibleistung und Unterrichtskonzept

Da die Rechtschreibleistung nicht im Fokus der IGLU-Untersuchung stand und dementsprechend auch im Rahmen von KESS 4 schwerpunktmäßig die Lesekompetenz als Hauptdomäne innerhalb der Deutschfähigkeiten betrachtet wurde, können nur einige Merkmale der Schulklasse hinsichtlich ihres Einflusses auf die Rechtschreibleistung direkt analysiert werden. Merkmale des Rechtschreibunterrichts im engeren Sinne (z. B. Lehrgangskonzeption, verwendetes Material) wurden nicht erhoben. Daher beschränkt sich die Analyse nur auf wenige Merkmale des Unterrichts.

Die nahe liegende Annahme, dass eine längere Unterrichtszeit zu einer verbesserten Leistung führt, konnte nicht ausreichend geklärt werden. Zwar enthält der Lehrerfragebogen die Frage, wie viel Zeit in einer normalen Schulwoche für den Deutsch-Sprachunterricht bzw. für sprachbezogene Unterrichtsaktivitäten mit den Schülerinnen und Schülern verwendet wird, allerdings reicht die Bandbreite der Antworten von einer bis 24 Stunden (Mittelwert: 6,3 Stunden). Angesichts identischer Stundentafelvorgaben für alle Hamburger Schulen erscheint diese Bandbreite als wenig plausibel. Es muss vielmehr davon ausgegangen werden, dass die Antworten sich auf unterschiedliche Definitionen von Unterrichtsaktivität beziehen. Entsprechend gering ist die Korrelation (r = -.02, ns) zwischen den Antworten auf diese Frage und der Rechtschreibleistung.

6.1 Lehrplanorientierung

Der Fragebogen für die Deutschlehrkräfte enthielt die Frage, nach welchem Lehrplan der Deutschunterricht geplant werde. Die Antworten der Lehrkräfte wurden den einzelnen Schülerinnen und Schülern der jeweiligen Klasse zugeordnet, so dass eine Beziehung zwischen Lehrplanorientierung und Rechtschreibleistung hergestellt werden kann. Die Angaben konnten für insgesamt 8.442 Schülerinnen und Schüler (d. h. 59,9 % der Schülerschaft) ausgewertet werden (vgl. Tab. VI.12). Die meisten Lehrkräfte (sie repräsentieren 60,9 % der Schülerschaft) planen nach eigenen Angaben ihren Deutschunterricht gemäß den Lehrplanvorgaben. An zweiter Stelle folgen mit 31,7 Prozent der unterrichteten Schülerinnen und Schüler jene Lehrkräfte, die angeben, ihren Deutschunterricht nach einem eigens für die Klasse ausgearbeiteten Lehrplan auszurichten. Relativ gering (7,4 %) ist der Anteil der Schülerinnen und Schüler, die von Lehrkräften unterrichtet werden, die ihren Deutschunterricht nach einem schulinternen Plan gestalten.

Zwischen den verschiedenen Konzepten der Lehrplanorientierung ergibt sich ein hochsignifikanter Unterschied hinsichtlich der mittleren Rechtschreibleistung der Schülerinnen und Schüler. Am besten schneiden die Schülerinnen und Schüler ab, die in Klassen unterrichtet werden, in denen sich die Lehrkräfte an einem schulinternen Arbeitsplan orientieren. Dahinter steht vermutlich die Praxis, innerhalb des Kollegiums häufiger zu kooperieren und gemeinsame Absprachen zu treffen. An zweiter Stelle folgen die Schülerinnen und Schüler aus Klassen, in denen sich die Lehrkräfte an den Lehrplanvorgaben ausrichten. Am schlechtesten schneiden die Schülerinnen und Schüler ab, deren Lehrkräfte ihrem Unterricht eigens für die Klasse ausgearbeitete Lehrpläne zugrunde legen. Allerdings fallen die Effektstärken der Mittelwertunterschiede relativ gering aus, d. h., die mittlere Differenz zwischen den Teilgruppen mit den besten bzw. schwächsten Rechtschreibleistungen entspricht insgesamt einem Sechstel der Standardabweichung (Effektstärke 0,16).

Tabelle VI.12: Lehrplanorientierung und Rechtschreibleistung

Planung des Deutschunterrichts nach ...	Anzahl der Schüler (in %)	Rechtschreibleistung		
		Mittelwert	Standardabweichung	Effektstärke
einem eigens für die Klasse / Jahrgangsstufe ausgearbeiteten Klassenlehrplan	2.668 (31,7)	99,3	32,5	-0,05
einem schulinternen Arbeitsplan / Lehrplan	632 (7,4)	104,2	29,6	0,11
den Lehrplanvorgaben	5.142 (60,9)	101,1	28,7	0,01
Alle Schüler mit Angaben	8.442 (100)	100,8	30,0	

BBS / IFS / LI : Kompetenzen und Einstellungen von Schülerinnen und Schülern © KESS 4

6.2 Einsatz von Computern im Unterricht

Bei 89,7 Prozent der Schülerinnen und Schüler, deren Lehrkräfte die entsprechende Frage beantworteten, ist im Klassenraum mindestens ein Computer vorhanden. Einschließlich des Zugangs zu Computern in anderen Räumen haben nach Angaben der Lehrkräfte insgesamt 92,1 Prozent der Schülerinnen und Schüler die Möglichkeit, einen Computer in der Schule zu benutzen. 56 Prozent der Schülerinnen und Schüler haben außerdem einen Internetzugang in der Schule.

Eine andere Frage ist, inwieweit die Verwendung des Computers und des Internets im Deutschunterricht mit einer Verbesserung der Rechtschreibleistung einhergeht. Die Lehrkräfte waren nach der Häufigkeit des Einsatzes des Computers (von [fast] täglich bis [fast] nie) für verschiedene Zwecke (Informationssuche, Texte schreiben, mit anderen Schulen kommunizieren) gefragt worden. Hier ergaben sich relativ geringe Frequenzen. Nur wenige Schülerinnen und Schüler (ca. 1,5 %) kommen im Unterricht (fast) täglich mit dem Computer in Berührung, weitere 11,3 Prozent der Schülerinnen und Schüler suchen ein- bis zweimal pro Woche am Computer nach Informationen, 22,4 Prozent schreiben damit Texte. Dagegen verwenden 53,8 Prozent der Schülerinnen und Schüler den Computer (fast) nie im Unterricht, um Informationen zu suchen, und 30,1 Prozent (fast) nie, um Texte zu schreiben. Eine Kommunikation per Internet findet für 98,9 Prozent der Schülerinnen und Schüler (fast) nie statt.

Dem geringen zeitlichen Umfang entsprechend ist der Zusammenhang zwischen der Häufigkeit des Computereinsatzes und der Rechtschreibleistung der Schülerinnen und Schüler schwach ausgeprägt, es ergeben sich lediglich Korrelationen von r = .00 bis r = .05 mit den einzelnen Fragen zur Computernutzung. Demnach bildet sich derzeit kein nennenswerter Zusammenhang zwischen dem Einsatz von Computern und der Rechtschreibleistung ab.

6.3 Ausstattung der Klassenräume mit Büchern

Der Lehrerfragebogen enthielt Fragen zur Ausstattung der Klassenräume mit einer Bibliothek bzw. Leseecke und zur Anzahl der verfügbaren Bücher und Zeitschriften. Jedoch ergibt sich zwischen solchen Ausstattungsmerkmalen und der Rechtschreibleistung kein statistisch bedeutsamer Zusammenhang. Der Grund liegt zum einen darin, dass die Ausstattung mit einer Bibliothek oder Leseecke für die allermeisten Klassen (92,3 % der Schülerinnen und Schüler) selbstverständlich ist und daher nicht zwischen den Klassen differenziert. Zum anderen stellen solche Ausstattungsmerkmale zunächst nur Möglichkeiten der produktiven Verwendung im Unterricht dar; entscheidend für den Unterrichtserfolg sind jedoch weniger die äußerlichen Merkmale als vielmehr die Prozessvariablen der Interaktion zwischen Lehrkräften und Schülerinnen und Schülern (vgl. May, 2001). Daher ist es nicht überraschend, dass sich bei der KESS-4-Untersuchung ebenfalls keine statistisch signifikanten Zusammenhänge zwischen der Leistung im Rechtschreiben (wie auch im Lesen und in anderen Fächern) und der Häufigkeit des Einsatzes verschiedener Medien (Lehrbücher, Arbeitsblätter, Computerprogramme und andere Materialien) ergeben.

6.4 Hausaufgaben und Rechtschreibleistung

Hausaufgaben sollen die produktiv genutzte Lernzeit erweitern. Bei aller Problematik der Praxis der Hausaufgaben und der damit verbundenen Rolle der Eltern (vgl. Nickel & Petzold, 1997) kann damit ein wirksamer Beitrag zur Verbesserung der Leistungen erbracht werden, wenn die häuslichen Verhältnisse es ermöglichen, dass die Durchführung der Hausaufgaben unterstützt und kontrolliert wird.[13]

Der Fragebogen für die Deutschlehrer enthielt die Frage, wie oft sprachbezogene Übungen in Deutsch als Hausaufgaben aufgegeben werden. In der Hälfte der vierten Klassen (49,5 % der Schülerschaft) werden nach den Angaben der Deutschlehrer drei- bis viermal pro Woche Hausaufgaben aufgegeben. Ein Drittel der Schülerinnen und Schüler erhält sogar jeden Tag Hausaufgaben. Die Zahl der Schülerinnen und Schüler, die überhaupt keine bzw. weniger als einmal pro Woche Hausaufgaben im Fach Deutsch aufbekommen, ist mit ca. 2 Prozent sehr gering.

Zwischen der Häufigkeit der Hausaufgaben und der Rechtschreibleistung der Kinder besteht ein hochsignifikanter linearer Zusammenhang ($r = .11$), und dieser Zusammenhang bleibt auch bei Kontrolle des sozialen Hintergrunds der Kinder (EGP-Klasse) in gleicher Höhe bestehen. Die mittleren Rechtschreibleistungen der Kinder, die unterschiedlich häufig Hausaufgaben erledigen müssen, ergibt ein klares Bild (vgl. Tab. VI.13), wonach die Kinder ohne oder mit weniger häufigen Hausaufgaben deutlich niedrigere Leistungsergebnisse erzielen. Die Effektstärke des mittleren Rückstands der Kinder ohne bzw. mit seltenen Hausaufgaben beträgt -0,52 bzw. -0,27. Unter den gegebenen Bedingungen der Halbtagsschule kann nach diesen Ergebnissen angenommen werden, dass regelmäßige Hausaufgaben zur Verbesserung der Rechtschreibleistungen beitragen und dass dieser Effekt weitgehend unabhängig von der sozialen Herkunft der Kinder erzielt werden kann.[14]

---

13 An diesem Punkt setzt die Kritik an der Hausaufgabenpraxis an, da Kinder aus sozioökonomisch schlechter gestellten Elternhäusern im Allgemeinen weniger Hilfen erfahren als andere Kinder. Auf der anderen Seite kann gerade die selbständige Anfertigung der Hausaufgaben einen wirksamen Faktor zur Unterstützung der Lernentwicklung der Kinder darstellen. So ergab die Evaluationsstudie zum PLUS, dass Kinder mit niedriger Rechtschreibleistung deutlich häufiger ihre Hausaufgaben mit Hilfe anderer Personen anfertigen, während Kinder mit besseren Rechtschreibleistungen die Hausaufgaben ohne Hilfe erledigen (May, 2001, S. 433 ff.). Demnach kann das Bearbeiten von Hausaufgaben sowohl eine Beförderung der Lernentwicklung bewirken als auch eine zusätzliche Belastung der familiären Lernumgebung darstellen.

14 Aus methodologischer Sicht muss einschränkend festgestellt werden, dass signifikante Korrelationen zwischen verschiedenen Merkmalen, die sich im Rahmen einer Querschnittserhebung wie KESS 4 ergeben, streng genommen keine Aussagen über die Kausalität des Zusammenhangs erlauben. Allerdings kann eine solche Wirkungsbeziehung aufgrund von theoretischen Überlegungen als plausibel angenommen werden.

Dagegen ergibt sich zwischen dem zeitlichen Umfang der Hausaufgaben und der Rechtschreibleistung keine signifikante Beziehung. Damit kann vermutet werden, dass die Wirksamkeit der Hausaufgaben sich nicht in erster Linie über die Dauer der Tätigkeit entfaltet, sondern die Leistungsverbesserung vor allem aus dem Wiederholungseffekt der Lerntätigkeit resultiert.

Tabelle VI.13: Häufigkeit sprachbezogener Übungen als Hausaufgaben

Wie oft geben Sie sprachbezogenen Übungen in Deutsch als Hausaufgabe auf?	Rechtschreibleistung				
	Mittelwert	Standardabweichung	Effektstärke[1]	n	(in %)
Gar nicht / Weniger als einmal pro Woche	90,5	30,3	-0,33	180	(2)
Ein- bis zweimal pro Woche	97,0	30,1	-0,12	1.393	(15,2)
Drei- bis viermal pro Woche	99,2	29,9	-0,05	4.536	(49,5)
Jeden Tag	104,8	29,4	0,15	3.046	(33,3)
Insgesamt	100,5	30,0		9.155	(100)

[1] Differenz zwischen dem Mittelwert der jeweiligen Teilgruppe und der Gesamtschülerschaft, geteilt durch die Standardabweichung aller Schüler.

BBS / IFS / LI : Kompetenzen und Einstellungen von Schülerinnen und Schülern © KESS 4

7. Lehrerverhalten aus Schülersicht und Rechtschreibleistung

Am ersten Testtag wurde den Schülerinnen und Schülern ein Fragebogen zum Fachunterricht vorgelegt, mit dem ihre Wahrnehmung zu einigen Merkmalen des Lehrerverhaltens erfasst wurde. Die Einschätzungen wurden mit Hilfe von Feststellungen erhoben, zu denen die Kinder ihre Antwort auf einer vierstufigen Antwortskala markierten. Die Abstufungen wurden numerisch skaliert (4 = stimme stark zu, 3 = stimme einigermaßen zu, 2 = stimme wenig zu, 1 = stimme überhaupt nicht zu).

Insgesamt bewerteten die 8.301 Schülerinnen und Schüler, von denen sowohl Antworten zu den Unterrichtsfragen als auch die Rechtschreibleistung vorliegen, das Verhalten ihrer Lehrkräfte positiv. Über alle 22 Einzelaussagen hinweg ergibt sich ein Gesamtmittelwert von 3,4, das entspricht einer relativ starken Zustimmung zu den positiv ausgerichteten Aussagen. Am günstigsten fallen die Bewertungen zu den Einzelaussagen „Unser Deutschlehrer / Unsere Deutschlehrerin geht (nicht) weiter im Unterrichtsstoff voran, auch wenn keiner mehr mitkommt“ und „Unser Deutschlehrer / Unsere Deutschlehrerin ist (nicht) leicht vom Lehrstoff abzulenken“, die (umgepolt) einen mittleren Wert von 1,1 erhalten. Mit mittleren Werten von 1,9 bis 2,0 werden die Einzelfragen „Unser Deutschlehrer / Unsere Deutschlehrerin merkt, wenn der Unterricht zu schwer ist“, „Unser Deutschlehrer / Unsere Deutschlehrerin merkt, wenn wir uns im Unterricht langweilen“ und „Unser Deutschlehrer / Unsere Deutschlehrerin bemüht sich, auf unsere Wünsche einzugehen“ am kritischsten eingeschätzt.

Tabelle VI.14: Lehrerverhalten aus Schülersicht und Rechtschreibleistung

Faktoren mit Beispielaussagen Unser Lehrer / Unsere Lehrerin ...	Varianzanteil (in %)	Korrelation mit Rechtschreibleistung
I Diagnostische Kompetenz, z. B.	30,6	.16
merkt sofort, wenn jemand nicht mehr mitkommt.		
kann sich gut auf unsere Klasse einstellen.		
kennt die Stärken und Schwächen der einzelnen Schüler.		
II Schülerorientierung, z. B.	7,7	-.05
nimmt unsere Probleme ernst.		
bemüht sich, auf unsere Wünsche einzugehen.		
kümmert sich um jeden einzelnen Schüler.		
III Lehrstofforientierung, z. B.	4,9	.25
ist (nicht) leicht vom Lehrstoff abzulenken.		
geht (nicht) weiter nach dem Unterrichtsplan vor, auch wenn keiner mehr mitkommt.		
schafft es, im Unterricht für Ruhe und Ordnung zu sorgen.		

BBS / IFS / LI : Kompetenzen und Einstellungen von Schülerinnen und Schülern © KESS 4

Mit Hilfe einer Faktorenanalyse (Hauptkomponentenanalyse, Eigenwert ≥ 1, mit Varimax-Rotation) wurden die Einzeleinschätzungen aufgrund der Interkorrelationen zu übergreifenden Dimensionen zusammengefasst. Dabei ergeben sich drei Faktoren, die insgesamt 43,2 Prozent der gesamten Varianz aufklären und nach den Ladungsmustern der einzelnen Aussagen interpretiert werden können (siehe Tab. VI.14).

Korreliert man diese Faktoren mit der Rechtschreibleistung der Schülerinnen und Schüler, so ergibt sich zwischen dem Faktor ‚Schülerorientierung‘ und der Rechtschreibleistung mit -.05 eine geringfügige negative Korrelation. Dagegen korrelieren die beiden anderen Faktoren positiv mit der individuellen Leistung.[15]

Um zu überprüfen, ob sich die Einschätzung des Lehrerverhaltens im Deutschunterricht aus Sicht von Schülern mit unterschiedlichen Leistungen unterscheiden, wurden die Rechtschreibleistungen der Viertklässlerinnen und Viertklässler in drei Gruppen unterteilt (25 % beste Leistungen, 50 % mittlere Leistungen, 25 % schwächste Leistungen) und die Einschätzungen des Lehrerverhaltens diesen Gruppen zugeordnet (siehe Abb. VI.2).

Abbildung VI.2: Dimensionen des Lehrerverhaltens – Einschätzung nach Schülergruppen

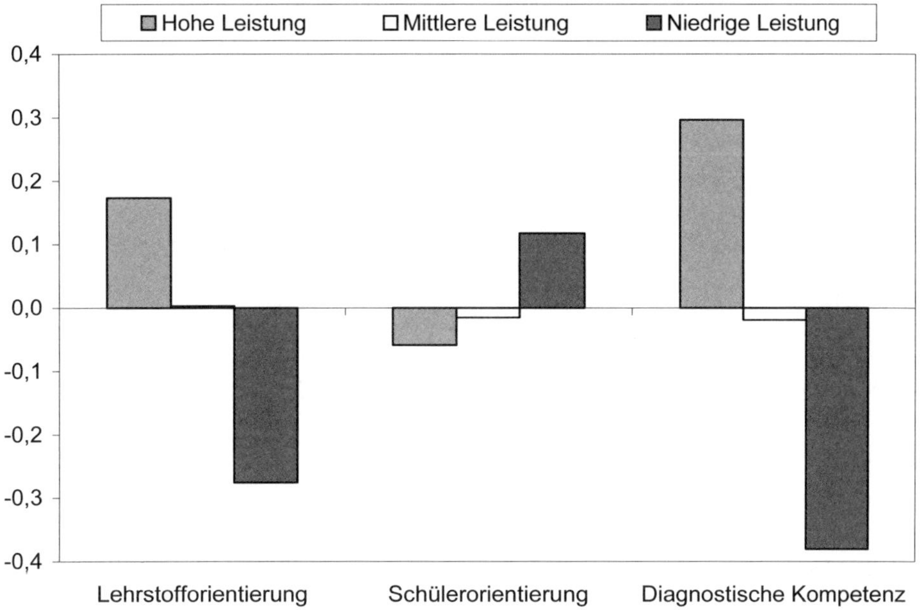

BBS / IFS / LI : Kompetenzen und Einstellungen von Schülerinnen und Schülern © KESS 4

15 Dieses Ergebnis entspricht den Befunden der Interaktionsanalysen im Unterricht, die im Rahmen des PLUS durchgeführt wurden (vgl. May, 2001). Da sich der Schülerfragebogen zum Deutschunterricht vor allem auf den Bereich Lesen bezog, fällt der Zusammenhang der Gesamtfaktoren des Lehrerverhaltens mit der Leseleistung noch höher aus (r = .42). Nahezu identische Muster des Zusammenhangs zwischen Schülereinschätzung des Lehrerverhaltens und Schülerleistungen ergeben sich bei den übrigen Fachleistungen (Mathematik, naturbezogenes Lernen und Englisch-Hörverstehen), d. h., die hier berichteten Ergebnisse können als fächerübergreifende Befundmuster angesehen werden.

Es zeigen sich deutliche Unterschiede bei der Ausprägung der drei Dimensionen des Lehrerverhaltens in den verschiedenen Leistungsgruppen. Schülerinnen und Schüler mit guten Rechtschreibleistungen bescheinigen ihren Lehrkräften ein hohes Ausmaß an diagnostischer Kompetenz und ebenso ein relativ hohes Ausmaß an Lehrstofforientierung, dagegen beurteilen Schülerinnen und Schüler mit niedrigen Rechtschreibleistungen die diagnostische Kompetenz und die Lehrstofforientierung ihrer Lehrkräfte als viel geringer. Hinsichtlich der Dimension ‚Schülerorientierung' ergeben sich nur geringe Unterschiede, die jedoch umgekehrt gepolt sind. Schülerinnen und Schüler mit schwächeren Leistungen beurteilen die Schülerorientierung ihrer Lehrkräfte als etwas höher als Schülerinnen und Schüler mit guten Rechtschreibleistungen.

8. Rechtschreibleistungen und Lernklima in der Schule

Um den möglichen Einfluss von Aspekten des schulischen Lernklimas auf den Erfolg beim Rechtschreiblernen zu analysieren, wurden die Angaben der Deutschlehrkräfte zu den Bereichen ‚Umgang mit Leistungen' und ‚Stellenwert von Disziplin und Ordnung in der Schule' mit der Rechtschreibleistung in Beziehung gesetzt. Die Angaben der Lehrkräfte, die sich jeweils auf die gesamte Schule beziehen, wurden den einzelnen Kindern zugeordnet, so dass die Lernklimavariablen mit der individuellen Rechtschreibleistung korreliert werden konnten.

Die Kategorien auf den vierstufigen Beantwortungsskalen wurden numerisch in der Weise kodiert, dass hohe Zahlenwerte einer hohen Zustimmung entsprechen. Dabei ergeben sich für die Aussagen zum ‚Umgang mit Leistungen' mit durchschnittlich 1,9 Punkten auf der vierstufigen Skala deutlich geringere Werte als für die Aussagen zum ‚Stellenwert von Disziplin und Ordnung', bei denen sich Zustimmungswerte von durchschnittlich 3,5 ergeben. Dies weist darauf hin, dass in der Wahrnehmung der Lehrkräfte der Stellenwert von Disziplin und Ordnung in den Grundschulen deutlich präsenter ist als der Stellenwert der Leistungen.

Die Einzelaussagen der beiden Fragenbereiche wurden mit Hilfe von Faktorenanalysen zu Merkmalsdimensionen zusammengefasst. Dabei ergaben sich für die fünf Fragen zum Bereich ‚Leistungseinstellung in der Schule' zwei Faktoren, die zusammen 61 Prozent der Gesamtvarianz repräsentieren und die sich nach Faktorenladungen der einzelnen Aussagen als ‚Wertigkeit von Leistungen' (z. B. „In unserer Schule werden hohe Anforderungen an die Schüler gestellt.") und als ‚Zuschreibung von Misserfolgen' (z. B. „Misserfolge werden an unserer Schule den Lehrkräften angelastet.") interpretieren lassen. Die drei Fragen zum Stellenwert von Disziplin und Ordnung in der Schule lassen sich auf einem Faktor darstellen, der 67 Prozent der Varianz aufklärt.

Abbildung VI.3 zeigt die Ausprägung der drei Dimensionen des schulischen Lernklimas in der Lehrerbeurteilung nach den drei Schülerleistungsgruppen (25 % starke Rechtschreiber, 50 % mittlere Rechtschreiber, 25 % schwache Rechtschreiber).

Abbildung VI.3: Leistungseinstellung und Stellenwert von Disziplin und Ordnung in der Schule – Einschätzung nach Schülergruppen

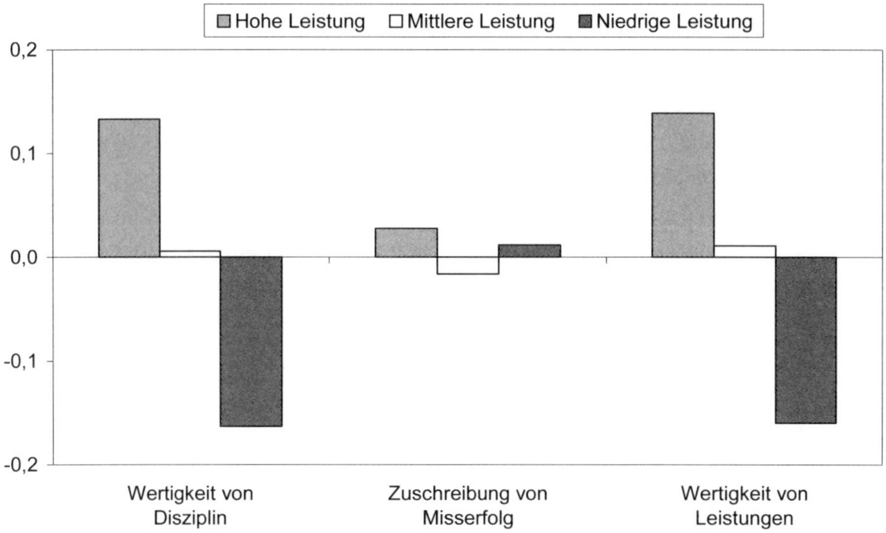

BBS / IFS / LI : Kompetenzen und Einstellungen von Schülerinnen und Schülern © KESS 4

Der Gruppenvergleich erbringt hinsichtlich der Wertigkeit von Leistung sowie von Disziplin und Ordnung in der Schule das gleiche Ergebnismuster. Beide Dimensionen des Lernklimas in der Schule werden von Lehrerinnen und Lehrern, deren Schülerinnen und Schülern gute Leistungen erzielen, erheblich höher eingeschätzt als von Lehrkräften, deren Schülerinnen und Schülern schwache Rechtschreibleistungen erbringen. Demgegenüber ergeben sich bei der Dimension ‚Zuschreibung von Misserfolg' kaum Unterschiede zwischen den verschiedenen Leistungsgruppen.

9. Lehrerqualifikation und Berufserfahrung

Zwischen den Angaben der Lehrkräfte zu ihrer fachlichen Qualifikation im Studium und ihrer beruflichen Weiterbildung auf der einen Seite und den Rechtschreibleistungen der Schülerinnen und Schüler auf der anderen Seite ergeben sich kaum Beziehungen. Ob die Lehrkräfte grundständig als Deutschlehrer ausgebildet wurden oder in den letzten zwei Jahren an einer Fortbildung zum Leseunterricht teilgenommen haben – beides weist offenbar keinen signifikanten Einfluss auf die Leistungen der Schülerinnen und Schüler am Ende der Klassenstufe 4 auf. Dies gilt nicht nur für die Rechtschreibleistungen, sondern ebenso für die übrigen Fachleistungen, die in KESS 4 überprüft wurden.

Einen signifikanten Zusammenhang mit den Rechtschreibleistungen weist hingegen die Anzahl der Berufsjahre der Lehrkräfte auf. Schülerinnen und Schüler, die von Lehrkräften mit einer größeren Berufserfahrung unterrichtet werden, weisen eine etwas höhere Rechtschreibleistung auf als Schülerinnen und Schüler, die von Lehrkräften mit weniger Berufsjahren unterrichtet werden. Ebenso ergibt sich ein signifikanter Zusammenhang der Rechtschreibleistungen mit dem Umfang der Lehrverpflichtung. Schülerinnen und Schüler, die von teilzeitbeschäftigten Lehrkräften unterrichtet werden, erzielen im Mittel etwas geringere Rechtschreibleistungen.

10. Zusammenfassung

Die Rechtschreibleistungen der Hamburger Viertklässlerinnen und Viertklässler wurden im Rahmen von KESS 4 mit zwei verschiedenen Tests (DoSE, HSP) erfasst, so dass Vergleiche sowohl auf Bundesebene (IGLU) als auch auf Landesebene (frühere Hamburger Untersuchungen PLUS, LAU 5) gezogen werden können.

Die Lernstände der Kinder gehen am Ende der Grundschule sehr weit auseinander. Während schwache Rechtschreiber lediglich die Lautstrukturen einfach aufgebauter Wörter wiedergeben können, beherrschen fortgeschrittene Lerner zu diesem Zeitpunkt bereits alle wesentlichen orthographischen Phänomene.

Gegenüber dem Bundesdurchschnitt (IGLU) weisen die Hamburger Schülerinnen und Schüler einen deutlichen Leistungsrückstand auf. Im Vergleich zu Untersuchungen aus den 1990er Jahren (PLUS, LAU 5) konnten die durchschnittlichen Rechtschreibleistungen zwar verbessert werden, der im Rahmen des PLUS-Projekts

Ende der 1990er Jahren erzielte erhebliche Leistungsanstieg in sozialen Brennpunktschulen konnte jedoch nicht ganz gehalten werden.

Mädchen schreiben auch in Hamburg deutlich besser als Jungen, beherrschen die orthographischen Regeln sicherer und kontrollieren ihre Schreibungen sorgfältiger. Von der inhaltlichen Bedeutsamkeit der Wörter ist die Rechtschreibleistung der Jungen stärker beeinflusst als die der Mädchen.

Zweisprachige Kinder weisen bei allen linguistischen Kategorien deutlich schwächere Ergebnisse als einsprachig deutsche Kinder auf. Das Gleiche gilt für Kinder aus ungünstigen sozialen Lagen.

Innerhalb der relativ kleinen Schwankungsbreite der Klassengrößen ergibt sich ein leicht positiver Zusammenhang zwischen der Anzahl der Schülerinnen und Schüler und der mittleren Rechtschreibleistung in der Klasse. Dagegen ergibt sich ein negativer Zusammenhang zwischen der Rechtschreibleistung und dem Anteil der Schülerinnen und Schüler, die nach Angaben ihrer Lehrkräfte Deutschschwierigkeiten haben bzw. die einen Förderunterricht im Lesen benötigen.

Zwischen den von den Lehrkräften bevorzugten unterschiedlichen Planungsgrundlagen für den Deutschunterricht und den Rechtschreibleistungen der Schülerinnen und Schüler zeigt sich ein nur relativ schwacher Zusammenhang. Der Einsatz von Computern und die Ausstattung der Klassenräume mit Büchern scheint eher irrelevant zu sein, wohingegen die Häufigkeit von Hausaufgaben positiv mit der Leistung korreliert.

Die diagnostische Kompetenz und ein auf den Lehrstoff ausgerichtetes Verhalten der Lehrkräfte korrelieren positiv mit den Rechtschreibleistungen, nicht jedoch ein an den einzelnen Schülerinnen und Schülern orientiertes Lehrerverhalten.

Bezogen auf das Lernklima in der Schule hängt die Wertigkeit, die der Leistung und der Disziplin zugemessen wird, mit der Leistung der Schülerinnen und Schüler zusammen, nicht jedoch die Zuschreibung der Verantwortung für Misserfolg.

Während Schülerleistungen und formale Qualifikation der Lehrkräfte kaum korrelieren, ergibt sich ein positiver Zusammenhang der Rechtschreibleistung mit der Berufserfahrung der Lehrkräfte.

Literatur

Finn, J. D. & Gerber, S. B. (2005). Small classes in the early grades, academic achievement, and graduating from high school. *Journal of Educational Psychology, 97* (2), 214–223.

Hartung, M. J. & Kerstan, T. (2004, 09. September). Triumph der Tester. Eine Hamburger Studie beweist, was lange bestritten wurde: Die externe Überprüfung von Schülerleistungen hilft, den Unterricht zu verbessern. *Die Zeit*, S. 85.

Helmke, A. & Weinert, F. E. (1997). Unterrichtsqualität und Leistungsentwicklung: Ergebnisse aus dem SCHOLASTIK-Projekt. In A. Helmke & F. E. Weinert (Hrsg.), *Entwicklung im Grundschulalter* (S. 241–251). Weinheim: PsychologieVerlagsUnion.

Ingenkamp, K., Petillion, H. & Weiss, M. (1985). *Klassengröße. Je kleiner desto besser?* Weinheim: Beltz.

Lehmann, R. H. & Peek, P. (1996). *Aspekte der Lernausgangslage von Schülerinnen und Schülern der fünften Jahrgangsstufe an Hamburger Schulen. Bericht über die Voruntersuchung im September 1995*. Hamburg: Amt für Schule.

Lehmann, R. H., Peek, R. & Gänsfuß, R. (1997). *Aspekte der Lernausgangslage von Schülerinnen und Schülern der fünften Klassen an Hamburger Schulen. Bericht über die Untersuchung im September 1996*. Hamburg: Behörde für Schule, Jugend und Berufsbildung.

Löffler, I. & Meyer-Schepers, U. (2001). *DoSE – Dortmunder-Schriftkompetenz-Ermittlung*. Unveröffentlichtes Manuskript.

May, P. (1994a). Jungen und Mädchen schreiben ‚ihre Wörter'. Zur Rolle der persönlichen Bedeutung beim Lernen. In S. Richter & H. Brügelmann (Hrsg.), *Mädchen lernen anders lernen Jungen. Geschlechtsspezifische Unterschiede beim Schriftspracherwerb*. Bottighofen: Libelle.

May, P. (1994b). *Rechtschreibfähigkeit und Unterricht. Rechtschreibleistungen Hamburger Schülerinnen und Schüler im vierten Schuljahr im Zusammenhang mit Merkmalen schriftsprachlichen Unterrichts. Ergebnisse der Voruntersuchung zum Projekt ‚Lesen und Schreiben für alle' (PLUS)*. Hamburg: Behörde für Schule, Jugend und Berufsbildung.

May, P. (2001). *Lernförderlicher Unterricht. Teil I und II*. Frankfurt: Lang.

May, P. (2002). *Diagnose orthographischer Kompetenz. Zur Erfassung der grundlegenden Rechtschreibstrategien mit der Hamburger Schreib-Probe* (6. Aufl.). Hamburg: Verlag für pädagogische Medien.

May, P., Brügelmann, H. & Richter, S. (1993). Brauchen Jungen einen anderen Rechtschreibunterricht als Mädchen? *Grundschule, 26* (10), 28–29.

May, P., Malitzky, V. & Vieluf, U. (2001). Rechtschreibtests im Vergleich: Wie stellt man deren Güte fest und wie besser nicht? Anmerkungen zur Kritik von Tacke, Völker und Lohmüller an der HSP. *Psychologie in Erziehung und Unterricht, 48* (2), 146–152.

Nickel, H. & Petzold, M. (1997). Schule und Familie. In J. Lompscher, H. Nickel, G. Ries & G. Schulz (Hrsg.), *Leben, Lernen und Lehren in der Grundschule* (S. 111–128). Neuwied: Luchterhand.

Richter, S. (1996). *Unterschiede in den Schulleistungen von Mädchen und Jungen. Geschlechtsspezifische Aspekte des Schriftsprachenerwerbs und ihre Berücksichtigung im Unterricht.* Regensburg: Roderer.

Saldern, M. v. (1991). *Klassengröße als Forschungsgegenstand. Geschichte, Theorie und pädagogische Implikationen.* Koblenz: Universität Koblenz.

Tacke, G., Völker, R. & Lohmüller, R. (2001). Die Hamburger Schreibprobe: Probleme mit einem neuen Rechtschreibtest. *Psychologie in Erziehung und Unterricht, 48* (2), 135–145.

Valtin, R., Badel, I., Löffler, I., Meyer-Schepers, U. & Voss, A. (2003). Orthographische Kompetenzen von Schülerinnen und Schülern der vierten Klasse. In W. Bos, E.-M. Lankes, M. Prenzel, K. Schwippert, G. Walther & R. Valtin (Hrsg.), *Erste Ergebnisse aus IGLU. Schülerleistungen am Ende der vierten Jahrgangsstufe im internationalen Vergleich* (S. 227–264). Münster: Waxmann.

Valtin, R., Löffler, I., Meyer-Schepers, U. & Badel, I. (2004). Orthographische Kompetenzen von Schülerinnen und Schülern der vierten Klasse im Vergleich der Länder. In W. Bos, E.-M. Lankes, M. Prenzel, K. Schwippert, R. Valtin & G. Walther (Hrsg.), *IGLU. Einige Länder der Bundesrepublik Deutschland im nationalen und internationalen Vergleich* (S. 141–164). Münster: Waxmann.

Wilberg, S. & Rost, D. H. (1999). Große Klassen – kleine Leistung? Klassenstärken und Geschichtskenntnisse in fünfzehn Ländern. *Zeitschrift für Entwicklungspsychologie und Pädagogische Psychologie, 31* (3), 138–143.

Wild, K.-P. & Rost, D. H. (1995). Klassengröße und Genauigkeit von Schülerbeurteilungen. *Zeitschrift für Entwicklungspsychologie und Pädagogische Psychologie, 27* (1), 78–90.

VII. Mathematisches Grundverständnis von Kindern am Ende der vierten Jahrgangsstufe

Marcus Pietsch, Günter Krauthausen

In spätmodernen Gesellschaften hat die Fähigkeit, Mathematik als Werkzeug in verschiedensten Situationen zu nutzen, eine große Bedeutung. Bereits im Vorschulalter entwickeln Kinder auf der Basis von Praxiserfahrungen im Sinne von aktivem Problemlösen erste mathematische Konzepte, die es ihnen ermöglichen, im soziokulturellen Kontext von Familie und Gleichaltrigengruppe an Kommunikations- und Deutungsprozessen teilzuhaben (vgl. Ginsburg, Klein & Starkey, 1998). Die Fähigkeit, Mathematik zu nutzen, dient so der sozialen und kulturellen Teilhabe in einer mathematisierten Welt. Im Grundschulalter trägt die gemeinsame Konstruktion mathematischer Wirklichkeiten (vgl. Cobb, 1994; Greeno, 1991) in der sozialen Interaktion dazu bei, dass Kinder spezifische Ordnungsmuster entwickeln, die ihnen helfen, die eigene Erfahrungswelt zu strukturieren (vgl. Freudenthal, 1983). Das in KESS 4 verwendete Modell mathematischer Grundbildung baut auf diesen Vorstellungen und empirischen Erkenntnissen auf. Insbesondere die Fähigkeit, eigenes Erleben in realen Situationen in die mathematische Zeichen- und Symbolwelt zu übersetzen, wie auch die Anwendung mathematischer Fähigkeiten auf alltagspraktische Situationen stehen im Mittelpunkt des konzeptionellen Ansatzes. Mathematische Kompetenz von Kindern am Ende der Grundschulzeit wird hier aufgefasst als zyklischer Prozess mathematischen Modellierens (vgl. Blum, 2002), in dem eine mathematische „Barriere durch Denken“ (Walther, Geiser, Langeheine & Lobemeier, 2003, S. 193) überwunden werden muss.

Im Folgenden werden zuerst die Anlage und der Aufbau des Mathematiktests in KESS 4 beschrieben. Anschließend werden geschlechterbezogene, ethnische und sozial bedingte Unterschiede in den mathematischen Kompetenzen Hamburger Viertklässlerinnen und Viertklässler dargestellt. Darüber hinaus werden volitionale – willentliche – und emotionale Bedingungen des mathematischen Kompetenzerwerbs beschrieben. Abschließend wird die Bedeutung der Ergebnisse für die pädagogische Praxis in Hamburg thematisiert.

1. Aufbau und Durchführung des Tests

Durch den Einsatz eines Mathematiktests im Rahmen von KESS 4 sollten Kenntnisse, Fähigkeiten und Fertigkeiten Hamburger Grundschulkinder am Ende der vierten

Jahrgangsstufe im Bereich Mathematik erfasst werden. Den 14.110 Hamburger Schülerinnen und Schülern wurden 24 Aufgaben aus den Inhaltsfeldern Arithmetik (acht Aufgaben), Geometrie (sechs Aufgaben) sowie Größen und Sachrechnen (zehn Aufgaben) vorgelegt. Diese Aufgaben entstammen den Studien IGLU-E und LAU 5 und wurden mit einer Ausnahme im Multiple-Choice-Antwortformat gestellt.

Zur Bestimmung der mathematischen Kompetenzen der Hamburger Viertklässlerinnen und Viertklässler wurde ein Test im Rahmen der *Item Response Theory* eingesetzt. Dieses Verfahren ermöglicht es, die Fähigkeiten der Grundschülerinnen und Grundschüler und die Schwierigkeiten der eingesetzten Aufgaben auf einer gemeinsamen Skala abzubilden. Auf diese Weise können die erreichten Fähigkeitswerte inhaltlich durch Kompetenzen beschrieben werden. Bei der Interpretation der Ergebnisse wurde auf das Kompetenzmodell der IGLU-Studie (vgl. Walther et al., 2003) zurückgegriffen, in welchem zwischen mathematischen Begriffsfeldern und mathematischen Prozessen unterschieden wird. Vor diesem Hintergrund können Aufgaben danach unterschieden werden, ob sie sich auf einen innermathematischen oder einen außermathematischen Kontext beziehen. Aufgaben mit innermathematischen Kontexten (sechs Aufgaben) erfordern die Fähigkeit, die Eigenschaften mathematischer Objekte zu ermitteln. Testaufgaben mit außermathematischem Kontext (zehn Aufgaben) hingegen nehmen Bezug auf alltägliche Begebenheiten. Darüber hinaus wurden kontextfreie Aufgaben (acht Aufgaben) eingesetzt, deren Lösung arithmetische Fähigkeiten erfordern, zum Beispiel die Addition oder das Runden von Zahlen.

Die ermittelten Fähigkeitswerte der Schülerinnen und Schüler konnten in Anlehnung an das IGLU-Kompetenzmodell auf drei inhaltlich voneinander abgrenzbare Kompetenzbereiche übertragen werden.

Im *unteren* Kompetenzbereich können die Schülerinnen und Schüler einfache arithmetische Aufgaben ohne Kontextbezug lösen. Sie verfügen über elementare Kenntnisse zum Aufbau des Zehnersystems. Ihre Rechenfertigkeit beschränkt sich auf die Lösung von Additionsaufgaben im Hunderter-, teilweise im Tausenderraum. Aufgaben aus der Geometrie oder dem Sachrechnen werden von ihnen nicht oder erst ansatzweise bewältigt.

Im *mittleren* Kompetenzbereich verfügen die Schülerinnen und Schüler über Rechenfertigkeiten bei der Addition, Subtraktion und Multiplikation. Sie können Zahlen runden und Rechenergebnisse überschlagen. In der Geometrie nutzen sie Kenntnisse zur Achsensymmetrie. Im Sachrechnen können sie einfache Modellierungen vornehmen.

Im *oberen* Kompetenzbereich beherrschen die Schülerinnen und Schüler die Grundrechenarten. Sie nutzen Muster zur Lösung von Aufgaben. In der ebenen und der räumlichen Geometrie lösen sie Aufgaben, in denen Beziehungen zwischen geometrischen Elementen und Zahlen herzustellen sind. Im Sachrechnen lösen sie Aufgaben, die eine eigenständige Modellentwicklung erfordern.

Abbildung VII.1: Beispielaufgaben zur mathematischen Kompetenz

Unterer Kompetenzbereich

Aufgabe 1:

Kopfrechnen:
(nur Ergebnis hinschreiben)

a) 37+13 = ________

Aufgabe 2:

(Analog zum Original)
Welche Zahl ist das:
2 Einer + 4 Zehner +
3 Hunderter + 50 Tausender?

- ☐ 5 342
- ☐ 50 342
- ☐ 53 420
- ☐ 243 050
- ☐ 503 420

Mittlerer Kompetenzbereich

Aufgabe 3:

Dies ist ein Kalender für den August 2001.

August						
So	Mo	Di	Mi	Do	Fr	Sa
			1	2	3	4
5	6	7	8	9	10	11
12	13	14	15	16	17	18
19	20	21	22	23	24	25
26	27	28	29	30	31	

Marias Geburtstag ist am Donnerstag, dem 2. August. Genau 3 Wochen später will sie eine Reise beginnen. An welchem Datum will sie verreisen?

- ☐ 16. August
- ☐ 19. August
- ☐ 21. August
- ☐ 23. August
- ☐ 30. August

Oberer Kompetenzbereich

Aufgabe 4:

10 Liter Kakao werden in kleine Flaschen von je einem Viertel Liter Inhalt gefüllt. Wie viele Flaschen werden voll?

Antwort: ________

Platz zum Ausprobieren und Rechnen:

Aufgabe 5:

Dieses Bild zeigt einen Würfel. Wie viele Kanten hat der Würfel insgesamt?

A. 6
B. 9
C. 12
D. 24

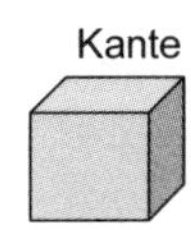

BBS / IFS / LI : Kompetenzen und Einstellungen von Schülerinnen und Schülern © KESS 4

Die Aufgabenbeispiele (vgl. Abb. VII.1) veranschaulichen die drei Kompetenzbereiche. Bei deren Festlegung wurden die Aufgaben so gewählt, dass ein Viertel der Aufgaben im oberen und ein weiteres Viertel im unteren Schwierigkeitsbereich liegt. Die verbleibende Hälfte der Aufgaben liegt im mittleren Schwierigkeitsbereich. Die tatsächlich beobachtete Verteilung der Grundschulkinder lag im oberen Kompetenzbereich bei 26,5 Prozent, im mittleren Bereich bei 44,9 Prozent und im unteren Kompetenzbereich bei 28,6 Prozent. Um neben kriterienorientierten Einordnungen der Schülerfähigkeiten in die dargestellten Kompetenzbereiche auch relationale Zuordnungen vornehmen zu können, wurden sowohl Personenfähigkeiten als auch Aufgabenschwierigkeiten bestimmt. Hierbei wurde die durchschnittliche Leistung aller Hamburger Viertklässlerinnen und Vierklässler auf den Wert von 100 Punkten standardisiert und die Standardabweichung auf 30 Skalenpunkte festgesetzt, so dass die von 68 Prozent der Kinder erreichten Punktwerte zwischen 70 und 130 und die von 95 Prozent aller Kinder erreichten Punktwerte zwischen 40 und 160 liegen.

2. Unterschiede mathematischer Kompetenz

Eine Vielzahl von Voraussetzungen kann mitverantwortlich dafür sein, wie ausgeprägt die jeweiligen mathematischen Fähigkeiten sind. Neben individuellen Voraussetzungen, die vor allem im kognitiven, volitionalen und motivationalen Bereich zu lokalisieren sind, können ebenso soziale Determinanten Einfluss auf die mathematische Leistungsfähigkeit von Schülerinnen und Schülern am Ende der Grundschulzeit haben.

Auch Unterrichtsmerkmale sind ein prioritärer Einflussfaktor von Schülerleistungen. Handelt es sich um einen eher fertigkeits-, produktorientierten und schulbuchfixierten Unterricht oder steht der Prozesscharakter im Vordergrund, bei dem neben den Fertigkeiten auch Fähigkeiten, Einstellungen und Haltungen eines erkundenden Mathematiktreibens maßgeblich und ausdrücklich gefördert und gefordert werden? Welche Lernkultur auch etabliert wurde, sie wird die Leistungsausprägungen auf spezifische Weise beeinflussen. In diesem Zusammenhang muss bedacht werden, dass Tests wie der vorliegende immer nur einen Ausschnitt dessen abbilden können, was gemäß fachdidaktischem Verständnis als Leistung in Mathematik verstanden wird.

Auch das häufig gewählte Multiple-Choice-Antwortformat bevorzugt naturgemäß eine ganz bestimmte Aufgabenform, die ebenfalls nur ausschnitthaft jenes Leistungsspektrum abdecken kann, welches dem Mathematikunterricht in der Grundschule durch Bildungspläne oder gesicherte Erkenntnisse der fachdidaktischen Forschung aufgetragen ist. So zeigen die oben formulierten Kompetenzbereiche z. B. ein deutliches Schwergewicht auf inhaltlichen Lernzielen, wohingegen die allgemeinen Ziele des Mathematikunterrichts – z. B. argumentieren, darstellen (mündlich, schriftlich oder durch strukturierte Diagramme), entdecken, kreativ sein usw. – kaum durch Multiple-Choice-Aufgaben zu erfassen sind.

Diese Tatsache erhält besonderes Gewicht durch die vielfach belegte Erfahrung, dass ‚schwache Rechner', also Kinder mit eingeschränktem Leistungsniveau im Bereich der Fertigkeiten, durchaus nicht auch schwache Problemlöser sein müssen und im Gegenteil recht leistungsfähig Mathematik treiben können. Es gilt also zu bedenken, dass sich sowohl in der Fachwissenschaft wie auch in der Fachdidaktik und der Unterrichtsrealität ein Bedeutungswandel vollzogen hat bzw. vollzieht, hinsichtlich dessen, was ‚Mathematik' und damit ‚Mathematik können' eigentlich ausmacht. Es ist eine an anderer Stelle nachzugehende Frage, inwieweit bzw. wie konsequent vorliegende (quantitative) Testinstrumente diesem Bedeutungswandel bereits Rechnung tragen.

2.1 Unterschiede zwischen Jungen und Mädchen im mathematischen Grundverständnis

Bereits im Rahmen der Studien TIMSS und IGLU wurden auf nationaler Ebene Leistungsvorsprünge der Jungen vor den Mädchen in der Anwendung mathematischer Fähigkeiten festgestellt. Die Ergebnisse aus KESS 4 belegen diese Unterschiede wie zuvor bereits LAU 5 (vgl. Lehmann, Peek & Gänsfuß, 1997) erneut für die Hansestadt Hamburg. Wie in Tabelle VII.1 zu sehen ist, sind Jungen mit einem Anteil von 33,3 Prozent deutlich häufiger im oberen Kompetenzbereich vertreten als ihre Mitschülerinnen mit einem Anteil von 22,5 Prozent. Im mittleren Kompetenzbereich liegen die Mädchen (45,5 %) ungefähr gleichauf mit den Jungen, die dort mit einem Anteil von 44,9 Prozent vertreten sind. Im unteren Kompetenzbereich hingegen sind die Mädchen mit 31,9 Prozent gegenüber den Jungen (21,8 %) überrepräsentiert.

Tabelle VII.1: Verteilung von Mädchen und Jungen auf die Bereiche mathematischer Kompetenz in Prozent

Kompetenzbereich[1]	Gesamt	Mädchen	Jungen
III	26,5	22,5	33,3
II	44,9	45,5	44,9
I	28,6	31,9	21,8

[1] I: < 80,6 Skalenpunkte, II: 80,6–118,2 Skalenpunkte, III: > 118,2 Skalenpunkte.

BBS / IFS / LI : Kompetenzen und Einstellungen von Schülerinnen und Schülern © KESS 4

Dieser Leistungsunterschied lässt sich, wie in Abbildung VII.2 dargestellt, anhand der durchschnittlich erreichten Lernstände von Mädchen und Jungen veranschaulichen. Mit einem durchschnittlichen Fähigkeitswert von 96,9 Punkten liegen die Mathematikleistungen der Mädchen signifikant unter der durchschnittlichen Leistung ihrer Mitschüler, die im Mittel 105,6 Punkte erreichen.

Mit einer Effektstärke von d = 0,30 (oder knapp einer drittel Standardabweichung) fällt der Unterschied zwischen der mathematischen Leistung von Mädchen und Jungen hoch aus und liegt noch über der in IGLU für Gesamtdeutschland berichteten Geschlechterdifferenz (d = 0,23) (vgl. Schwippert, Bos & Lankes, 2003). Aus der TIMS-Studie ist bekannt, dass der Lernzuwachs in Mathematik während eines Schuljahres im Primarbereich in der Regel zwischen einer halben und einer dreiviertel Standardabweichung liegt (vgl. Mullis et al., 1997). Für den Unterschied zwischen Mädchen und Jungen in KESS 4 bedeutet dies, dass die Jungen am Ende der Grundschulzeit mehr als ein halbes Jahr Lernvorsprung in Mathematik vor ihren Mitschülerinnen haben.

Abbildung VII.2: Mittlere Mathematikleistung von Jungen und Mädchen in KESS 4 (mit 95%-Konfidenzintervall der Gruppenmittelwerte)

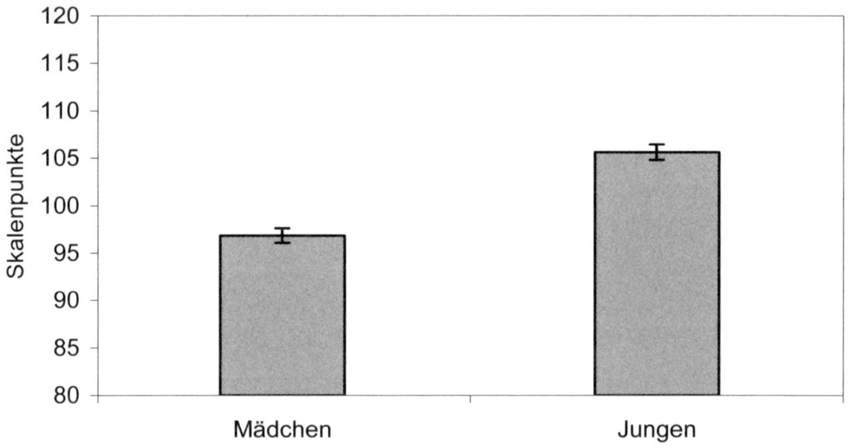

BBS / IFS / LI : Kompetenzen und Einstellungen von Schülerinnen und Schülern © KESS 4

2.2 Unterschiede zwischen Kindern aus Familien mit und ohne Migrationshintergrund im mathematischen Grundverständnis

In einer Vielzahl von Untersuchungen zu den Themen Bildungserfolg und Bildungschancen von Schülerinnen und Schülern konnte in den letzten Jahren gezeigt werden, dass Kinder aus Familien mit einem Migrationshintergrund tendenziell geringere Schulleistungen erzielen als Kinder aus Familien ohne Migrationshintergrund (vgl. z. B. Schwippert et al., 2003). Auch für Hamburg bestätigt sich dieser Trend. Mit einem mittleren Punktwert von 92,8 liegen die Mathematikleistungen der Schülerinnen und Schüler, deren beide Elternteile im Ausland geboren wurden, weit unter den Leistungen der Kinder, die aus Familien stammen, in denen nur ein (103,3

Punkte) oder kein (109,0 Punkte) Elternteil im Ausland geboren wurde. Abbildung VII.3 veranschaulicht diese Leistungsdifferenzen.

Abbildung VII.3: Mittlere Mathematikleistung in KESS 4 nach Migrationshintergrund[1] (mit 95%-Konfidenzintervall der Gruppenmittelwerte)

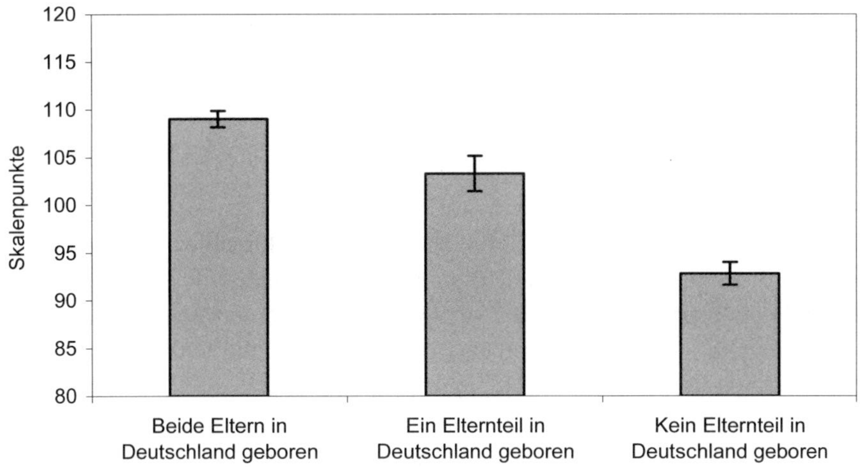

[1] Die Angaben zum Migrationsstatus stammen aus dem Schülerfragebogen.

BBS / IFS / LI : Kompetenzen und Einstellungen von Schülerinnen und Schülern © KESS 4

Wie groß die Differenzen zwischen Kindern mit und ohne Migrationshintergrund sind, lässt sich auch aus den Verteilungen der Schülerinnen und Schüler auf die drei mathematischen Kompetenzbereiche ablesen (vgl. Tab. VII.2).

Tabelle VII.2: Verteilung von Kindern nach Migrationshintergrund[1] auf die Bereiche mathematischer Kompetenz in Prozent

Kompetenzbereich[2]	Gesamt	Beide Eltern in Deutschland geboren	Ein Elternteil in Deutschland geboren	Kein Elternteil in Deutschland geboren
III	26,5	36,6	30,9	17,3
II	44,9	45,9	43,5	47,2
I	28,6	17,5	25,6	35,5

[1] Die Angaben zum Migrationsstatus stammen aus dem Schülerfragebogen.
[2] I: < 80,6 Skalenpunkte, II: 80,6–118,2 Skalenpunkte, III: > 118,2 Skalenpunkte.

BBS / IFS / LI : Kompetenzen und Einstellungen von Schülerinnen und Schülern © KESS 4

So erreichen 36,6 Prozent der Kinder ohne Migrationshintergrund den oberen Kompetenzbereich. Kinder aus Familien, in denen ein Elternteil im Ausland geboren wurde, verzeichnen mit 30,9 Prozent einen etwas geringeren Anteil in diesem Kompetenzbereich. Ein erheblicher Rückstand lässt sich jedoch bei Kindern aus Familien feststellen, in denen beide Elternteile im Ausland geboren wurden. Nur 17,3 Prozent von ihnen erreichen den oberen Kompetenzbereich. Demgegenüber sind diese Kinder im unteren Kompetenzbereich überrepräsentiert: Mehr als ein Drittel von ihnen (35,5 %) überschreiten nicht das unterste mathematische Fähigkeitsniveau. Demgegenüber verfügen 17,5 Prozent der Kinder aus Familien ohne Migrationshintergrund und 25,6 Prozent mit einem im Ausland geborenen Elternteil nur über elementare mathematische Fähigkeiten und Kenntnisse.

Eine Deutungsmöglichkeit dieses Befundes liegt in der sprachlichen Kompetenz der Kinder. Eine eingeschränkte Sprachkompetenz bei Kindern mit Migrationshintergrund wird sich erwartbar auch auf die Leistungen in einem Mathematikunterricht auswirken, in dem – aktuellen Postulaten folgend – der mündlichen und schriftlichen Ausdrucksfähigkeit eine größere Bedeutung zukommt. Wie stark beispielsweise die Lesefähigkeit mit den mathematischen Kompetenzen zusammenhängt, zeigt sich im Rahmen von Korrelationsanalysen. Mit einer Korrelation von $r = .59$ bestätigt sich der enge Zusammenhang von Lesekompetenz und mathematischer Fähigkeit und lässt Schlussfolgerungen für einen zeitgemäßen Mathematikunterricht zu. Schrift- und Sprechsprache realisieren sich in diesem Unterricht in mehrfacher Form (vgl. Krauthausen, in Druck): als Umgangssprache, als Fachsprache und im Gebrauch von Symbolen und Diagrammen. Dabei kommt der Sprache eine sowohl kognitive wie auch kommunikative Funktion zu. Die sprachlichen Anforderungen in einem zeitgemäßen Mathematikunterricht nehmen also deutlich Einfluss auf die Mathematikleistungen, denn:

- Mathematik kann als ‚erste Fremdsprache' verstanden werden (bis zu ca. 500 neue Begriffe in der Grundschulzeit);
- die Aufwertung der allgemeinen Lernziele des Mathematikunterrichts (vgl. Krauthausen, 1998a) erfordert ein beträchtliches Mehr an Sprachkompetenz;
- neue Arbeitsmethoden im Mathematikunterricht sind verstärkt auf mündlichen und schriftlichen Sprachgebrauch angewiesen (Rechenkonferenzen, Lerntagebücher, Portfolios, Dokumentation von Lernspuren u. ä.).

2.3 Unterschiede zwischen Kindern aus Familien unterschiedlicher sozialer Lagen im mathematischen Grundverständnis

Trotz der Bildungsexpansion und der Bildungsreformen der vergangenen 30 Jahre haben soziale Eingangsvoraussetzungen tendenziell nicht an Einfluss auf schulische Leistungen verloren. Bereits in IGLU konnte auf Basis des Dienstklassenmodells (vgl. Schwippert et al., 2003 und Kap. II in diesem Band) für Deutschland festgestellt werden, dass sich die mathematischen Leistungen von Kindern am Ende der Grundschulzeit zwischen den einzelnen Dienstklassen unterscheiden. So lagen die Leistungen in Mathematik bei den Schülerinnen und Schülern, deren Eltern un- und angelernte Arbeiter oder Landarbeiter (EGP VII) sind, in IGLU um rund eine dreiviertel Standardabweichung niedriger als die Leistungen der Kinder, deren Eltern der oberen Dienstklasse (EGP I) angehören.

Abbildung VII.4: Mittlere Mathematikleistung in KESS 4 nach sozialer Lage der Schülerfamilien (EGP) (mit 95%-Konfidenzintervall der Gruppenmittelwerte)

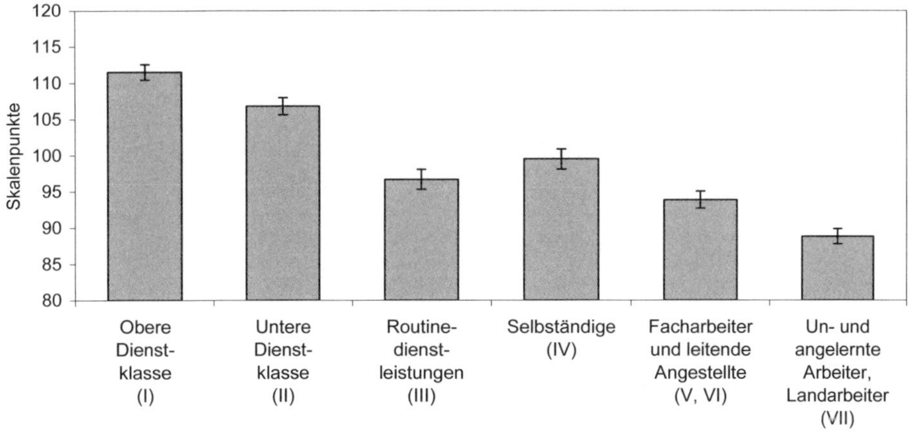

BBS / IFS / LI : Kompetenzen und Einstellungen von Schülerinnen und Schülern © KESS 4

Auch in Hamburg zeigt sich, wie stark die mathematische Leistung von Grundschulkindern mit dem beruflichen Status der Eltern zusammenhängt (vgl. Abb. VII.4). Erreichen Kinder, deren Eltern der obersten Dienstklasse (EGP I) angehören, eine mittlere Leistung von 111,5 Punkten, so erreichen die Kinder un- und angelernter Arbeiter (EGP VII) gerade einmal 88,8 Punkte im Mittel. Dieser Leistungsunterschied, der auch hier rund dreiviertel einer Standardabweichung beträgt, bestätigt den bundesdeutschen Befund der IGLU-Studie (vgl. Schwippert et al., 2003), dass nach wie vor die soziale Herkunft einen wichtigen Bedingungsfaktor der schulischen

Leistungen von Kindern im Grundschulalter darstellt, der in Deutschland von der Schule vergleichsweise schlecht kompensiert wird. Mit diesem Lernrückstand in Mathematik ist der Unterschied zwischen Kindern der obersten Dienstklasse und Kindern un- und angelernter Arbeiter besorgniserregend hoch. In den weiteren Dienstklassen ergeben sich folgende mittlere Fähigkeitswerte: für die EGP-Klasse II 106,8 Skalenpunkte, für die EGP-Klasse III 97,7 Skalenpunkte, für die EGP-Klasse IV 99,5 Skalenpunkte und für die EGP-Klassen V und VI 93,9 Skalenpunkte.

Die Betrachtung der drei mathematischen Kompetenzbereiche unterstreicht diesen Befund. Lediglich 13,4 Prozent bzw. knapp jedes siebte Kind aus der Dienstklasse der un- und angelernten Arbeiter verfügt über mathematische Kompetenzen, die den Anforderungen des oberen Kompetenzbereichs entsprechen (vgl. Tab. VII.3).

Tabelle VII.3: Verteilung von Kindern nach sozialer Lage der Schülerfamilien (EGP) auf die Bereiche mathematischer Kompetenz

Kompetenzbereich[1]	Gesamt	Obere Dienstklasse (I)	Untere Dienstklasse (II)	Routinedienstleistungen (III)	Selbständige (IV)	Facharbeiter und leitende Angestellte (V, VI)	Un- und angelernte Arbeiter, Landarbeiter (VII)
III	26,5	40,9	33,9	22,9	25,7	18,9	13,4
II	44,9	43,2	46,8	45,9	44,8	46,0	43,6
I	28,6	15,8	19,3	31,1	29,6	35,1	43,0

[1] I: < 80,6 Skalenpunkte, II: 80,6–118,2 Skalenpunkte, III: > 118,2 Skalenpunkte.

BBS / IFS / LI : Kompetenzen und Einstellungen von Schülerinnen und Schülern © KESS 4

Demgegenüber verfügen 43 Prozent dieser Kinder nicht über Fähigkeiten und Kenntnisse, die das Lösen komplexerer mathematischer Aufgaben ermöglichen. Anders stellt sich das Bild für Kinder aus der EGP-Klasse I dar. Die Kinder von Angehörigen freier akademischer Berufe, höheren Beamten, führenden Angestellten, mittelständischen Selbständigen sowie von Hochschul- und Gymnasiallehrern sind mit einem Anteil von 15,8 Prozent im untersten Kompetenzbereich vergleichsweise gering vertreten, 40,9 Prozent dieser Kinder, das entspricht einem dreimal höheren Anteil als in der EGP-Klasse VII, erreichen den oberen Kompetenzbereich. Ähnliche Tendenzen zeichnen sich auch für die anderen Gruppen ab. Mit 33,9 Prozent und einem Mittelwert von 106,8 Punkten ist der Anteil in der unteren Dienstklasse zwar geringer als in der oberen EGP-Klasse, liegt jedoch noch weit über den Anteilen der anderen EGP-Klassen. So erreichen sowohl Kinder aus der EGP-Klasse IV als auch Kinder der EGP-Klassen III, V und VI in weitaus geringerem Maße den oberen mathematischen Kompetenzbereich als Kinder der beiden oberen Dienstklassen. Darüber hinaus ist festzustellen, dass sich das Kompetenzniveau von Kindern, deren Eltern Routinedienstleistungen ausüben, und von Kindern, deren Eltern Facharbeiter bzw. leitende Angestellte in manuellen Berufen sind, nur nominell, aber nicht statistisch signifikant unterscheidet.

3. Mathematikinteresse und Selbstwirksamkeitserwartungen

Mathematische Kompetenzen sind, wie dargestellt, stark konfundiert mit den kulturellen und sozialen Eingangsvoraussetzungen der Schülerinnen und Schüler sowie mit deren Geschlechterrollen. Neben diesen Merkmalen stehen weitere Faktoren im Zusammenhang mit mathematischer Kompetenz.

Für eine dauerhaft erfolgreiche Auseinandersetzung mit dem Gegenstandsbereich Mathematik ist es unter anderem notwendig, sich aus eigenen Motiven und im Vertrauen auf die eigenen Fähigkeiten mit mathematischen Themen auseinander zu setzen. Strategien, die dazu beitragen, selbst gesteckte Ziele im Kontext der Schule zu erreichen, sind ein weiterer wichtiger Bestandteil persönlicher Bildungsbiographien.

Der Schülerfragebogen von KESS 4 enthielt entsprechende Items und Skalen. So wurden den Schülerinnen und Schülern sechs Aussagen zur Bestimmung ihres Mathematikinteresses vorgelegt (Skala ‚Mathematikinteresse'; Beispiel: „Ich finde es spannend, in Mathematik Regeln oder Tricks selber zu entdecken."), die sie auf einer vierstufigen Skala einschätzen sollten. Ebenfalls auf vierstufigen Skalen wurden die Kinder dazu befragt, ob sie glauben, mit ihren Fähigkeiten eigene Ziele in Schule und Unterricht erreichen zu können (Skala ‚Selbstwirksamkeit'; Beispiel: „Es hängt einfach zu sehr vom Zufall ab, ob ich etwas verstehe."), und ob sie bereit sind, sich anzustrengen, um schulische Erfolge zu erzielen (Skala ‚Anstrengungsbereitschaft'; Beispiel: „Ich mache Hausaufgaben, weil ich den Stoff verstehen möchte."). Die einzelnen Items wurden jeweils zu Skalen zusammengefasst. Hierbei wurde der Mittelwert jeweils auf 2,5 und die Standardabweichung auf eins standardisiert.

Fragt man die Hamburger Viertklässlerinnen und Viertklässler, was sie in Mathematik gerne machen, so geben jeweils mehr als 80 Prozent von ihnen an, Freude daran zu haben, mit großen Zahlen zu rechnen, geometrische Figuren zu zeichnen und sich eigene Überlegungen darüber zu machen, wie sie etwas geschickt ausrechnen können. Nicht ganz zwei Drittel der Kinder (61 %) geben an, gerne Textaufgaben zu rechnen. Das selbständige Herausfinden von mathematischen Regeln (78 %) und das Lösen von Knobelaufgaben (75 %) finden rund drei Viertel der befragten Grundschülerinnen und Grundschüler spannend.

Tendenziell lässt sich aus den Angaben der Kinder zu diesen Fragen ablesen, dass am Ende der Grundschulzeit ein hohes Maß an Lernfreude und Interesse am Umgang mit mathematischen Themen bei ihnen vorhanden ist. Dass diese Bereitschaft, sich mit dem Gegenstandsbereich Mathematik auseinander zu setzen, auch im Zusammenhang mit der mathematischen Kompetenz der Grundschülerinnen und Grundschüler steht, zeigt sich, wenn man Mathematikinteresse und mathematische Kompetenz miteinander in Beziehung setzt. Das Interesse am Gegenstandsbereich Mathematik korreliert leicht positiv ($r = .15$) mit der mathematischen Kompetenz. Eine höhere mathematische Kompetenz steht also im Zusammenhang mit einem höheren Mathematikinteresse. Weitaus stärker jedoch hängt das Vertrauen, schulische Aufgaben durch eigene Fähigkeiten lösen zu können, mit den erreichten Leistungen im KESS-4-Mathematiktest zusammen ($r = .39$). Kinder, die davon überzeugt sind, dass sie aus eigener Kraft Erfolge in Schule und Unterricht erzielen können, verfügen über eine höhere mathematische Kompetenz als Kinder, die davon weniger überzeugt sind. Während das Mathematikinteresse und das Vertrauen in die eigene Selbstwirksamkeit hochsignifikant mit der mathematischen Kompetenz zusammenhängen, zeigt sich für den Zusammenhang zwischen Anstrengungsbereitschaft und Mathematikkompetenz ein statistisch nur leicht signifikanter Zusammenhang ($r = .09$). Aber auch hier bleibt festzustellen, dass die Bereitschaft, sich für den schulischen Erfolg anzustrengen, in einem positiven Zusammenhang mit den mathematischen Kompetenzen der Viertklässlerinnen und Viertklässler steht.

Wie weit die Einschätzungen der Schülerinnen und Schüler mit den tatsächlichen mathematischen Fähigkeiten und Kenntnissen zusammenhängen, lässt sich in Abbildung VII.5 ablesen.

Für alle drei Kompetenzbereiche zeigt sich ein systematischer Zusammenhang zwischen dem Interesse an Mathematik, der eigenen Selbstwirksamkeitserwartung und der Bereitschaft, sich für das Erreichen schulischer und unterrichtlicher Ziele anzustrengen. Schülerinnen und Schüler mit geringer mathematischer Kompetenz sind weniger interessiert an mathematischen Themen, etwas weniger bereit, sich für das Erreichen schulischer und unterrichtlicher Ziele anzustrengen und schätzen ihre Möglichkeiten, schulische Erfolge durch eigene Fähigkeiten erreichen zu können, weitaus geringer ein als ihre Mitschülerinnen und Mitschüler, die über weiterentwickelte mathematische Fähigkeiten und Kenntnisse verfügen.

Abbildung VII.5: Mathematikinteresse, Selbstwirksamkeitserwartungen und Anstrengungsbereitschaft nach Kompetenzbereichen

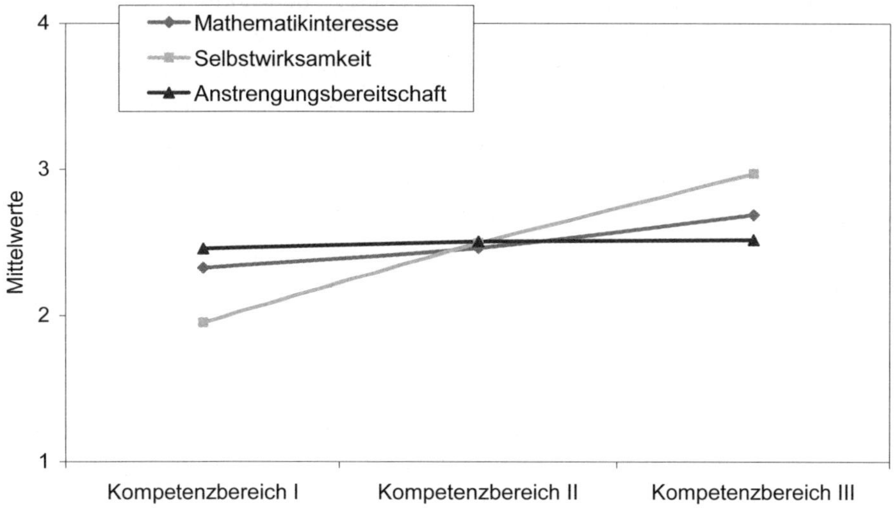

BBS / IFS / LI : Kompetenzen und Einstellungen von Schülerinnen und Schülern © KESS 4

Diese Erkenntnisse stützen die Konzeption des aktiv-entdeckenden Lernens im Mathematikunterricht, wie es seit Jahren verstärkt Einzug in die Grundschule auch in Hamburg gehalten hat. Denn die in diesem Rahmen vorliegenden fachdidaktischen Konzepte und Unterrichtsanregungen ermöglichen es, den Erkenntnissen aus KESS 4 und vor allem den hier skizzierten Problembereichen konstruktiv zu begegnen und Unterricht zeitgemäß weiterzuentwickeln.

Wenn in diesem Sinne nicht ‚fertige Mathematik' vermittelt, sondern Raum für ‚zu verfertigende Mathematik' gegeben wird, dann erhöht dies die Wahrscheinlichkeit einer persönlichen Identifikation der Lernenden mit dem Unterrichtsinhalt, mithin die Motivation und das Interesse am Fach beträchtlich. Durch den Forscher-Habitus, der den Kindern bei dieser Art des Mathematiklernens ermöglicht (und zugetraut!) wird, sind dann Selbstwirksamkeitserfahrungen weit eher zu erlangen als bei der Adaption vorgefertigter ‚Lernatome'.

4. Lehrkräfte und Unterricht

Betrachtet man die Qualifikationen, über die Mathematiklehrkräfte an Hamburgs Grundschulen verfügen, so zeigt sich, dass rund 70 Prozent der Schülerinnen und Schüler von Lehrerinnen und Lehrern unterrichtet werden, die im Rahmen ihres

Studiums in diesem Fach ausgebildet wurden (Item: „Für welche Unterrichtsbereiche wurden Sie in Ihrem Studium ausgebildet?“). Knapp 40 Prozent der Viertklässlerinnen und Viertklässler werden von Mathematiklehrkräften unterrichtet, die während ihres Studiums zwei oder mehr fachwissenschaftliche Veranstaltungen zur Mathematik besuchten. 45 Prozent aller in KESS 4 befragten Kinder erhalten darüber hinaus Mathematikunterricht von Lehrkräften, die während des Studiums zwei oder mehr fachdidaktische Veranstaltungen zur Mathematik besuchten. Rund 53 Prozent der Schülerinnen und Schüler erhalten Mathematikunterricht durch Lehrkräfte, die nach eigener Angabe ein unterdurchschnittliches Interesse an mathematischen Inhalten im Studium hatten. Im Bereich der Fortbildung zeigt sich, dass rund 72 Prozent der KESS-4-Kinder von Lehrkräften unterrichtet werden, die mindestens eine Fortbildungsveranstaltung zur Mathematik in den zwei Jahren vor der Erhebung besucht haben.

Bei der Frage, welche Gestaltungsprinzipien die Hamburger Mathematiklehrkräfte ihrem Unterricht zugrunde legen, zeigt sich, wie sehr sich das Prinzip des aktiv-entdeckenden Lernens an Hamburger Grundschulen bereits durchgesetzt hat (vgl. Abb. VII.6).

Rund 93 Prozent aller Kinder werden im Mathematikunterricht von Lehrerinnen und Lehrern unterrichtet, die der Meinung sind, dass Mathematik im Unterricht so gelehrt werden sollte, dass Schülerinnen und Schüler mathematische Zusammenhänge selbst entdecken können. Fast genauso viele Kinder (89 %) werden von Lehrkräften unterrichtet, die der Ansicht sind, dass es für Kinder im Mathematikunterricht wichtig sei, selbst zu entdecken, wie Textaufgaben zu lösen sind. Hingegen stimmen nur wenige Lehrkräfte dem Einsatz eher traditioneller Unterrichtsmethoden zu. So werden rund 31 Prozent der Kinder von Mathematiklehrkräften unterrichtet, welche die Ansicht vertreten, dass Schülerinnen und Schüler sich beim Lösen von Aufgaben an eine im Unterricht eingeführte Vorlage halten sollten. Darüber hinaus werden 20 Prozent der Viertklässlerinnen und Viertklässler von Lehrerinnen und Lehrern unterrichtet, die der Aussage zustimmen: „Rechenprozeduren sollten eingeübt werden, bevor man von den Schülerinnen und Schülern erwarten kann, dass sie diese Prozeduren auch verstehen“.

Abbildung VII.6: Zustimmung der Lehrkräfte zu Gestaltungsprinzipien im Mathematikunterricht in Prozent

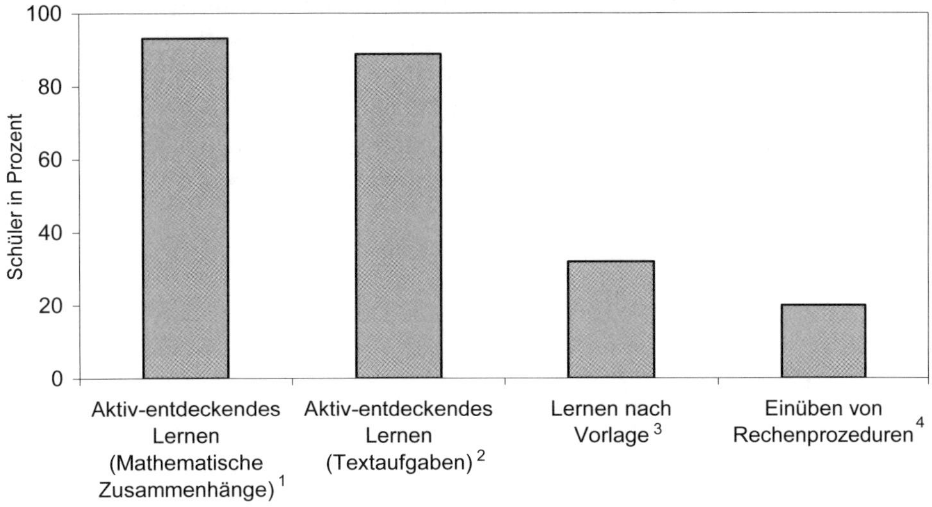

[1] Item: „Mathematik sollte in der Schule so gelehrt werden, dass die Schülerinnen und Schüler Zusammenhänge selbst entdecken können."
[2] Item: „Es ist wichtig für ein Kind, selbst zu entdecken, wie Textaufgaben zu lösen sind."
[3] Item: „Schülerinnen und Schüler sollten sich beim Lösen von Aufgaben an eine im Unterricht gelehrte Vorlage halten."
[4] Item: „Rechenprozeduren sollten eingeübt werden, bevor man von den Schülerinnen und Schülern erwarten kann, dass sie diese Prozeduren auch verstehen."

BBS / IFS / LI : Kompetenzen und Einstellungen von Schülerinnen und Schülern © KESS 4

Neben der Konzeption des aktiv-entdeckenden Lernens sind weitere Empfehlungen in der fachdidaktischen Literatur umfassend charakterisiert und beschrieben unter Stichworten wie: natürliche Differenzierung, substantielle Aufgabenformate, Fördern durch Fordern, produktives Üben, allgemeine Lernziele, Mathematiktreiben in (mathematisch) gehaltvollen Lernumgebungen. Die Effektivität eines solchen Vorgehens – auch für so genannte lernschwache Kinder – ist vielfach nachgewiesen (vgl. Moser-Opitz, 2002; Scherer, 1995).

Für Hamburg zeigt sich, dass ein hoher Anteil von Lehrkräften im Mathematikunterricht eher konventionelle Methoden anwendet (vgl. Abb. VII.7).

89 Prozent der Viertklässlerinnen und Vierklässler erfahren nach Angabe der Lehrkräfte einen Mathematikunterricht, in dem sie mindestens zweimal pro Woche allein an Arbeitsblättern arbeiten. Rund 86 Prozent aller Schülerinnen und Schüler erfahren einen Mathematikunterricht, in dem die Lehrkraft mindestens zweimal in der Woche systematische Übungsphasen einsetzt. Und nahezu 71 Prozent aller in

KESS 4 befragten Kinder befinden sich in Klassen, in denen nach Angabe der Lehrkräfte mindestens zweimal pro Woche gemeinsam im Unterricht über mathematische Probleme diskutiert wird. Gruppenarbeit hingegen findet im Mathematikunterricht an Hamburger Grundschulen weniger ausgeprägt statt. 34 Prozent aller Schülerinnen und Schüler erfahren einen Mathematikunterricht, in dem die Mathematiklehrkraft mindestens zweimal in der Woche in Gruppen arbeiten lässt. Nur rund 8 Prozent aller Kinder erhalten im Unterricht die Möglichkeit, regelmäßig – mindestens zweimal pro Woche – eigene Aufgaben zu erfinden.

Abbildung VII.7: Mindestens zweimal wöchentlich eingesetzte Methoden im Mathematikunterricht

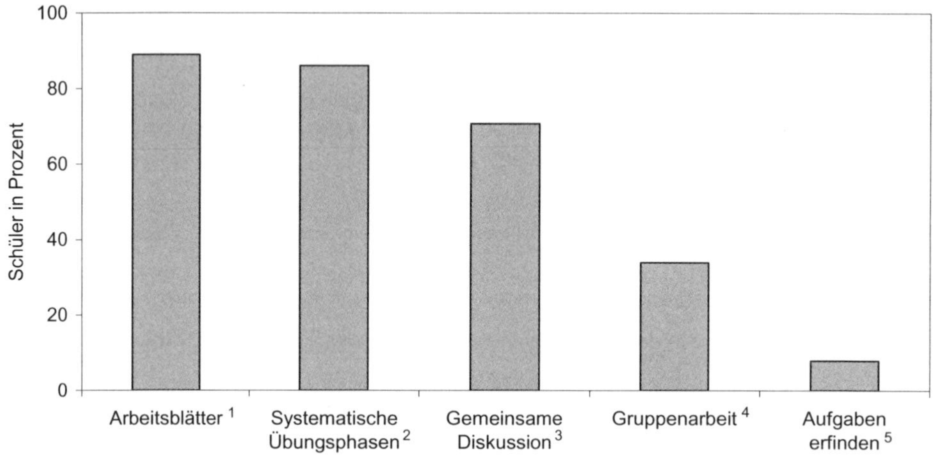

[1] Item: „Die Schülerinnen und Schüler arbeiten alleine an Arbeitsblättern."
[2] Item: „Die Lehrerin / der Lehrer setzt systematische Übungsphasen ein."
[3] Item: „Die Lehrerin / der Lehrer und die Klasse diskutieren gemeinsam über ein mathematisches Problem."
[4] Item: „Die Schülerinnen und Schüler arbeiten in Gruppen."
[5] Item: „Die Schülerinnen und Schüler erfinden eigene Aufgaben."

BBS / IFS / LI : Kompetenzen und Einstellungen von Schülerinnen und Schülern © KESS 4

Auch hier ist zu berücksichtigen, dass diese quantitativen Werte über den Einsatz von Arbeitsblättern, systematischen Übungsphasen, Gruppenarbeit oder Diskussionsrunden noch keine Aussage über die Qualität des Unterrichts bedeuten. Deutlich zeigt sich jedoch, dass zwischen den von Mathematiklehrkräften befürworteten aktiv-entdeckenden Gestaltungsprinzipien im Mathematikunterricht und den von ihnen eingesetzten Methoden deutliche Diskrepanzen bestehen. Dem Anspruch der Lehrkräfte, Unterricht nach aktuellen fachdidaktischen Kriterien zu gestalten, wird die tatsächliche Unterrichtswirklichkeit in der Regel nicht gerecht. Hier bedarf es zukünftig weiterer Analysen und Untersuchungen, um zu überprüfen, inwieweit die unterschiedlichen Gestaltungsprinzipien als Qualitätsmaß guten Mathematikunterrichts gelten können und welche Zusammenhänge zwischen diesen Gestaltungsprinzipien, Unterrichtsmethoden und dem Erwerb mathematischer Kompetenz von Grundschulkindern tatsächlich empirisch nachweisbar sind.

5. Zusammenfassung

Die Mathematikleistungen Hamburger Kinder am Ende der Grundschulzeit sind deutlich konfundiert mit der sozialen Lage der Schülerfamilien und deren Migrationsstatus. Je höher der Sozialstatus der Schülerfamilien ist, desto höher sind die in KESS 4 gemessenen Kompetenzen der Schülerinnen und Schüler. Die mathematischen Kompetenzen von Kindern, deren beide Elternteile nicht in Deutschland geboren wurden, liegen weit unter den Kompetenzen von Kindern, deren beide Elternteile in Deutschland geboren wurden. Weiterhin zeigt sich, dass die mathematischen Leistungen von Mädchen im KESS-4-Mathematiktest im Mittel deutlich unterhalb der mittleren Leistung der getesteten Jungen liegen.

Das insgesamt hohe Interesse der Viertklässlerinnen und Viertklässler an der Mathematik zeigt, dass bei ihnen am Ende der Grundschulzeit eine ausgeprägte Bereitschaft besteht, sich mit mathematischen Themen auseinander zu setzen. Des Weiteren haben die Analysen ergeben, dass eine hohe Selbstwirksamkeitserwartung und Anstrengungsbereitschaft mit einer hohen mathematischen Kompetenz einhergehen.

Nun helfen statistische Kennwerte über die Leistungen und Einstellungen von Grundschulkindern Lehrerinnen und Lehrern noch nicht unmittelbar, Unterricht zu verbessern oder die einzelnen Schülerinnen oder Schüler wirksamer zu fördern. Gleichwohl sind Tests wie der in KESS 4 eingesetzte Leistungstest eine wichtige Voraussetzung für konkrete Entwicklungsarbeiten.

Wenn Ratzka (2003) aus einem Korrelationen-Vergleich der Erhebungen TIMSS, AMI und einem algorithmischen Rechentest zu der Schlussfolgerung kommt, dass die einzelnen Tests offenbar völlig unterschiedliche mathematische Fähigkeiten und Fertigkeiten abfragen, dann kann man das einerseits als Hinweis darauf verstehen, Testergebnisse nicht unzulässigerweise über jene Gültigkeitsbereiche hinaus zu verallgemeinern, die in der Regel von den Testkonstrukteuren und -auswertern klar benannt werden. Manche ‚Schnellschuss-Interpretationen‘ sind so gesehen kein Mangel des Tests an sich, sondern seiner Rezeption in der Öffentlichkeit. Man kann es aber auch konstruktiv wenden und schlussfolgern, „dass man durch das Hinzufügen weiterer Mathematiktests zusätzliche Informationen über die mathematischen Kompetenzen des Kindes erhält“ (Ratzka, 2003, S. 202).

Zu bedenken ist aber auch, dass hochkomplexe Systeme wie Unterricht bzw. Lernprozesse nicht allein durch quantitative Instrumente erfasst und bewertet werden können, sondern auch qualitativer Studien bedürfen, wie sie in der fachdidaktischen Forschung vorliegen bzw. praktiziert werden.

Qualitative Methoden liegen z. T. auch bereits in der Hand von Lehrpersonen, wie die Erfahrungen z. B. mit klinischen Interviews zeigen. Zu ihrem sachgerechten Einsatz (wie auch generell für einen konstruktiven Umgang mit den aus KESS 4 gewonnenen Erkenntnissen) bedarf es allerdings einer professionellen diagnostischen Kompetenz seitens der Lehrerinnen und Lehrer. Wie hoch der Handlungsbedarf im Bereich der fachdidaktischen Ausbildung ist, verdeutlichen die vorliegenden Ergebnisse der KESS-4-Befragung. Weniger als die Hälfte aller Kinder wird von Mathematiklehrkräften unterrichtet, die im Rahmen ihres universitären Studiums zwei oder mehr fachdidaktische Veranstaltungen zur Mathematik besucht haben.

Zudem sind in der internationalen fachdidaktischen Literatur die negativen Einflüsse der (gerade im Fach Mathematik revisionsbedürftigen) eigenen Lernbiographie vieler Studierender auf die spätere Unterrichtsführung bekannt (vgl. Feimann-Nemser, 1983; Fiore, 1999). Dies macht die in der Forschung seit längerem konsensuell erkannte Bedeutung einer soliden fachdidaktischen Ausbildung deutlich (zu konkreten konzeptionellen Vorschlägen, vgl. Krauthausen, 1998b). Bedenkt man, dass mehr als die Hälfte aller Viertklässlerinnen und Viertklässler in Hamburg von Mathematiklehrkräften unterrichtet wird, die angeben, an mathematischen Inhalten im Verlauf ihres Studiums unterdurchschnittlich interessiert gewesen zu sein, dann zeigt sich, dass auch hier ein Ansatzpunkt im Bereich der universitären Ausbildung gegeben ist. Das in Hamburg traditionelle, für alle Grund- und Mittelstufenstudierende obligatorische Studiendeputat im Rahmen des so genannten mathematischen Anfangsunterrichts ist für 80,3 Prozent der angehenden Grundschullehrkräfte der einzige Kontakt mit mathematikdidaktischen Fragestellungen. Erschwerend kommt hinzu, dass dieses Deputat signifikant unter den anderenorts üblichen Standards liegt, was aus folgendem Grund besondere Bedeutung gewinnt: Es geht nämlich entgegen verbreiteter Klischees nicht lediglich um die Vermittlung von ‚trivialen‘ mathematischen Inhalten der Grundschule, sondern um die Erfahrung eines neuen Verständnisses vom Fach und seiner Didaktik und damit zugleich auch um Fragen von Einstellungen und Haltungen, deren Veränderung naturgemäß mehr Zeit und Erfahrungsräume benötigt als die Vermittlung von Sachinhalten.

Was den Fortbildungsbereich betrifft, der angesichts der gerade skizzierten Probleme in der Lehrerausbildung besondere Bedeutung erlangt, lassen sich mit den Testergebnissen vielversprechende Hamburger Initiativen der Lehrerfortbildung im Bereich des Mathematikunterrichts in der Grundschule bestätigen und stützen. Maßnahmen wie das Programm MMod (Mathematik-ModeratorInnen / Grundschule), in dessen Rahmen die Behörde für Bildung und Sport in zweijährigen Qualifizierungsmaßnahmen (wöchentlich vierstündiger Kurs) erfahrene Grundschullehrkräfte zu zukünftigen Moderatorinnen und Moderatoren weiterqualifiziert (ein Jahr an der Universität, ein Jahr am Landesinstitut für Lehrerbildung und Schulentwicklung), weisen in die richtige Richtung, da sich die Fortbildung zum einen an aktuellen fachdidaktischen Entwicklungen orientiert (zweisemestriger Kurs an der Universität) und dann vor Ort loziert und wirksam werden kann. Aktuelle Weiterentwicklungen in der Fachdidaktik werden so in Abstimmung mit den Bedürfnissen der Lehrkräfte vor Ort in konkrete Entwicklungsprojekte und -angebote überführt. Wie erfolgreich das Fortbildungsangebot genutzt wird, spiegelt sich auch in der Befragung der Mathematiklehrkräfte wider. Drei Viertel aller Schülerinnen und Schüler werden von Lehrkräften unterrichtet, die im Zweijahreszeitraum vor der KESS-4-Erhebung an einer Fortbildung zu mathematischen Inhalten teilgenommen haben. Was die inhaltlichen Angebote für zukünftige Fortbildungen betrifft, so lassen sich aus den Erkenntnissen aus KESS 4 naheliegende Ausrichtungen solcher Angebote ableiten.

Mit dem Verbund von Ergebnissen quantitativer Testverfahren auf der einen und den (in diesem Beitrag nicht berücksichtigten) Ergebnissen qualitativer Forschung sowie diagnostischer Kompetenz und einer soliden fachdidaktischen Aus- und Fortbildung auf der anderen Seite ist den Hamburger Lehrerinnen und Lehrern ein Instrumentarium an die Hand gegeben, mit dessen Hilfe sich spezifische Optimierungen und Maßnahmen zur Qualitätssicherung und -entwicklung für den Unterrichtsalltag konkretisieren lassen.

Literatur

Blum, W. (2002). *Applications and modelling in mathematics education – discussion document. Educational studys in mathematics.* Vortrag anlässlich der ICME Study 14.

Cobb, P. (1994). Where is the mind? Constructivist and sociocultural perspectives on mathematical development. *Educational Researcher*, *23* (7), 13–20.

Feimann-Nemser, S. (1983). Learning to teach. In L. S. Shulman & G. Sykes (Hrsg.), *Handbook of teaching and policy* (S. 150–170). New York: Longman.

Fiore, G. (1999). Math-abused students. Are we prepared to teach them? *Mathematics teacher, 92* (5), 403–406.

Freudenthal, H. (1983). *Didactical phenomenology of mathematical structures.* Dordrecht: Reidel.

Ginsburg, H. P., Klein, A. & Starkey, P. (1998). The development of children's mathematical thinking: Connecting research with practice. In W. Damon, I. E. Sigel & K. A. Renninger (Hrsg.), *Handbook of child psychology. Child psychology in practice* (Bd. 4) (S. 401–218). New York: Wiley & Sons.

Greeno, J. G. (1991). Number sence as situated knowing in a conceptual domain. *Journal for Research in Mathematics Education, 22*, 170–218.

Krauthausen, G. (1998a). Allgemeine Lernziele im Mathematikunterricht. *Die Grundschulzeitschrift, 119*, 54–61.

Krauthausen, G. (1998b). *Lernen – Lehren – Lehren lernen. Zur mathematikdidaktischen Lehrerbildung am Beispiel der Primarstufe.* Leipzig: Klett.

Krauthausen, G. (in Druck). Sprache und sprachliche Anforderungen im Mathematikunterricht der Grundschule. In H. Schöler & A. Welling (Hrsg.), *Handbuch der Pädagogik und Psychologie bei Behinderungen* (Bd. 3). Göttingen: Hogrefe.

Lehmann, R. H., Peek, R. & Gänsfuß, R. (1997). *Aspekte der Lernausgangslage von Schülerinnen und Schülern der fünften Klassen an Hamburger Schulen. Bericht über die Untersuchung im September 1996.* Hamburg: Behörde für Schule, Jugend und Berufsbildung.

Moser-Opitz, E. (2002). *Zählen – Zahlbegriff – Rechnen. Theoretische Grundlagen und eine empirische Untersuchung zum mathematischen Erstunterricht in Sonderklassen.* Bern: Haupt.

Mullis, I. V. S., Martin, M. O., Beaton, A. E., Gonzalez, E. J., Kelly, D. L. & Smith, T. A. (1997). *Mathematics achievement in the primary school years. IEA's Third International Mathematics and Science Study.* Chestnut Hill, MA: Boston College.

Ratzka, N. (2003). *Mathematische Fähigkeiten und Fertigkeiten am Ende der Grundschulzeit. Empirische Studien im Anschluss an TIMSS.* Hildesheim: Franzbecker.

Scherer, P. (1995). *Entdeckendes Lernen im Mathematikunterricht der Schule für Lernbehinderte. Theoretische Grundlagen und evaluierte unterrichtspraktische Erprobung.* Heidelberg: Winter.

Schwippert, K., Bos, W. & Lankes, E.-M. (2003). Heterogenität und Chancengleichheit am Ende der vierten Jahrgangsstufe im internationalen Vergleich. In W. Bos, E.-M. Lankes, M. Prenzel, K. Schwippert, G. Walther & R. Valtin (Hrsg.), *Erste Ergebnisse aus IGLU. Schülerleistungen am Ende der vierten Jahrgangsstufe im internationalen Vergleich* (S. 265–302). Münster: Waxmann.

Walther, G., Geiser, H., Langeheine, R. & Lobemeier, K. (2003). Mathematische Kompetenzen am Ende der vierten Jahrgangsstufe. In W. Bos, E.-M. Lankes, M. Prenzel, K. Schwippert, G. Walther & R. Valtin (Hrsg.), *Erste Ergebnisse aus IGLU. Schülerleistungen am Ende der vierten Jahrgangsstufe im internationalen Vergleich* (S. 189–226). Münster: Waxmann.

VIII. Wahrnehmung des Deutschunterrichts durch Schülerinnen und Schüler als Teil des Unterrichtsklimas

Nike Janke

Nach heutiger Auffassung handelt es sich bei dem Klima einer Schule oder Klasse um die Wahrnehmung der schulischen Umwelt durch die beteiligten Personen (vgl. Arbinger & Saldern, 1984; Dreesmann et al., 1992; Eder, 1998). Nicht die tatsächlich vorhandenen Umweltgegebenheiten allein sind pädagogisch relevant, sondern auch deren Wahrnehmung und Interpretation bestimmen das Verhalten. Für die Forschung zum Unterrichtsklima bedeutet dies u. a. die Betonung und Rechtfertigung der Erfassung von Unterrichtsmerkmalen durch Schülerbefragungen, da davon ausgegangen wird, dass nicht nur die tatsächlich vorhandenen Klimamerkmale, wie sie z. B. durch Unterrichtsbeobachtung erfasst werden könnten, für die Entwicklung und das Verhalten bestimmend sind, sondern ebenso die subjektive Wahrnehmung dieser Situation.

Im Folgenden soll geklärt werden, welche individuellen Merkmale der Schülerinnen und Schüler die Wahrnehmung des Unterrichts beeinflussen, ob und wie sich das wahrgenommene Unterrichtsklima auf die Schulzufriedenheit und die Lernmotivation auswirkt und ob Unterschiede zwischen Klassen bestehen bzw. wodurch diese erklärt werden können.

Innerhalb der KESS-4-Studie wurden die Schülerinnen und Schüler unter anderem um eine Einschätzung ihrer Deutsch-, Mathematik- und Sachunterrichtslehrkräfte gebeten. Die folgenden Ergebnisse beziehen sich auf die Einschätzung der Deutschlehrerinnen und -lehrer durch ihre Schülerinnen und Schüler. Entsprechende Analysen für die Mathematik- und Sachunterrichtslehrkräfte werden zu einem späteren Zeitpunkt durchgeführt.

Die Wahrnehmung des Deutschunterrichts bzw. der Deutschlehrerin oder des Deutschlehrers bezieht sich in den folgenden Analysen auf drei Bereiche: das Verhältnis zur Lehrkraft (Skala aus fünf Aussagen, Beispiel: „Wenn uns etwas nicht gefällt, können wir offen mit unserer Lehrerin / unserem Lehrer darüber reden.“, alpha = .80), das Durchsetzungsvermögen der Lehrkraft (Skala aus zwei Aussagen, Beispiel: „Unsere Deutschlehrerin / unser Deutschlehrer hat die Klasse gut im Griff.“, alpha = .61) und die diagnostische Kompetenz der Lehrkraft (Skala aus elf

Aussagen, Beispiel: „Unsere Deutschlehrerin / unser Deutschlehrer merkt sofort, wenn jemand nicht mehr mitkommt.", alpha = .83). Mit der Wahrnehmung des Durchsetzungsvermögens soll der in der Schuleffektivitätsforschung als bedeutend angesehene Bereich ‚Ordnung' erfasst werden, das Verhältnis zur Lehrkraft bildet einen Aspekt der Qualität der internen Beziehungen ab und die diagnostische Kompetenz spiegelt einen Aspekt der Unterrichtswahrnehmung wider.

1. Ergebnisse

Insgesamt werden die Deutschlehrer und Deutschlehrerinnen von ihren Schülerinnen und Schülern positiv eingeschätzt. So stimmen 77 Prozent der Schülerinnen und Schüler der Aussage stark oder einigermaßen stark zu, dass sie offen mit ihrer Lehrerin / ihrem Lehrer reden können, wenn ihnen etwas nicht gefällt. Die meisten Kinder (77 %) meinen, dass die Lehrerin / der Lehrer sofort merkt, wenn jemand nicht mehr mitkommt, und fast alle Schülerinnen und Schüler (90 %) finden, der Lehrer / die Lehrerin habe die Klasse gut im Griff.

Fasst man die Fragen jeweils zu Skalen zusammen, ergeben sich – bei einem Minimalwert von 1 (‚stimme überhaupt nicht zu') und einem Maximalwert von 4 (‚stimme stark zu') – Mittelwerte zwischen 3,2 (positives Verhältnis zur Lehrkraft und diagnostische Kompetenz) und 3,4 (Durchsetzungsvermögen der Lehrkraft). Der Gesamtwert zur Beschreibung der Wahrnehmung der Lehrerin / des Lehrers als Durchschnittswert aus den drei Skalen liegt im Mittel bei 3,3 (Tab. VIII.1).

1.1 Individuelle Unterschiede

Aus den vorliegenden Daten ergeben sich keine bedeutenden Unterschiede in der Wahrnehmung des Unterrichts nach den hier untersuchten individuellen Merkmalen. Mädchen schätzen den Unterricht etwas positiver ein als Jungen. Kinder, deren Eltern beide im Ausland geboren wurden, nehmen ein positiveres Verhältnis zur Lehrkraft wahr. Die deutlichsten Effekte zeigen sich bei der Unterscheidung nach Kompetenzbereichen. Mit höherem Kompetenzniveau steigt die positive Einschätzung der diagnostischen Kompetenz sowie des Durchsetzungsvermögens der Lehrerin / des Lehrers. Ob dieser – geringe – Effekt dadurch zustande kommt, dass leistungsstärkere Schülerinnen und Schüler ihre Lehrerin / ihren Lehrer positiver wahrnehmen oder ob möglicherweise eine tatsächlich höhere diagnostische Kompetenz bzw. ein höheres Durchsetzungsvermögen zu einer leichten Leistungssteigerung geführt hat, ist diesem Ergebnis nicht zu entnehmen.

Tabelle VIII.1: Wahrnehmung des Unterrichts nach individuellen Merkmalen der Schülerinnen und Schüler

	Diagnostische Kompetenz	Positives Verhältnis zur Lehrkraft	Durchsetzungsvermögen	Gesamtwert
Geschlecht				
Jungen	3,20	3,18	3,39	3,26
Mädchen	3,29	3,26	3,45	3,33
EGP-Klassen				
Obere Dienstklasse (I)	3,26	3,20	3,45	3,30
Untere Dienstklasse (II)	3,25	3,19	3,42	3,29
Routinedienstleistungen (III)	3,27	3,27	3,45	3,33
Selbständige (IV)	3,24	3,24	3,42	3,30
Facharbeiter und leitende Angestellte (V, VI)	3,23	3,23	3,40	3,28
Un- und angelernte Arbeiter, Landarbeiter (VII)	3,22	3,23	3,40	3,28
Migrationsstatus				
Beide Eltern in Deutschland geboren	3,25	3,19	3,43	3,29
Ein Elternteil in Deutschland geboren	3,25	3,19	3,43	3,29
Kein Elternteil in Deutschland geboren	3,27	3,29	3,44	3,33
Kompetenzbereiche Leseverständnis				
Kompetenzbereich I	3,16	3,24	3,33	3,24
Kompetenzbereich II	3,25	3,21	3,44	3,30
Kompetenzbereich III	3,30	3,22	3,47	3,33
Gesamt	3,25	3,22	3,42	3,29

BBS / IFS / LI : Kompetenzen und Einstellungen von Schülerinnen und Schülern © KESS 4

1.2 Unterschiede auf Klassenebene

Ebenfalls interessant ist sicherlich der Blick auf Unterschiede zwischen Klassen bzw. Schulen bezüglich der Wahrnehmung des Unterrichts. Zunächst stellt sich die Frage, ob Schülerinnen und Schüler in diesem Alter generell in der Lage sind, Aspekte des Unterrichts bzw. des Lehrerverhaltens zu beurteilen. Als Indikator zur Einschätzung der Gültigkeit der Aussagen kann herangezogen werden, ob sich die Aussagen der Schülerinnen und Schüler einer Klasse im Vergleich zu den Aussagen der Schülerinnen und Schüler aus allen untersuchten Klassen ähneln. Die Intra-Klassen-Korrelation stellt ein Maß für die Homogenität der Merkmalsausprägungen – hier der Unterrichtswahrnehmungen – innerhalb von Klassen oder Schulen dar.

Für die hier untersuchten Wahrnehmungen des Unterrichts liegen die Intra-Klassen-Korrelationen auf Klassenebene zwischen .16 und .18., d. h., 16 bzw. 18 Prozent der Varianz dieser Merkmale ist auf Unterschiede zwischen den Klassen zurückzuführen (vgl. Tab. VIII.2). Für die Schulzugehörigkeit sind die Werte geringer, sie liegen bei 6 (Durchsetzungsvermögen) bis 9 (positives Verhältnis zur Lehrkraft) Prozent.

Tabelle VIII.2: Intra-Klassen-Korrelationen auf Klassen- und Schulebene

Einschätzung der Lehrkraft	Klassen	Schulen
Diagnostische Kompetenz	0,16	0,07
Positives Verhältnis zur Lehrkraft	0,18	0,09
Durchsetzungsvermögen	0,16	0,06
Gesamtwert	0,21	0,09

BBS / IFS / LI : Kompetenzen und Einstellungen von Schülerinnen und Schülern © KESS 4

Berechnet man die Mittelwerte der drei untersuchten Merkmale für jede Klasse (vgl. Tab. VIII.3), ergeben sich deutliche Unterschiede zwischen den Klassen. Die Klassenmittelwerte schwanken z. B. bei der Beurteilung des Verhältnisses zur Lehrkraft zwischen den Werten 1,8 und dem Maximalwert 4,0, d. h., während es Klassen gibt, in denen fast alle Schülerinnen und Schüler über ein ausgezeichnetes Verhältnis zur Lehrkraft berichten, fällt die Beurteilung in anderen Klassen deutlich ungünstiger aus. Dies gilt ähnlich für die Beurteilung der diagnostischen Kompetenz und des Durchsetzungsvermögens.

Tabelle VIII.3: Minimale, maximale und durchschnittliche Klassenwerte bezogen auf Mittelwerte und Standardabweichungen der Unterrichtswahrnehmung

	Diagnostische Kompetenz	Positives Verhältnis zur Lehrkraft	Durchsetzungs-vermögen	Gesamt-wert
Mittelwerte				
Niedrigster Klassenmittelwert	2,25	1,79	1,97	2,09
Höchster Klassenmittelwert	3,98	3,96	4,00	3,95
Mittlerer Wert über alle Klassen	3,25	3,22	3,42	3,29
Standardabweichungen				
Niedrigste Standardabweichung	0,05	0,09	0,00	0,03
Höchste Standardabweichung	0,91	1,25	1,73	1,10
Mittlere Standardabweichung über alle Klassen	0,46	0,60	0,60	0,45

Berücksichtigt wurden nur Klassen mit mindestens drei gültigen Beurteilungen.

BBS / IFS / LI : Kompetenzen und Einstellungen von Schülerinnen und Schülern © KESS 4

Als Maß für die Übereinstimmung der Wahrnehmung innerhalb der untersuchten Klassen kann die Standardabweichung der Beurteilungen in den Klassen herangezogen werden. Während sich die Wahrnehmungen in einigen Klassen kaum unterscheiden, weisen andere Klassen deutlich heterogenere Beurteilungen auf.

Abbildung VIII.1: Verteilung der Klassenmittelwerte in Prozent

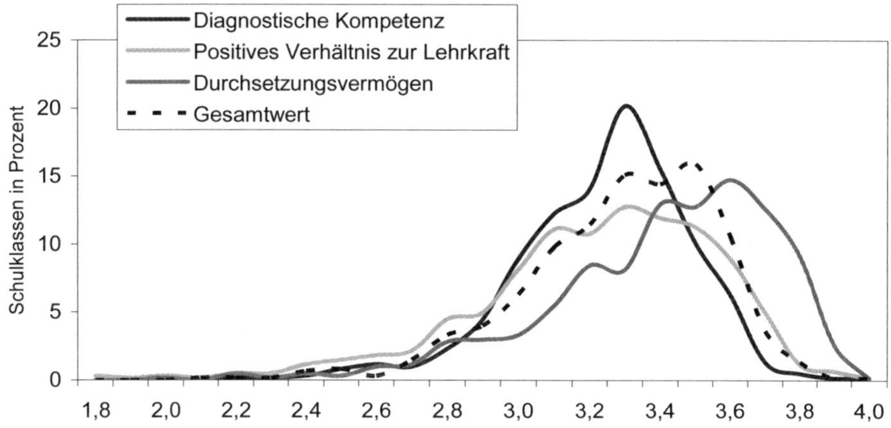

BBS / IFS / LI : Kompetenzen und Einstellungen von Schülerinnen und Schülern © KESS 4

Abbildung VIII.1 gibt die Verteilung der Klassenmittelwerte wieder. Auch wenn der niedrigste Klassenmittelwert der Wahrnehmung des Durchsetzungsvermögens bei 2 liegt, sind Klassenmittelwerte unter 2,5 doch sehr selten. Der größte Anteil der Klassen weist Klassenmittelwerte zwischen 3,0 und 3,5 auf, beim Durchsetzungsvermögen sind auch Werte bis 3,9 nicht selten. Die Abbildung veranschaulicht die Unterschiede zwischen den Klassenmittelwerten.

Um erste Hinweise darauf zu erhalten, wodurch diese Unterschiede zwischen den Klassen zustande kommen, werden die einzelnen Aspekte der Unterrichtswahrnehmung für jede Klasse zu Klassenmittelwerten aggregiert und mit dem jeweiligen Lehrerdatensatz verbunden. So können erste Zusammenhänge zwischen Lehrer- bzw. Klassenvariablen und den Unterrichtswahrnehmungen untersucht werden.

1.3 Zusammensetzung der Klasse

Um die Zusammensetzung der Klasse nach Geschlecht und Leistung mit den Wahrnehmungen des Unterrichts in Beziehung zu setzen, wurde hier einerseits der Anteil an Mädchen in der Klasse und andererseits die mittlere Klassenleistung im Lesetest untersucht.

Abbildung VIII.2: Durchschnittliche Wahrnehmung des Unterrichts nach Anteil der Mädchen in der Klasse

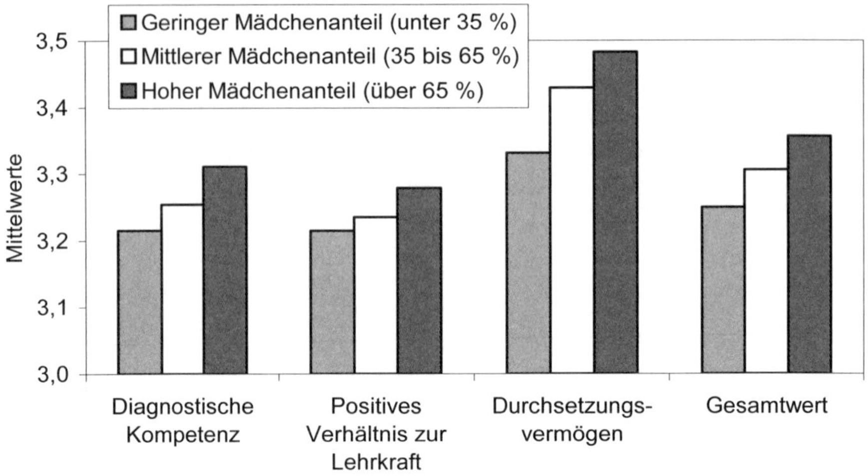

BBS / IFS / LI : Kompetenzen und Einstellungen von Schülerinnen und Schülern © KESS 4

In Klassen mit einem höheren Mädchenanteil (vgl. Abb. VIII.2) wird der Unterricht etwas positiver wahrgenommen. Die größten – wenn auch wiederum nicht sehr bedeutenden – Unterschiede zeigen sich bei der Einschätzung des Durchsetzungsvermögens der Lehrerin / des Lehrers.

Zur Unterscheidung der Unterrichtswahrnehmung nach der durchschnittlichen Leseleistung wurden die Klassen anhand der Quartilwerte der Lesefähigkeit in drei Gruppen unterteilt (1 = unteres Quartil, 2 = zweites und drittes Quartil, 3 = oberes Quartil).

Unterschiede zeigen sich auch hier vor allem bei der Wahrnehmung des Durchsetzungsvermögens (vgl. Abb. VIII.3). Die Klassen, die zu den leistungsstärksten 25 Prozent zählen, empfinden ihre Lehrerin / ihren Lehrer als durchsetzungsstärker als die leistungsschwächeren Klassen, sie berichten durchschnittlich aber auch über ein etwas weniger gutes Verhältnis zur Lehrerin / zum Lehrer. Doch auch diese Unterschiede sind eher gering ausgeprägt.

Abbildung VIII.3: Durchschnittliche Wahrnehmung des Unterrichts nach Klassenleistung im Lesen

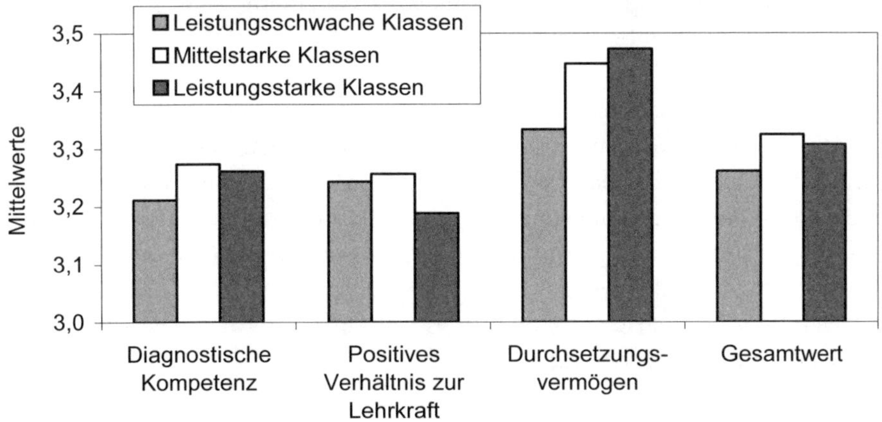

BBS / IFS / LI : Kompetenzen und Einstellungen von Schülerinnen und Schülern © KESS 4

1.4 Merkmale der Lehrerin / des Lehrers

Während sich für das Alter und das Geschlecht der Lehrerinnen und Lehrer in dieser Studie keine auffallenden Befunde ergeben, können bei den Einstellungen der Lehrerinnen und Lehrer zu ihrem Beruf zumindest kleine Effekte nachgewiesen werden (vgl. Abb. VIII.4 und VIII.5).

Abbildung VIII.4: Durchschnittliche Wahrnehmung des Unterrichts nach Berufszufriedenheit der Lehrerin / des Lehrers

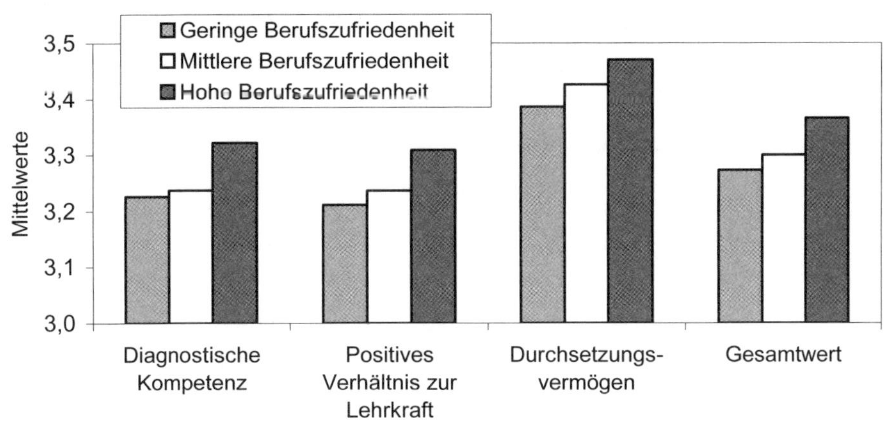

BBS / IFS / LI : Kompetenzen und Einstellungen von Schülerinnen und Schülern © KESS 4

Als Einstellungsmerkmale werden einerseits die Berufszufriedenheit der Lehrerin / des Lehrers (Beispielitem: „Ich habe eigentlich nur Freude an meiner Arbeit.“) und andererseits die empfundene Belastung (Beispielitem: „Ich glaube, dass mein Beruf meine Gesundheit belastet.“) untersucht.

Lehrerinnen und Lehrer, die mit ihrem Beruf zufrieden sind, werden im Mittel von ihrer Klasse etwas positiver wahrgenommen als weniger zufriedene Lehrkräfte. Natürlich ist auch hier wiederum nicht zwischen Ursache und Wirkung zu unterscheiden: Sind die Lehrerinnen und Lehrer mit ihrem Beruf zufriedener, weil sie ihre Klasse im Griff haben und gut mit den Schülerinnen und Schülern auskommen oder wirkt sich ihre Zufriedenheit mit der Berufswahl positiv auf die Schülerinnen und Schüler aus? Bei Lehrerinnen und Lehrern, die ihren Beruf als belastend erleben, zeigt sich ein entsprechendes Bild.

Abbildung VIII.5: Durchschnittliche Wahrnehmung des Unterrichts nach empfundener Belastung der Lehrerin / des Lehrers

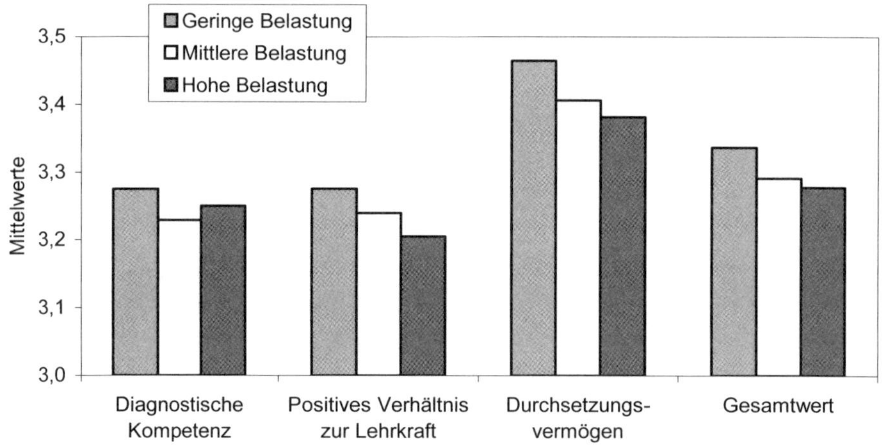

BBS / IFS / LI : Kompetenzen und Einstellungen von Schülerinnen und Schülern © KESS 4

2. Mehrebenenanalysen

Bei der bisher gewählten Vorgehensweise der Aggregierung der individuellen Wahrnehmungen auf Klassenebene wurde die hierarchische Struktur der vorliegenden Daten vernachlässigt.

Ein Schüler ist Teil seiner Klasse, diese wiederum Teil seiner Schule. Das Verhalten der Schülerinnen und Schüler wird von der Klasse bzw. der Schule, in der sie leben und lernen, beeinflusst, da Schülerinnen und Schüler einer Klasse bis zu einem gewissen Grad identischen Einflüssen ausgesetzt sind. Sie sind sich daher wahrscheinlich untereinander ähnlicher als Schülerinnen und Schüler unterschiedlicher Klassen (siehe Tab. VIII.2). Dieser Aspekt wird vernachlässigt, wenn die Daten nur auf der Ebene der Schülerinnen und Schüler ausgewertet werden. Werden die Daten, die auf Schülerebene erhoben wurden, jedoch auf Klassenebene aggregiert und ausgewertet, verliert man Informationen, da nur noch mit dem ‚durchschnittlichen Schüler' gerechnet wird und Abweichungen von diesem Mittelwert unberücksichtigt bleiben. Dadurch wird vernachlässigt, dass z. B. das Verhalten des Lehrers nicht auf alle Schülerinnen und Schüler einer Klasse in gleicher Weise wirkt. Mit Mehrebenenanalysen (vgl. Ditton, 1998) können einerseits individuelle Merkmale der Schülerinnen und Schüler (z. B. IQ, Geschlecht, Lernhaltungen), andererseits Kontextmerkmale auf Klassen- oder Schulebene (z. B. Merkmale des Lehrers oder die Klassenzusammensetzung) sowie Interaktionen zwischen diesen beiden Variablen gleichzeitig untersucht werden. Dies ist unter anderem deswegen wichtig, weil z. B. männliche Schüler, ängstliche Schüler oder Schüler mit unterschiedlichem sozialem Hintergrund ganz anders auf den gleichen Unterrichtsstil reagieren können.

Ziel des im Folgenden zu entwickelnden Modells ist es, Schülervariablen und Klassenvariablen in einem Schritt zu analysieren sowie den Einfluss des wahrgenommenen Klimas auf die Schulzufriedenheit und auf die allgemeine Lernmotivation zu untersuchen.

In einem ersten Schritt werden die Aspekte ‚Durchsetzungsvermögen', ‚positives Verhältnis zur Lehrkraft' und ‚diagnostische Kompetenz' als latente Konstrukte definiert, miteinander in Beziehung gesetzt und ihr Einfluss auf die Schulfreude (Beispielitem: „Ich gehe gerne zur Schule.") und Lernmotivation (Beispielitem: „Ich strenge mich in der Schule an, weil ich gerne gut bin.") geschätzt. Schulfreude und Lernmotivation der Schülerinnen und Schüler sind dabei nicht nur für sich genommen positiv zu sehen, Kinder mit geringer Lernmotivation weisen auch signifikant niedrigere Leistungen in der in KESS 4 getesteten Lesekompetenz auf als Schülerinnen und Schüler mit höherer Lernmotivation. Auch für die Schulfreude gilt tendenziell, dass Kinder mit höherer Schulfreude etwas bessere Leseleistungen erbringen; dieser Unterschied ist jedoch statistisch nicht signifikant.

Abbildung: VIII.6 Strukturgleichungsmodell zum Einfluss von Durchsetzungsvermögen, positivem Verhältnis zur Lehrkraft sowie diagnostischer Kompetenz auf Schulfreude und Lernmotivation[1]

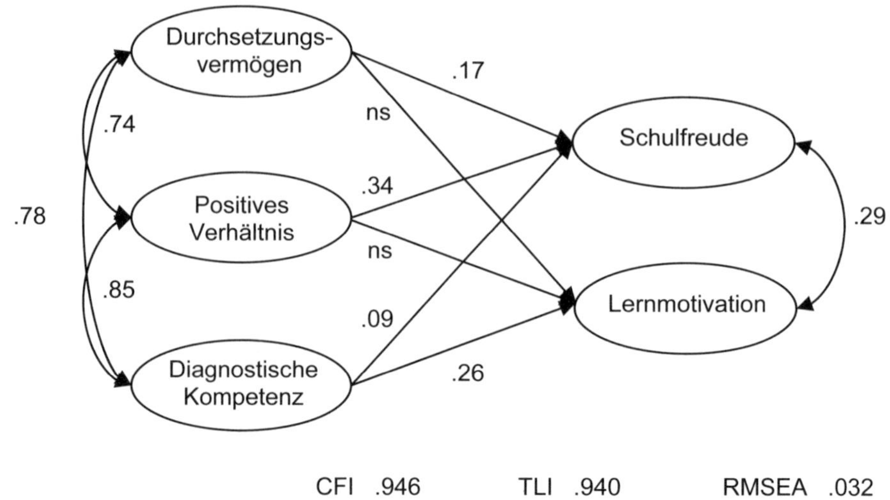

CFI, TLI und RMSEA sind Fit-Indizes, die Auskunft darüber geben, wie gut das untersuchte theoretische Modell auf die vorliegende Datenstruktur passt. Der CFI und der TLI sollten im Idealfall über .95 liegen, der RMSEA unter .05.
ns: nicht signifikant
Fehlende Werte im Datensatz wurden imputiert, d. h. aufgrund vorliegender Informationen geschätzt.

BBS / IFS / LI : Kompetenzen und Einstellungen von Schülerinnen und Schülern © KESS 4

Die Werte an den gekrümmten Pfeilen mit den Doppelspitzen sind als Korrelationen zu interpretieren (Abb. VIII.6). Die drei Aspekte der Unterrichtswahrnehmung durch die Schülerinnen und Schüler korrelieren hoch miteinander. Vor allem das positive Verhältnis zur Lehrkraft und die Einschätzung ihrer diagnostischen Kompetenz sind eng miteinander verbunden ($r = .85$). Dies könnte auch ein Hinweis darauf sein, dass die Schülerinnen und Schüler in diesem Alter noch nicht in der Lage sind, die hier betrachteten Aspekte des Unterrichts klar zu unterscheiden. Eine Lehrerin / ein Lehrer, die bzw. den sie mögen, wird möglicherweise in jeder Hinsicht gut beurteilt. Um zu klären, ob die drei Aspekte nicht eigentlich einen einzigen ‚Sympathie-Aspekt' erfassen, wurde das vorliegende Modell noch einmal mit einem Generalfaktor (alle drei Aspekte der Unterrichtswahrnehmung zusammengefasst) gerechnet. Die schlechteren Fit-Indizes dieses Modells (CFI = .927, TLI = .921, RMSEA = .037) weisen darauf hin, dass es sinnvoll ist, die drei Aspekte getrennt zu untersuchen.

1 Die Werte an den geraden Pfeilen sind ähnlich wie Regressionskoeffizienten zu interpretieren, sie können zwischen –1 und +1 liegen. Werte um 0 zeigen, dass die Variable am Pfeilanfang keinen Einfluss auf die Variable am Pfeilende hat, Werte nahe +1 weisen auf einen großen positiven Einfluss, Werte nahe –1 auf einen starken negativen Einfluss hin.

Dafür spricht auch, dass sich die Aspekte unterschiedlich auf die Schulzufriedenheit und die Lernmotivation auswirken. Während sich ein positives Verhältnis zum Deutschlehrer / zur Deutschlehrerin stark auf die Schulfreude auswirkt, berichten Schülerinnen und Schüler, die eine hohe diagnostische Kompetenz der Lehrerin / des Lehrers wahrnehmen, über eine höhere Lernmotivation.[2]

Abbildung VIII.7: Strukturgleichungsmodell zum Einfluss von Durchsetzungsvermögen, positivem Verhältnis zur Lehrkraft sowie diagnostischer Kompetenz auf Schulfreude und Lernmotivation, getrennt nach Geschlecht

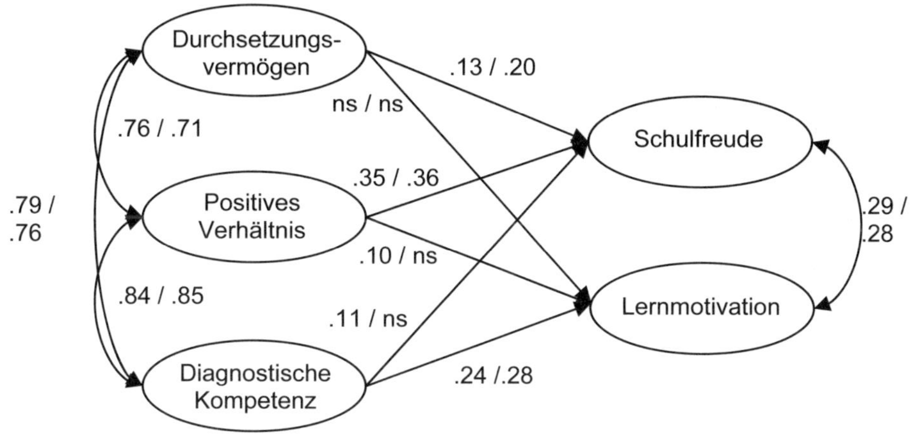

CFI .947 / .941 TLI .941 / .935 RMSEA .033 / .032

CFI, TLI und RMSEA sind Fit-Indizes, die Auskunft darüber geben, wie gut das untersuchte theoretische Modell auf die vorliegende Datenstruktur passt. Der CFI und der TLI sollten im Idealfall über .95 liegen, der RMSEA unter .05.
ns: nicht signifikant.
An den Pfaden jeweils Werte für Jungen / Mädchen.
Fehlende Werte im Datensatz wurden imputiert, d. h. aufgrund vorliegender Informationen geschätzt.

BBS / IFS / LI : Kompetenzen und Einstellungen von Schülerinnen und Schülern © KESS 4

Eine getrennte Betrachtung des Modells nach Geschlecht soll Aufschluss darüber geben, ob die Beziehungen zwischen den untersuchten Konstrukten für Jungen und Mädchen auf gleiche Weise bestehen oder ob in diesem Modell für Jungen und Mädchen unterschiedliche Mechanismen wirken. Während sich bei den Mädchen ein höher empfundenes Durchsetzungsvermögen deutlicher auf die Schulfreude

2 Die hier vorgestellten Analysen wurden mit dem Programm MPlus (Muthén & Muthén, 2004) berechnet. Das Programm erlaubt es, Strukturgleichungsmodelle mit Mehrebenenanalysen zu verbinden.

auswirkt als bei den Jungen, sind für die Mädchen die diagnostische Kompetenz für die Schulfreude sowie das positive Verhältnis zur Lehrkraft für die Lernmotivation nicht von Bedeutung (vgl. Abb. VIII.7). Für Mädchen hingegen scheint die diagnostische Kompetenz für die Lernmotivation etwas bedeutsamer zu sein als für Jungen.

In einem nächsten Schritt soll nun – neben der Individualebene – die Klassenebene als zweite Ebene eingeführt werden.

Abbildung VIII.8: Strukturgleichungsmodell zum Einfluss von Durchsetzungsvermögen, positivem Verhältnis zur Lehrkraft sowie diagnostischer Kompetenz auf Schulfreude und Lernmotivation für Individual- und Klassenebene

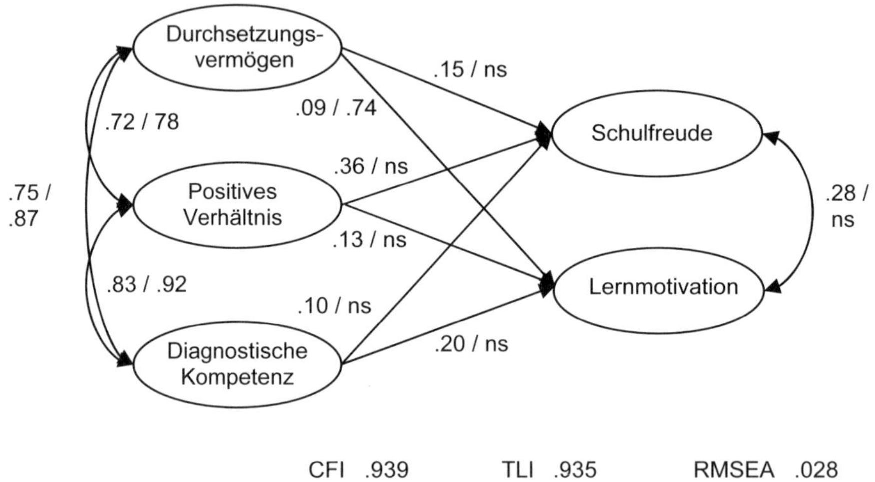

CFI, TLI und RMSEA sind Fit-Indizes, die Auskunft darüber geben, wie gut das untersuchte theoretische Modell auf die vorliegende Datenstruktur passt. Der CFI und der TLI sollten im Idealfall über .95 liegen, der RMSEA unter .05.
ns: nicht signifikant
An den Pfaden jeweils Werte für Individualebene / Klassenebene

BBS / IFS / LI : Kompetenzen und Einstellungen von Schülerinnen und Schülern © KESS 4

Da auf Klassenebene deutlich weniger Beobachtungen als auf Schülerebene zur Verfügung stehen, müssen sich die Pfadkoeffizienten, die sich auf die Klassenebene beziehen, deutlicher von 0 unterscheiden, um signifikant zu werden. In diesem Modell weist der einzige signifikante Pfad auf Klassenebene auf die hohe Bedeutung des Durchsetzungsvermögens für die Lernmotivation hin. Zwar ist es für einzelne Schülerinnen und Schüler für die individuelle Lernmotivation wenig bedeutsam, ob der Lehrer sich in der Klasse gut durchsetzt, empfindet aber die ganze Klasse im Durchschnitt ein hohes Durchsetzungsvermögen der Lehrerin / des Lehrers, wird der

Zusammenhang mit der durchschnittlichen Lernmotivation in der Klasse deutlich positiv (vgl. Abb. VIII.8).

3. Zusammenfassung

Die Analysen auf Individualebene zeigen, dass die Lehrkräfte von ihren Schülerinnen und Schülern überwiegend positiv wahrgenommen werden. Die untersuchten Personenmerkmale beeinflussen die Wahrnehmung der Lehrkraft dabei kaum oder gar nicht. Dies schließt die Möglichkeit nicht aus, dass andere – hier nicht einbezogene Variablen – Unterschiede auf Individualebene durchaus erklären können. Bei den Analysen auf Ebene der Schulklassen zeigen sich deutliche Unterschiede zwischen den einzelnen Schulklassen bzw. Lehrkräften. Manche Lehrerinnen und Lehrer werden in den einzelnen Dimensionen von der ganzen Klasse durchweg positiv, andere negativ beurteilt. Die Berufszufriedenheit der Lehrkräfte und das Empfinden der Lehrtätigkeit als Belastung scheinen mit der Beurteilung durch ihre Schülerinnen und Schüler zusammenzuhängen. Hier sind ergänzende Analysen nötig, um weitere erklärende Variablen auf der Ebene des Klassenkontextes zu ermitteln und diese auch in ihrer Interaktion mit Schülervariablen zu untersuchen.

Die Analysen zur Auswirkung der Wahrnehmung der Lehrkraft durch ihre Schülerinnen und Schüler zeigen, dass die Schulfreude der Schülerinnen und Schüler hauptsächlich durch ein positives Verhältnis zur Lehrkraft bestimmt wird. Für die Lernmotivation ist die wahrgenommene diagnostische Fähigkeit der Lehrkraft von Bedeutung. Letzteres gilt vor allem für die Mädchen, bei denen außerdem das wahrgenommene Durchsetzungsvermögen deutlich stärkere Zusammenhänge mit der Schulfreude aufweist. Mehrebenenanalysen zeigen vor allem einen deutlichen Zusammenhang zwischen der in der Klasse durchschnittlich wahrgenommenen Durchsetzungsfähigkeit der Lehrkraft und der Lernmotivation.

Betrachtet man die untersuchten Aspekte im Gesamtbild, bedeutet dies, dass die Unterrichtswahrnehmung und damit auch Schülereinstellungen wie Schulfreude und Lernmotivation, die als wichtige Aspekte im Zusammenhang mit der Schülerleistung gesehen werden können, deutlich von der Klassenzugehörigkeit und den Einstellungen der Lehrerin / des Lehrers beeinflusst werden. Für den Unterricht und die Lehrkraft kann dies bedeuten, dass sie die Schulfreude bzw. Lernmotivation der Schülerinnen und Schüler möglicherweise deutlich steigern kann, indem zwischen Lehrkraft und den Schülerinnen und Schülern ein Verhältnis gepflegt wird, das von Vertrauen gekennzeichnet ist bzw. in dem der Unterricht für jede einzelne Schülerin / jeden Schüler verständlich und im angemessenem Tempo gestaltet ist. Gelingt es, dass die gesamte Klasse die Durchsetzungsfähigkeit positiv wahrnimmt, also wenig Disziplinprobleme berichtet, kann vermutlich hierdurch die Lernmotivation deutlich gesteigert werden.

Literatur

Arbinger, R. & Saldern, M. v. (1984). Schulische Umwelt und soziales Klima in Schulklassen. *Psychologie in Erziehung und Unterricht*, *31*, 91–99.

Ditton, H. (1998). *Mehrebenenanalyse: Grundlagen und Anwendungen des hierarchisch linearen Modells*. Weinheim: Juventa.

Dreesmann, H., Eder, F., Fend, H., Pekrun, R., Saldern, M. v. & Wolf, B. (1992). Schulklima. In K. Ingenkamp, R. S. Jäger, H. Petillon & B. Wolf (Hrsg.), *Empirische Pädagogik 1970–1990* (S. 655–682). Weinheim: Deutscher Studien Verlag.

Eder, F. (1998). Schul- und Klassenklima. In D. H. Rost (Hrsg.), *Handwörterbuch der Pädagogischen Psychologie* (S. 424–430). Weinheim: Beltz.

Muthén, L. K. & Muthén, B. O. (2004). *Mplus user's guide* (3. Aufl.). Los Angeles: Muthén & Muthén.

IX. Naturwissenschaftliches Grundverständnis am Ende der vierten Jahrgangsstufe

Knut Schwippert, Kerstin Michalik

Ort des Erwerbs einer naturwissenschaftlichen oder naturwissenschaftsbezogenen Grundbildung in der Primarstufe ist der Sachunterricht, der sowohl im internationalen Vergleich als auch in Bezug auf Hamburg einige Besonderheiten aufweist. Diese werden im ersten Abschnitt als Bezugsrahmen für die Ergebnisse der KESS-4-Studie beschrieben und dieser Beschreibung der Anlage der Erhebung und der Präsentation und Diskussion der wichtigsten Ergebnisse vorangestellt. Im anschließenden Ausblick werden mögliche Konsequenzen der Untersuchungsergebnisse diskutiert und Fragen für weiterführende Analysen formuliert.

1. Sachunterricht als Integrationsfach mit vielfältigen curricularen Bezugsgrößen und der Stellenwert naturwissenschaftlicher Inhalte

Naturwissenschaftliche Grundbildung findet im Sachunterricht statt, sie ist aber nur ein Teilbereich des Sachunterrichts, der die allgemeine und komplexe Aufgabe hat, Kindern ihre Lebenswelt zu erschließen. Neben dem Bereich Natur umfasst der Sachunterricht soziale, gesellschaftliche, historische und kulturelle Inhalte sowie verschiedene fächerübergreifende Aufgabengebiete, wie z. B. die Gesundheits- und Sexualerziehung, die Verkehrserziehung, die Medienerziehung und das interkulturelle Lernen.

Sachunterricht ist ein integratives Sachfach, das differente inhaltliche Bezüge aufweist und durch vielfältige Einflüsse geprägt ist, die in der dreißigjährigen Geschichte des Fachs zu einer beständigen Veränderung der Inhalte, Grundkonzepte und Bezugsgrößen geführt haben. Das Fach weist in Deutschland keinen eindeutig festgelegten Rahmen von Bezugswissenschaften und -fächern auf. Während es in den USA mit den Arbeitsbereichen *Elementary Social Studies* (Gesellschafts- und Sozialwissenschaften) und *Elementary Science* (Naturwissenschaften) einen fachwissenschaftlich klar definierten Primarstufenunterricht gibt und auch in Frankreich und England ein fachbezogener Unterricht bereits ab der zweiten und dritten Grundschulklasse einsetzt, ist der deutsche Sachunterricht als ein fächerübergreifendes Integrationsfach konzipiert, in dem die fachwissenschaftlichen Anteile und deren

Stellenwert nicht genau definiert und festgelegt sind. Dies findet u. a. in der Struktur der Lehrpläne seinen Ausdruck, denn diese sind nicht an der Systematik der Bezugswissenschaften oder der Fächer weiterführender Schulen orientiert, sondern nach ‚Lernfeldern', ‚Arbeitsbereichen' oder ‚Erfahrungsbereichen' gegliedert, die durch mehrperspektivische und fächerintegrierende Zugänge zu erschließen sind.

Zu den vielfältigen Bezugsgrößen des Sachunterrichts gehört die Grundschulpädagogik. Sachunterricht bewegt sich im Spannungsfeld von Kindorientierung und Sach- oder Wissenschaftsorientierung, was in der Geschichte des Fachs zu Polarisierungen und einer wechselnden Bedeutung der pädagogischen und sachbezogenen Ansprüche geführt hat. Eine weitere Determinante des Sachunterrichts ist der konzeptionelle Bezugspunkt ‚Heimat', der mit der Einführung des modernen, wissenschaftsorientierten Sachunterrichts zu Beginn der 1970er Jahre als überwunden galt, jedoch bereits Mitte der 1970er Jahre eine Renaissance erlebte, die zu einer erneuten Diskussion der für den Unterricht als relevant erachteten Inhalte führte.

Seit der Ablösung des Heimatkundeunterrichts durch den Sachunterricht spielten die curricularen Bezugsgrößen von Wissenschaftsorientierung und Fachpropädeutik einerseits, Kind-, Situations- und Heimatorientierung andererseits eine wichtige Rolle und führten zu einer permanenten Revision der Inhalte des Fachs, die sich insbesondere auf das Gewicht und die Gestalt des naturwissenschaftlichen Bereichs auswirkte. Die dreißigjährige Entwicklung des Sachunterrichts ist durch einen kontinuierlichen Rückgang der naturwissenschaftlichen Anteile des Sachunterrichts geprägt, der jedoch nach Fächergruppen differenziert werden muss. Während im neuen Sachunterricht der frühen 1970er Jahre die naturwissenschaftliche Fächergruppe insgesamt (Biologie, Chemie, Physik, Technik, ‚physische' Geographie) nahezu 50 Prozent aller Inhalte des Sachunterrichts ausmachte, sank dieser Anteil in den 1990er Jahren auf nur noch rund 30 Prozent (vgl. Blaseio, 2004, S. 323). Diese Entwicklung ist in erster Linie auf den seit den 1990er Jahren in der didaktischen Literatur beschriebenen (vgl. Möller, 2001; Schreier, 1994) und durch empirische Untersuchungen belegten drastischen Abbau der physikalischen, chemischen und technischen Inhalte zurückzuführen, während der geographische und insbesondere der biologische Inhaltsbereich nach wie vor zu den inhaltlichen Grundpfeilern des Unterrichts gehören (vgl. Blaseio, 2004, S. 126 ff., S. 232 ff.; vgl. auch Einsiedler & Schirmer, 1986; Risch & Lück, 2004; Schreier, 1979; Strunck, Lück & Demuth, 1998). So sank der physikalische, chemische und technische Inhaltsbereich von knapp 30 Prozent aller Inhalte des Sachunterrichts zu Beginn der 1970er Jahre auf nur noch 6 bis 7 Prozent aller Inhalte in den 1990er Jahren, was einer prozentualen Reduktion um mehr als drei Viertel des anfänglichen Bestandes entspricht.

Dieser Rückgang der Inhalte zum Themenkomplex ‚unbelebte Natur und Technik' geht auf die bereits in der ersten Hälfte der 1970er Jahre erhobene Kritik an der Wissenschaftsorientierung des Sachunterrichts und damit verbundene neoreformpädagogische Tendenzen zurück, in deren Rahmen seit den 1980er Jahren als Gegenpol zum Leitmotiv der Wissenschaftsorientierung verstärkt kind- und schülerzentrierte pädagogische Ansätze sowie eine Orientierung an ganzheitlichen heimatkundlichen Konzepten in den Mittelpunkt rückten. Damit verlor der Unterricht gleichzeitig an Profil und Trennschärfe zu den anderen Fächern der Primarstufe und wurde zum Sammelbecken aller möglichen Aufgabenbereiche der Grundschule. Diese Entwicklungen gingen mit einem zunehmenden Bedeutungsverlust und einer Abwertung des Sachunterrichts u. a. auf der Ebene amtlicher Verlautbarungen einher, die ihren sichtbaren Ausdruck in der Reduzierung der Stundenanteile im Gesamtcurriculum der Grundschule bis hin zum Verschwinden des Fachs aus den Lehrplänen einzelner Länder der Bundesrepublik Deutschland findet.

Als Reaktion auf diese problematische Situation wurde von der Gesellschaft für Didaktik des Sachunterrichts (GDSU) im Jahr 2002 der ‚Perspektivrahmen Sachunterricht' (Gesellschaft für Didaktik des Sachunterrichts, 2002) vorgelegt, der auf eine neue inhaltliche Bestimmung, auf eine Rückkehr zur Wissenschaftsorientierung und auf die Anschlussfähigkeit des Fachs an die weiterführenden Schulen abzielt. Hiermit sind neue Standards für den Sachunterricht formuliert worden, die bei aller Orientierung an den Interessen der Kinder auch die Orientierung am Wissensbestand der Wissenschaften gewährleisten sollen (vgl. Schreier, 1994, 2001). Im ‚Perspektivrahmen Sachunterricht' werden als Grundpfeiler der inhaltlichen und fachlichen Profilierung fünf ‚Perspektiven' (die sozial- und kulturwissenschaftliche Perspektive, die raumbezogene Perspektive, die naturwissenschaftliche Perspektive, die technische Perspektive und die historische Perspektive) identifiziert, die für die Erschließung der Lebenswelt der Kinder bedeutsam sind und Grundlagen für den Fachunterricht an weiterführenden Schulen legen. Diese Perspektiven haben als Strukturprinzip bereits Eingang in die Lehrplangestaltung (neben Hamburg in Nordrhein-Westfalen und Baden-Württemberg), in bundesweite Fortbildungsprogramme und das Programm von Schulbuchverlagen gefunden.

Für die Einschätzung der Qualität der naturwissenschaftlichen Bildung in der Grundschule ist ferner zu berücksichtigen, dass das Fach häufig von Lehrkräften unterrichtet wird, die keinen einschlägigen fachwissenschaftlichen Hintergrund und / oder keine Ausbildung für den (naturbezogenen) Sachunterricht aufzuweisen haben. Dieses Problem gilt es insbesondere bei der Betrachtung des Hamburger Sachunterrichts zu bedenken, dessen Ausbildungssituation sich von der anderer Länder der Bundesrepublik Deutschland teilweise deutlich unterscheidet.

2. Zur Lage des Sachunterrichts in Hamburg

Für die Lage des Sachunterrichts in Hamburg zum Zeitpunkt der Untersuchung sind verschiedene Faktoren zu berücksichtigen. Das Alter der Lehrpläne und die dadurch bedingte Unterrichtspraxis sowie Inhalte und Umfang der Ausbildung von Lehrkräften an der Universität und im Studienseminar werden im Folgenden näher beschrieben.

2.1 Die Hamburger Lehrpläne für den Sachunterricht

Der zum Zeitpunkt der Studie gültige Lehrplan für den Sachunterricht gliederte das Fach in drei Abschnitte: ‚Gesellschaft', ‚Natur' und ‚Technik', mit einer weiteren Untergliederung des Bereichs ‚Natur' in ‚Natur / Biologie' und ‚Natur / Physik', wobei die Inhalte des biologischen Bereichs zwei Drittel des Sachunterrichts ‚Natur' ausmachen. Dieser Lehrplan stammt aus dem Jahr 1973 (allein im Bereich ‚Gesellschaft' und im Teilbereich ‚Verkehrserziehung' gab es 1979 bzw. 1989 Überarbeitungen der Themen) und war damit der älteste in Deutschland gültige Lehrplan für den Sachunterricht (Behörde für Schule, Jugend und Berufsbildung, 1973). Er wurde erst im Frühjahr 2004 durch einen neuen Rahmenplanentwurf ersetzt (Behörde für Bildung und Sport, 2003) und war somit für den Unterricht der in KESS 4 getesteten Schülerinnen und Schüler noch maßgeblich. Ein in den 1990er Jahren ausgearbeiteter neuer Lehrplan für den Sachunterricht (Behörde für Schule, Jugend und Berufsbildung, 1994) erlangte in Hamburg keine offizielle Gültigkeit. Dieser Entwurf war jedoch zwei Jahre lang Grundlage eines regionalen, schuljahrbegleitenden Fortbildungsangebots für Klassenlehrerinnen und -lehrer erster Klassen, er wurde in den letzten zehn Jahren im Studienseminar für die Ausbildung im Grundschulbereich eingesetzt und auch in der zweiten Staatsprüfung als Quelle akzeptiert.

Aufgrund des Alters des offiziell gültigen Lehrplans Sachunterricht und des zumindest partiell praxisrelevanten Lehrplanentwurfs von 1994 ist es nicht möglich, gesicherte Aussagen darüber zu machen, auf welcher Grundlage und im Rahmen welcher Themen in den letzten 30 Jahren bzw. zum Zeitpunkt der Untersuchung naturwissenschaftliche Inhalte in Hamburg unterrichtet wurden. Es ist mit großer Wahrscheinlichkeit davon auszugehen, dass der hohe Stellenwert naturwissenschaftlicher Grundbildung, der den Lehrplan von 1973 prägte, nicht die Unterrichtspraxis im gesamten Zeitraum seiner Gültigkeit bestimmte, da das Land Hamburg nicht unberührt von der allgemeinen grundschulpädagogischen Trendwende und den damit verbundenen Konsequenzen für den Sachunterricht blieb, wovon auch der Lehrplanentwurf von 1994 zeugt. Während naturwissenschaftliche Inhalte im Lehrplan von 1973 noch ein Drittel des gesamten Sachunterrichts ausmachen, sind im Lehrplanentwurf von 1994 nur noch drei der insgesamt zwölf Rahmenthemen, also ein Viertel der Inhalte (oder 13 statt 27 Einzelthemen) der naturwissenschaftlichen Grundbildung gewidmet (vgl. Tab. IX.1 bis Tab. IX.3). Der Lehrplan von 1994 weist ferner eine deutliche Reduktion der physikalischen Inhalte bzw. des Bereichs der unbelebten Natur aus, womit Hamburg ganz im allgemeinen Trend der Entwicklung des Fachs der letzten 30 Jahre liegt.

Zu Umfang und Inhalten des an Hamburger Schulen unterrichteten Sachunterrichts liegen keinerlei Erkenntnisse in Form von empirischen Erhebungen vor, daher ist eine Einschätzung der Situation allein auf der Basis von Erfahrungsberichten aus der Praxis möglich, und es können nur Eindrücke, allenfalls grobe Tendenzen angegeben werden. Nach Auskunft von Lehrkräften und Ausbildern ist von einer außerordentlich heterogenen Unterrichtspraxis auszugehen. Da der Lehrplan von 1973 kaum noch Grundlage des Unterrichts und der 1994er Entwurf nur wenig verbreitet war, orientierten sich die Lehrkräfte an Sachunterrichtslehrwerken bzw. an vorhandenen Unterrichts- und Materialangeboten der Schulbuchverlage oder anderen außercurricularen Größen. Das führte zum Beispiel dazu, dass an einigen Grundschulen Sachunterricht mit Verkehrserziehung identisch war und an anderen Schulen Themen aus dem Umfeld der Heimatkunde gepflegt wurden, an der überwiegenden Mehrzahl der Grundschulen im Sachunterricht ‚Natur' jedoch überwiegend biologische und nur sehr wenig physikalische und chemische Themen vertreten waren.

Der im August 2003 vorgelegte neue Rahmenplan Sachunterricht (vgl. Behörde für Bildung und Sport, 2003) wird seit Februar 2004 zur dreijährigen verbindlichen Erprobung in den Grundschulen eingesetzt. Der neue Lehrplan nutzt den Perspektivrahmen der GDSU als Strukturmoment und hebt die bundesweit allein in Hamburg nach wie vor auf curricularer Ebene vorhandene Untergliederung des Fachs in drei voneinander getrennte Abschnitte auf. Die inhaltliche Gestaltung orientiert sich an den fünf Perspektiven des ‚Perspektivrahmen Sachunterricht' und zielt auf eine Stärkung des wissenschaftsorientierten Lernens und der Fachbezüge bei gleichzeitiger Beibehaltung des üblichen Gliederungsprinzips nach ‚Lernfeldern' und nicht nach Fächern oder Perspektiven. Von den acht Lernfeldern ist ein Lernfeld, das Lernfeld ‚Natur', dem naturwissenschaftlichen Lernen gewidmet, womit dieser Bereich nur noch für ein Achtel der Inhalte des Sachunterrichts explizit ausgewiesen ist. Auch wenn bei jedem Unterrichtsthema möglichst alle fünf Perspektiven berücksichtigt werden sollen, fällt der Stellenwert naturbezogenen Lernens im neuen Lehrplan damit deutlich geringer aus als im Lehrplan von 1973 und auch im Perspektivrahmen Sachunterricht. Hervorzuheben ist jedoch, dass der Bereich der unbelebten Natur gegenüber dem Entwurf von 1994 wieder ein deutlich stärkeres Gewicht erhalten hat, womit eine einseitige Ausrichtung des Sachunterrichts ‚Natur' auf biologische Inhalte vermieden worden ist.

Tabelle IX.1: Naturwissenschaftliche Inhalte im Lehrplan von 1973

Lehrplan Sachunterricht / Natur 1973	
Sachunterricht Natur / Biologie	Sachunterricht Natur / Physik
Klasse 1	
Einrichtung eines Futterhauses	Vom Regenwasser
Tierhaltung und Tierpflege (Meerschweinchen)	Luft
Klasse 2	
Bau der Blütenpflanze	Magnete
Tierhaltung und Tierpflege (Hamster oder Mäuse)	Töne und Geräusche
Sichtbare Körperteile des Menschen	
Klasse 3	
Haustiere (Hund und Katze)	Unser Trinkwasser
Ein Singvogel brütet	Feuer und Wärme
Keimung und Wachstum	
Der Mensch und seine Umwelt	
Pflanzen als Nahrungsmittel	
Klasse 4	
Früchte und Samen	Elektrizität (Stromkreis / Leiter und Nichtleiter)
Pflege und Aufzucht von Zimmerpflanzen	Schwimmen und Sinken
Tieraufzucht und Tierpflege (Lurche)	Licht
Vögel unter den Haustieren (Haushuhn und Ente)	
Ergänzungsthemen für Klassen 1–4: Gestaltwandel beim Schmetterling / Von der Blüte bis zur Frucht	

Tabelle IX.2: Naturwissenschaftliche Inhalte im Lehrplanentwurf von 1994

Lehrplanentwurf Sachunterricht 1994 Klassenstufenübergreifende Themen (Klassen 1–4)
Rahmenthema ‚Begegnung mit Pflanzen und Tieren‘
Keimung, Wachstum, Fortpflanzung von Pflanzen
Ernährung, Fortpflanzung, Fortbewegung etc. von Tieren
Arten- und Formenkenntnisse
Gefährdung von Pflanzen und Tieren
(Beispiele: Garten in Kisten und Kästen, Heimtierhaltung, Unsere Amseln, Unsere Kastanie, Wildkräuter – Nahrungsquelle für Insekten, Lebensraum Wald)
Rahmenthema ‚Naturphänomene‘
Alltagsphänomene
Sinn und Nutzen naturwissenschaftlicher Erkenntnisse
(Beispiele: Luftballons, Steine, Niederschläge und Wolken)
Rahmenthema ‚Wir und unsere Umwelt‘
Abhängigkeiten und Wechselbeziehungen zwischen Pflanzen und Tieren und ihrer Umwelt
Umweltprobleme und Lösungsansätze
Umweltbelastungen und -zerstörungen
(Beispiele: Wir brauchen sauberes Wasser, Wir brauchen guten Boden, Wir brauchen reine Luft, Wärme richtig nutzen)

BBS / IFS / LI : Kompetenzen und Einstellungen von Schülerinnen und Schülern © KESS 4

Tabelle IX.3: Naturwissenschaftliche Inhalte im Rahmenplan von 2003

Rahmenplanentwurf Sachunterricht 2003
Rahmenthema ‚Natur‘
Klassen 1 und 2
Pflanzen (Aufbau und Veränderung)
Tiere (Lebens- und Verhaltensweisen)
Luft (Eigenschaften)
Wetter
Wasser (Eigenschaften) oder
Feuer (Wärme, Licht, brennbare Stoffe)
Klassen 3 und 4
Pflanzen (Keimung, Wachstum, Fortpflanzung)
Tiere (Heimtier / Lebensraum)
Luft und Wasser (Eigenschaften)
Feuer (Entstehungsbedingungen)
Wetter
Erde (Geologischer Aufbau)
Naturphänomene (Magnetismus, Stromkreis / Leitfähigkeit)

BBS / IFS / LI : Kompetenzen und Einstellungen von Schülerinnen und Schülern © KESS 4

2.2 Die Ausbildung der Sachunterrichtslehrkräfte an Universität und Studienseminar

Die Ausbildung für den Sachunterricht findet in zwei voneinander getrennten Phasen statt. Für die Zulassung zum Ersten Staatsexamen ist die Vorlage der Bescheinigung von drei erfolgreich absolvierten Veranstaltungen zum Sachunterricht erforderlich, d. h., die Studierenden können das Studium dieses Lernbereichs, der anders als der mathematische und der sprachliche Anfangsunterricht nicht obligatorisch ist, in sechs Semesterwochenstunden (bzw. durch den Besuch einer einführenden und zweier weiterführender Veranstaltungen) absolvieren – in dem bundesweit bei weitem knappsten ‚Studiengang'.

Analog zur Lehrplangliederung aus dem Jahr 1973 muss die Qualifikation entweder im Bereich ‚Natur', im Bereich ‚Technik' oder im Bereich ‚Gesellschaft' erworben werden, womit Sachunterrichtslehrkräfte nur in einem Teilbereich des Sachunterrichts ausgebildet werden. Für die Zulassung zu einem der Bereiche sind die jeweiligen Studienfächer ausschlaggebend. Bei einem gesellschaftswissenschaftlichen Studienfach muss der Bereich ‚Natur' oder ‚Technik', bei einem naturwissenschaftlichen Fach der Schwerpunkt ‚Gesellschaft' oder ‚Technik' belegt werden; bei einer Kombination beider Fächer ist allein eine Ausbildung im Bereich ‚Technik' zulässig bzw. prüfungsrelevant. Damit wird eine polyvalente Einsatzmöglichkeit der Lehrkräfte angestrebt. Durch den neuen Lehrplan, mit dem der Sachunterricht in Hamburg an die didaktischen Entwicklungen seit den 1980er Jahren anschließt, ist die Dreiteilung des Sachunterrichts und die damit verbundene Untergliederung der Lehrveranstaltungen nebst Ausschlussklauseln gegenstandslos geworden. Die hergebrachte Ordnung besitzt jedoch nach wie vor ihre Gültigkeit für die Prüfungsordnung des Lehrerprüfungsamtes und die Studienordnung des Fachbereichs Erziehungswissenschaft.

In der zweiten Phase der Ausbildung gibt es erst seit drei Jahren (Schuljahr 2001/02) ein eigenes Fachseminar Sachunterricht. Vor der Einrichtung dieses Fachseminars besuchten die angehenden Lehrkräfte die Fachseminare ihrer jeweiligen Studienfächer, die jedoch nur begrenzt primarstufenbezogen waren bzw. keine spezielle, auf das Ganze des Integrationsfachs Sachunterricht ausgerichtete Ausbildung boten. Mit der Verkürzung des Referendariats auf anderthalb Jahre ist auch die Ausbildung im Fachseminar reduziert worden, was angesichts der bereits ohnehin geringen Ausbildungsdauer an der Universität eine weitere Qualifikationsminderung darstellt.

3. Aufbau und Durchführung des Tests

Der in KESS 4 eingesetzte Test beleuchtet einen vergleichsweise kleinen Ausschnitt des Sachunterrichts, weil es hier nur um das naturwissenschaftliche Grundverständnis geht und die übrigen Bereiche des Sachunterrichts, die diesen mehrheitlich konstituieren, ausgeblendet bleiben. Der Test für das naturwissenschaftliche Grundverständnis soll einen Eindruck über den relativen Kenntnisstand der Hamburger Grundschülerinnen und Grundschüler vermitteln. Daher wurden bei der Konzeption des Tests nur einige Bereiche des weitgefassten allgemeinen naturwissenschaftlichen Verständnisses aufgegriffen. In der Tabelle IX.4 sind die im Sommer 2003 eingesetzten Fragen kategorisiert. Im Bereich Physik sind neben der Elektrizität und Mechanik auch Optik und Akustik Gegenstand von Fragen. Zu allen Fragen wurden den Kindern Antwortalternativen im Multiple-Choice-Format vorgegeben. Das KESS-4-Studiendesign sah vor, dass nur jedes zweite Kind (jede zweite Klasse, vgl. Kap. II in diesem Band) Aufgaben zum naturwissenschaftlichen Grundverständnis erhielt. Insgesamt wurden in Hamburg 6.760 Kinder zum naturwissenschaftlichen Grundverständnis getestet.

Tabelle IX.4: Gebiete und Anzahl von Fragen im KESS-4-Test zum naturwissenschaftlichen Grundverständnis

Gebiet	Anzahl von Fragen
Physik	10
Chemie	1
Biologie	5

BBS / IFS / LI : Kompetenzen und Einstellungen von Schülerinnen und Schülern © KESS 4

Zur Bestimmung der Schülerfähigkeiten wurde das probabilistische Testmodell herangezogen. Die Modellprüfung ergab, dass alle 16 Fragen auf einer latenten Fähigkeitsdimension liegen und somit gemeinsam als Test für das naturwissenschaftliche Grundverständnis interpretiert werden können. In diesem nach dem Dänen Georg Rasch entwickelten Verfahren können Schülerfähigkeiten und Aufgabenschwierigkeiten simultan bestimmt und auch direkt aufeinander bezogen werden. So ist es möglich, Aufgabenschwierigkeiten und Schülerfähigkeiten auf einer gemeinsamen Skala abzubilden und zu interpretieren. Die Fähigkeitswerte der Schülerinnen und Schüler werden mit Aufgaben des Tests illustriert (vgl. Abb. IX.1). Für das naturwissenschaftliche Grundverständnis werden drei Kompetenzbereiche unterschieden.

Abbildung IX.1: Beispielaufgaben zum naturwissenschaftlichen Grundverständnis nach Kompetenzbereichen

Unterer Kompetenzbereich

Ein Schmetterling setzte sich auf ein Blatt und legte einige kleine Eier. Die Bilder zeigen die Veränderungen, die an den Eiern stattgefunden haben.

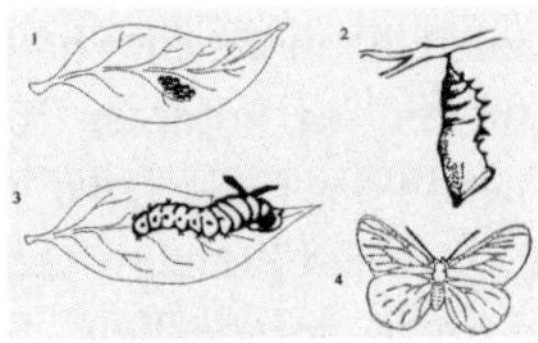

In welcher Reihenfolge haben die Veränderungen stattgefunden?

A. 1, 2, 3, 4
B. 1, 3, 2, 4
C. 1, 4, 3, 2
D. 1, 4, 2, 3

Mittlerer Kompetenzbereich

Die folgenden Bilder zeigen eine Taschenlampenbatterie und eine Glühbirne, die durch Drähte mit verschiedenen Substanzen verbunden sind.

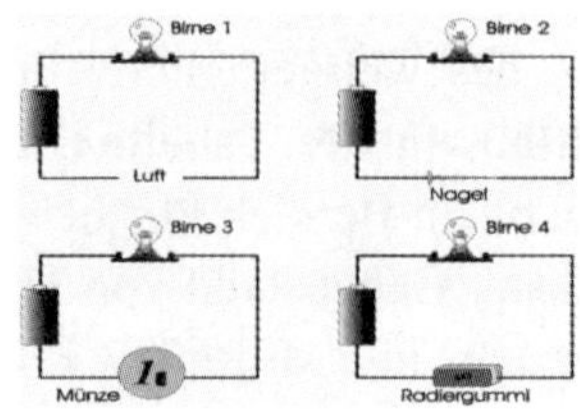

Welche der Glühbirnen werden leuchten?

- □ Glühbirnen 1 und 2
- □ Glühbirnen 1, 2 und 3
- □ Glühbirnen 2,3 und 4
- □ Glühbirnen 2 und 3
- □ Glühbirnen 3 und 4

Oberer Kompetenzbereich

Um herauszufinden, ob Samen im Licht oder im Dunkeln besser wachsen,
kannst Du einige Samen auf ein feuchtes Papier legen und

A. sie an einen warmen, dunklen Ort stellen.

B. einen Teil an einen hellen Ort und einen Teil an einen dunklen Ort stellen.

C. sie an einen warmen, hellen Ort stellen.

D. sie an einen hellen oder dunklen, aber kühlen Ort stellen.

BBS / IFS / LI : Kompetenzen und Einstellungen von Schülerinnen und Schülern © KESS 4

Im *unteren* Kompetenzbereich kennen die Schülerinnen und Schüler einfache naturwissenschaftliche Bezeichnungen und verfügen über ein naturwissenschaftliches Alltagswissen, das sie in zunehmendem Maße richtig anwenden. Hingegen fällt es ihnen noch schwer, einfache naturwissenschaftliche Phänomene zu verstehen.

Im *mittleren* Kompetenzbereich verfügen die Schülerinnen und Schüler über grundlegende naturwissenschaftliche Begriffe. Sie können ihr Wissen bei der naturwissenschaftlichen Deutung von Alltagsphänomenen umstrukturieren. Sie haben ein erstes Verständnis von naturwissenschaftlichen Herangehensweisen entwickelt, mit dem sie zu arbeiten beginnen.

Im *oberen* Kompetenzbereich verfügen die Schülerinnen und Schüler über grundlegende naturwissenschaftliche Vorstellungen und sind in der Lage, diese anzuwenden. Sie haben eine Grundidee von naturwissenschaftlichen Herangehensweisen entwickelt, die sie auch umsetzen können. Teilweise können sie bereits einfache naturwissenschaftliche Konzepte anwenden, um schlüssige Erklärungen zu geben oder Voraussagen zu treffen.

Eine weitergehende Ausdifferenzierung, wie die fünf Kompetenzstufen bei IGLU, ist aufgrund der Entscheidung, einen Testblock von 25 Minuten mit lediglich 16 Aufgaben einzusetzen, nicht angeraten. Eine detailliertere Darstellung der Kompetenzstufen wurde bei der Konzeption der Studie nicht in Betracht gezogen, da es ansonsten notwendig geworden wäre, den Kindern mehr Fragen vorzulegen und folglich die Testzeit noch weiter auszudehnen. Diese Entscheidung wurde zugunsten der differenzierten Erfassung des Leseverständnisses getroffen.

Bei der Konzeption des Tests wurden die Aufgaben so gewählt, dass jeweils ein Viertel im unteren und im oberen und ca. die Hälfte im mittleren Schwierigkeitsbereich lagen. Die Auswahl der Aufgaben orientierte sich an den erwarteten Fähigkeiten, für die aus anderen Studien bereits Schätzungen zur Verfügung standen. Die Bandbreite der Anforderungen wurde so angelegt, dass schwache Schülerinnen und Schüler zumindest einige und sehr gute Schülerinnen und Schüler fast alle Aufgaben lösen können sollten. Tatsächlich lässt sich eine Verteilung beobachten, bei der 19,4 Prozent der Viertklässerinnen und Viertklässler im oberen, 53,3 Prozent im mittleren und 27,3 Prozent im unteren Kompetenzbereich liegen (vgl. Abb. IX.2), was darauf hindeutet, dass die gestellten Fragen den Schülerinnen und Schülern tendenziell ein wenig schwerer fielen als erwartet.

Abbildung IX.2: Verteilung der Kompetenzen im KESS-4-Test für das naturwissenschaftliche Grundverständnis

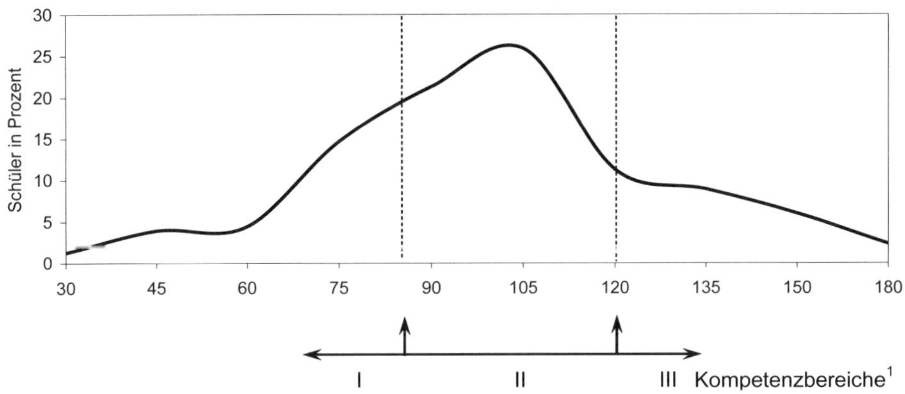

[1] I: < 84,1 Skalenpunkte, II: 84,1–120,2 Skalenpunkte, III: > 120,2 Skalenpunkte.

BBS / IFS / LI : Kompetenzen und Einstellungen von Schülerinnen und Schülern © KESS 4

Um nicht nur eine normative Zuordnung zu den drei oben vorgestellten Kompetenzbereichen vornehmen zu können, wurden für die Kinder Personenfähigkeiten und für die Aufgaben entsprechend Aufgabenschwierigkeiten bestimmt. Der Gesamttest wurde für Hamburg so normiert, dass die Leistungen aller Schülerinnen und Schüler im Durchschnitt bei 100 Skalenpunkten liegen und dass ca. 70 Prozent der Kinder zwischen 70 und 130 Skalenpunkte und rund 95 Prozent der Kinder zwischen 40 und 160 Skalenpunkte erreichen. Eine mittelschwere Aufgabe hat entsprechend ebenfalls den Wert 100; leichtere Aufgaben weisen geringere Schwierigkeitswerte auf, anspruchsvollere höhere. In Abbildung IX.2 ist die beobachtete Verteilung der Schülerkompetenzen auf dieser Metrik dargestellt. Statistisch ausgedrückt hat die Verteilung einen Erwartungswert (auch: Mittelwert) von 100 Punkten mit einer Standardabweichung von 30 Punkten.

Um Aussagen über die relativen Stärken und Schwächen von Hamburger Grundschülerinnen und Grundschülern treffen zu können, werden im Folgenden, nach einer kurzen Einschätzung des KESS-4-Tests durch Lehrkräfte, verschiedene Gruppen von Kindern einander gegenübergestellt.

4. Beurteilung der Aufgaben durch Lehrkräfte

Um einen Eindruck darüber zu gewinnen, ob und inwiefern der in den Aufgaben behandelte Stoff bei den Kindern als bekannt vorausgesetzt werden kann, wurden acht erfahrene Lehrkräfte nach ihren persönlichen Einschätzungen der in KESS 4 eingesetzten Aufgaben zum naturwissenschaftlichen Grundverständnis befragt. Sie wurden gebeten, ihre Einschätzungen jeweils mit Blick auf die Viertklässlerinnen und Viertklässler vorzunehmen, die die Schule besuchen, an der sie selber unterrichten. Den Lehrkräften sei an dieser Stelle ausdrücklich für ihr Engagement gedankt. Bei dieser *ex post* durchgeführten Befragung geht es nicht um einen repräsentativen Querschnitt für Hamburg, vielmehr sollte lediglich ein Eindruck gewonnen werden, wie ausgewählte Lehrkräfte die in KESS 4 gestellten Fragen beurteilen.

Die Lehrkräfte hatten für jede Aufgabe einzuschätzen, wie vertraut die Viertklässlerinnen und Viertklässler nach ihren persönlichen Erfahrungen mit (a) dem Stoff bzw. (b) der Art und Weise der Aufgabenstellung sind, für wie wichtig sie (c) den Stoff für das Lernen in höheren Klassenstufen beurteilen und schließlich (d) welcher Anteil von Viertklässlerinnen und Viertklässlern nach ihren Erwartungen die Aufgabenstellung vollständig lösen können sollte.

In Abbildung IX.3 ist die generelle Einschätzung, ob die Viertklässlerinnen und Viertklässler mit dem abgefragten Stoff, aber auch mit der Aufgabenstellung vertraut sind, differenziert dargestellt. Für etwas mehr als drei Viertel der Aufgaben schätzen die Lehrkräfte, dass der Stoff sehr (19,4 %) oder überwiegend (57,3 %)

vertraut sei. 21 Prozent der Aufgaben seien eher nicht und 2,4 Prozent gar nicht vertraut. Dieser Befund weist auf ein angemessenes Testdesign hin. Klassenarbeiten werden in der Regel so konzipiert, dass möglichst viele Kinder auch möglichst viele Aufgaben kennen und lösen können sollten. Hingegen werden in groß angelegten Schulvergleichsuntersuchungen auch Aufgaben aufgenommen, für die nur ein geringer Lösungsanteil erwartet wird. Hierdurch soll ein so genannter Deckeneffekt vermieden werden, der darauf hinweisen würde, dass mit dem vorgelegten Test die Kompetenzen leistungsstarker Schülerinnen und Schüler nicht von den Kompetenzen der leistungsstärksten Schülerinnen und Schülern zu unterscheiden wären. Die besonders anspruchsvollen Aufgaben sind so angelegt, dass nur die leistungsstärksten Schülerinnen und Schüler diese richtig lösen.

Abbildung IX.3: Vertrautheit der Kinder mit dem Stoff und der Aufgabenstellung

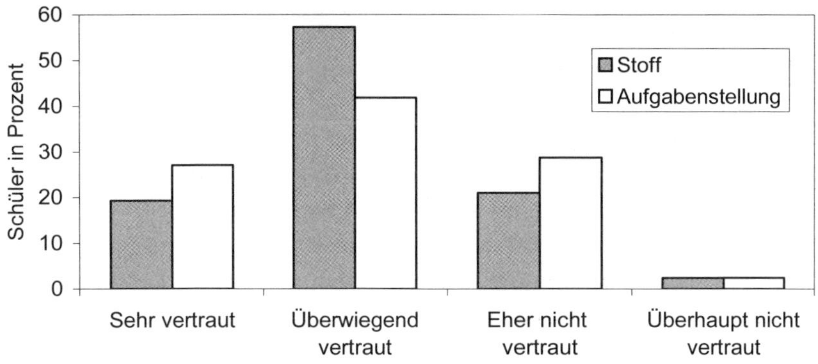

BBS / IFS / LI : Kompetenzen und Einstellungen von Schülerinnen und Schülern © KESS 4

Der Abbildung IX.3 ist des Weiteren zu entnehmen, dass nach Einschätzung der befragten Lehrkräfte etwa ein Drittel der Kinder mit der Form der Aufgabenstellung (Multiple-Choice-Format) eher nicht bzw. überhaupt nicht vertraut ist. Inwieweit daraus besondere Schwierigkeiten bei der Lösung der Aufgaben resultieren, kann hier allerdings nicht beantwortet werden. Dies bleibt anderen Untersuchungen vorbehalten.

Anhand der in Abbildung IX.4 aufgeführten Einschätzungen der Lehrkräfte wird nochmals deutlich, welches Fundament die Grundschule für die weitere schulische Entwicklung der Kinder legt. Keine der in KESS 4 gestellten Fragen zielt auf ein Stoffgebiet, welches von den befragten Lehrkräften als unbedeutend für das Lernen in höheren Klassenstufen eingeschätzt wird. Vielmehr geben sie an, dass fast 90 Prozent der Aufgaben Stoffgebiete behandeln, die sie für wichtig oder sogar sehr wichtig halten.

Abbildung IX.4: Wichtigkeit des Stoffes für das weitere Lernen

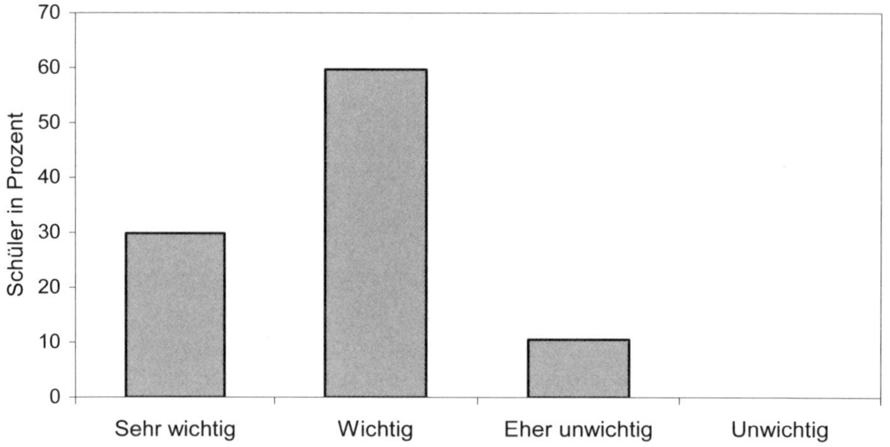

BBS / IFS / LI : Kompetenzen und Einstellungen von Schülerinnen und Schülern © KESS 4

Die letzte an die Lehrkräfte gerichtete Frage erbat eine Schätzung des Anteils von Viertklässlerinnen und Viertklässlern, die die Testaufgaben vollständig lösen können. Mit einer beobachteten durchschnittlichen Lösungshäufigkeit von 66 Prozent liegt das tatsächliche Ergebnis nur knapp unter den etwas optimistischeren Einschätzungen der acht befragten Lehrkräfte, die erwarteten, dass rund 70 Prozent der Kinder die Aufgaben vollständig lösen können.

Zusammenfassend kann den Einschätzungen der Lehrkräfte entnommen werden, dass die in KESS 4 eingesetzten Aufgaben zum naturwissenschaftlichen Grundverständnis sowohl hinsichtlich der Stoffgebiete als auch ihres Schwierigkeitsgrades für die Viertklässlerinnen und Viertklässler angemessen erscheinen, was jedoch nicht bedeutet, dass diese Themengebiete auch tatsächlich Inhalt ihres Unterrichts gewesen sein müssen.

5. Unterschiede zwischen Jungen und Mädchen im naturwissenschaftlichen Grundverständnis

Wie schon in der IGLU-Studie sowohl für Deutschland insgesamt als auch für einige ausgewählte Länder der Bundesrepublik Deutschland gezeigt wurde, beantworten auch in Hamburg die Jungen die vorgelegten Fragen zum naturwissenschaftlichen Grundverständnis häufiger richtig als die Mädchen (vgl. Bos et al., 2004, 2003).

Tabelle IX.5 ist zu entnehmen, dass die Jungen mit 22,9 Prozent häufiger im oberen Kompetenzbereich vertreten sind als die Mädchen (17,4 %). Vergleichbar viele Jungen (54,1 %) und Mädchen (53,8 %) liegen im zweiten, mittleren Kompetenzbereich, während im unteren Kompetenzbereich die Mädchen mit 28,8 Prozent entsprechend stärker vertreten sind als die Jungen (23 %).

Tabelle IX.5: Jungen und Mädchen im Vergleich: Verteilungen beim naturwissenschaftlichen Grundverständnis (Angaben in Prozent)

Kompetenzbereich[1]	Gesamt	Mädchen	Jungen
III	19,4	17,4	22,9
II	53,3	53,8	54,1
I	27,3	28,8	23,0

[1] I: < 84,1 Skalenpunkte, II: 84,1–120,2 Skalenpunkte, III: > 120,2 Skalenpunkte.

BBS / IFS / LI : Kompetenzen und Einstellungen von Schülerinnen und Schülern © KESS 4

Der Vorsprung der Jungen lässt sich auch dem Säulendiagramm (Abb. IX.5) entnehmen. Die Jungen erreichen einen durchschnittlichen Kompetenzwert von 104,3 Punkten, welcher statistisch signifikant über dem der Mädchen mit 98,5 Punkten liegt. Der Unterschied ist mit etwas mehr als fünf Punkten (was einer sechstel Standardabweichung und damit einer Effektstärke von d = 0,17 entspricht) geringer ausgefallen als im bundesdeutschen Durchschnitt. Die Differenz in IGLU beträgt etwa eine viertel Standardabweichung (d = 0,27). Legt man den Unterschied zwischen zwei Klassenstufen zugrunde, der in verschiedenen Untersuchungen mit Werten zwischen einer viertel (d = 0,25) und einer halben (d = 0,50) Standardabweichung gemessen wurde, liegen die Mädchen in Hamburg rund ein halbes Schuljahr hinter den Jungen zurück. Der Vorsprung der Jungen im Bereich naturwissenschaftlicher Kompetenzen ist nicht überraschend, da aus verschiedenen Untersuchungen bekannt ist, dass Jungen generell ein größeres Interesse an naturwissenschaftlichen Inhalten haben als Mädchen.

Dieser allgemeine Befund bedarf weiterer Differenzierung, denn sowohl auf die Grundschule als auch die Sekundarstufe bezogene empirische Forschung hat gezeigt, dass es innerhalb der Naturwissenschaften deutliche geschlechtsspezifische Unterschiede im Hinblick auf die Interessen von Jungen und Mädchen gibt. So weisen Mädchen zwar ein deutlich geringeres Interesse an Physik, Chemie und Technik auf als Jungen, dies gilt aber nicht für die Biologie, die auf allen Schulstufen eher eine Domäne der Mädchen ist (vgl. Hansen & Klinger, 1997, S. 111 ff.; Hoffmann, 1996, S. 114 f.). Zur Erklärung dieser geschlechtsspezifischen Interessenausprägung wird zum einen auf unterschiedliche, geschlechterrollenkonforme vor- und außerschulische Erfahrungen der Kinder verwiesen. Mädchen haben deutlich weniger Erfahrungen als Jungen im Basteln, Hantieren mit Werkzeug und technischem Spielzeug und werden auch seltener ermuntert und bestärkt, sich mit naturwissenschaftlichen und technischen Tätigkeiten zu befassen als Jungen. Zum anderen gibt es Hinweise darauf, dass die distanziert-sachliche und humanitäre Aspekte tendenziell ausklammernde Betrachtungsweise der so genannten ‚harten' naturwissenschaftlichen Fächer Chemie und Physik für Mädchen weniger attraktiv ist, weil für das Interesse der Mädchen Faktoren wie der Bezug zum Menschen, soziale Implikationen und gesellschaftliche Bezüge sowie die praktische Anwendbarkeit und Anbindung naturwissenschaftlicher Inhalte an alltägliche Erfahrungen bedeutsam sind (vgl. Kaiser, 2003, S. 136 f.).

Abbildung IX.5: Jungen und Mädchen im Vergleich: Mittelwerte beim naturwissenschaftlichen Grundverständnis (mit 95%-Konfidenzintervallen der Gruppenmittelwerte)

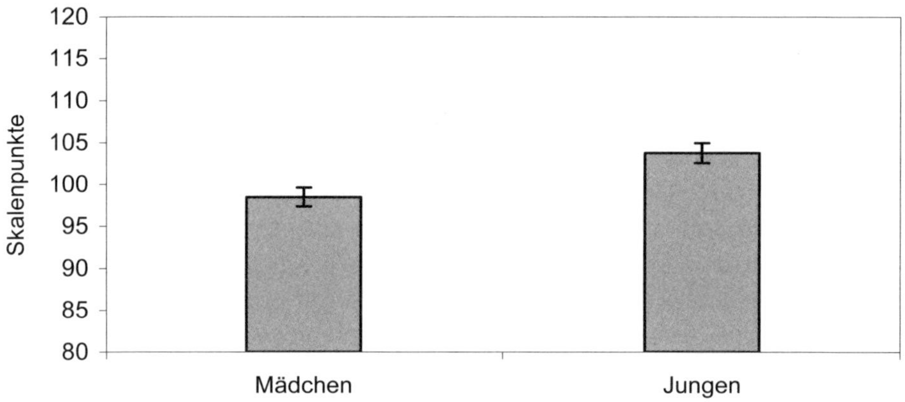

BBS / IFS / LI : Kompetenzen und Einstellungen von Schülerinnen und Schülern © KESS 4

Ausgehend von dieser geschlechtsspezifischen Differenzierung der Interessen von Jungen und Mädchen an naturwissenschaftlichen Inhalten und zurückgreifend auf die Beschreibung des Sachunterrichts in Hamburg kann vermutet werden, dass sich die Hamburger Testergebnisse positiver für die Mädchen darstellen würden, wenn mehr Fragen aus dem Bereich der Biologie, der – wie oben dargelegt – einen erheblichen Anteil am Sachunterricht Natur ausmacht, verwendet worden wären. Abbildung IX.6 gibt hierfür einen ersten Hinweis. Der in KESS 4 eingesetzte Test für die Erfassung des naturwissenschaftlichen Grundverständnisses bestand aus zehn Aufgaben aus der Physik, fünf Aufgaben aus der Biologie und einer Aufgabe aus der Chemie. Werden die Testergebnisse bereichsspezifisch betrachtet (hiervon ist Chemie mit nur einer Aufgabe ausgenommen), zeigt sich, dass der Vorsprung der Jungen bei den Fragen zur Physik signifikant ausfällt. In der Biologie ist dieser Vorsprung hingegen wesentlich geringer ausgeprägt und nicht statistisch signifikant. Würde statt des vorgelegten am *Literacy*-Konzept orientierten Tests in Hamburg ein curricular valider und den unterrichteten Stoffgebieten entsprechender Test zum Sachunterricht konzipiert werden, so ist zu vermuten, dass sich der relative Vorsprung der Jungen zumindest deutlich verringern würde, wenn sich die Verhältnisse nicht sogar umkehrten.

Abbildung IX.6: Unterschiede in der Lösungshäufigkeit zwischen Mädchen und Jungen nach Stoffgebieten

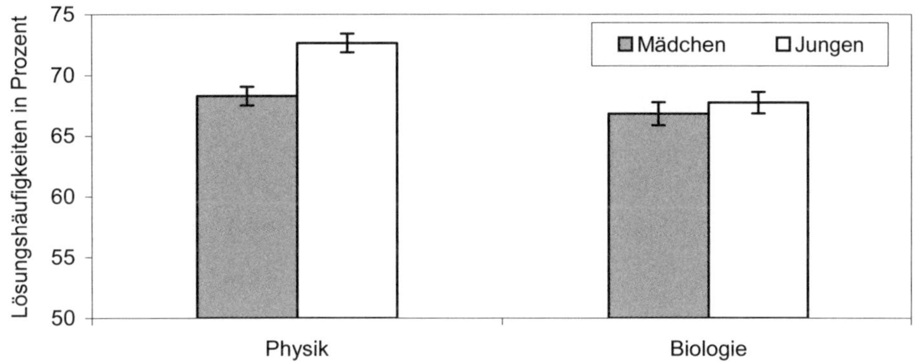

BBS / IFS / LI : Kompetenzen und Einstellungen von Schülerinnen und Schülern © KESS 4

6. Unterschiede zwischen Kindern aus Familien mit und ohne Migrationsgeschichte im naturwissenschaftlichen Grundverständnis

Kinder, deren Eltern beide in Deutschland geboren wurden, erreichen mit 109,6 Punkten einen rund sieben Punkte höheren Wert als Kinder, bei denen ein Elternteil im Ausland, der andere in Deutschland geboren wurde. Um weitere 13 Punkte liegen Kinder zurück, deren Eltern beide im Ausland geboren wurden; diese weisen mit knapp 90 Punkten den niedrigsten Durchschnittswert auf.

Die zwischen Kindern mit unterschiedlichem Migrationshintergrund zu beobachtenden Differenzen im naturwissenschaftlichen Grundverständnis lassen sich Tabelle IX.6 entnehmen.

Tabelle IX.6: Kinder aus Familien mit und ohne Migrationsgeschichte[1] im Vergleich: Verteilungen beim naturwissenschaftlichen Grundverständnis (Angaben in Prozent)

Kompetenzbereich[2]	Gesamt	Beide Eltern in Deutschland geboren	Ein Elternteil in Deutschland geboren	Kein Elternteil in Deutschland geboren
III	19,4	29,6	19,6	8,3
II	53,3	54,9	56,7	52,0
I	27,3	15,6	23,8	39,7

[1] Die Angaben zum Migrationsstatus stammen aus dem Schülerfragebogen.
[2] I: < 84,1 Skalenpunkte, II: 84,1–120,2 Skalenpunkte, III: > 120,2 Skalenpunkte.

BBS / IFS / LI : Kompetenzen und Einstellungen von Schülerinnen und Schülern © KESS 4

Abbildung IX.7: Kinder aus Familien mit und ohne Migrationsgeschichte[1] im Vergleich: Mittelwerte beim naturwissenschaftlichen Grundverständnis (mit 95%-Konfidenzintervallen der Gruppenmittelwerte)

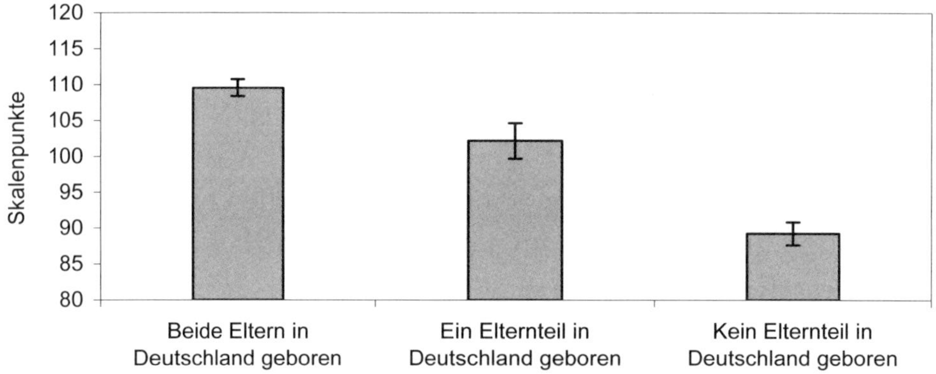

[1] Die Angaben zum Migrationsstatus stammen aus dem Schülerfragebogen.

BBS / IFS / LI : Kompetenzen und Einstellungen von Schülerinnen und Schülern © KESS 4

Ca. 16 Prozent der Kinder, deren Eltern beide in Deutschland geboren wurden, verfügen über ein Verständnis naturwissenschaftlicher Phänomene, das nicht über ein altersgemäßes Alltagsverständnis hinaus geht (Kompetenzbereich I). Bei Kindern, bei denen nur ein Elternteil in Deutschland geboren wurde, ist dieser Anteil mit 23,8 Prozent beträchtlich größer. Schließlich ist mit fast 40 Prozent der Kinder, deren Eltern beide im Ausland geboren wurden, der Anteil im untersten Kompetenzbereich mehr als doppelt so groß wie im Hamburger Durchschnitt. Entsprechend gegensätzlich stellt sich die Befundlage im oberen Kompetenzbereich dar. Knapp 30 Prozent der Kinder ohne Migrationshintergrund erreichen den oberen Kompetenzbereich, bei den Kindern mit einem im Ausland geborenen Elternteil sind es rund 20 Prozent, während nur 8 Prozent der Kinder, deren Eltern beide im Ausland geboren wurden, dieses Kenntnisniveau erreichen.

7. Unterschiede zwischen Kindern aus Familien unterschiedlicher sozialer Lagen im naturwissenschaftlichen Grundverständnis

Kinder lernen nicht nur in der Schule. Die Anregungen, die sie zu Hause bzw. in ihrem Freundes- und Bekanntenkreis erhalten, sind für ihre kognitive Entwicklung ebenfalls von zentraler Bedeutung (vgl. Prenzel, Geiser, Langeheine & Lobemeier, 2003). Untersuchungen wie IGLU und PISA belegen, dass Kinder aus bildungsnäheren Familien in der Schule erfolgreicher abschneiden als ihre Altersgenossen aus bildungsferneren Elternhäusern. Der Zusammenhang von Bildungsnähe, erreichtem Schulabschluss und ausgeübtem Beruf der Eltern und dem Haushaltseinkommen ist in verschiedenen Studien belegt worden. Basierend auf diesen Arbeiten, wurde in KESS 4 die soziale Lage der Schülerfamilien unter Verwendung der Dienstklasseneinteilung nach Erikson, Goldthorpe und Portocarero (1979) klassifiziert. Dieser EGP-Index basiert auf den ausgeübten Berufen der Eltern unter Berücksichtigung der Weisungsbefugnis und Verantwortungsübernahme. Beispiele für die Dienstklassenzuordnung sind in Kapitel II dieses Bandes aufgeführt (vgl. auch Baumert & Schümer, 2001, S. 339; Schwippert, Bos & Lankes, 2003, S. 271 f.).

Tabelle IX.7: Kinder aus Familien mit unterschiedlichem sozialem Hintergrund: Verteilungen beim naturwissenschaftlichen Grundverständnis

Kompetenzbereich[1]	Gesamt	Obere Dienstklasse (I)	Untere Dienstklasse (II)	Routinedienstleistungen (III)	Selbständige (IV)	Facharbeiter und leitende Angestellte (V, VI)	Un- und angelernte Arbeiter, Landarbeiter (VII)
III	19,4	31,7	27,3	15,4	18,6	10,6	9,6
II	53,3	52,9	53,6	54,2	51,5	59,0	49,4
I	27,3	15,4	19,0	30,4	29,9	30,5	40,9

[1] I: < 84,1 Skalenpunkte, II: 84,1–120,2 Skalenpunkte, III: > 120,2 Skalenpunkte.

BBS / IFS / LI : Kompetenzen und Einstellungen von Schülerinnen und Schülern © KESS 4

Kinder aus Familien, die der *oberen Dienstklasse* (EGP-Klasse I) zugeordnet wurden, erreichen mit 110,5 Punkten den höchsten Durchschnittswert (vgl. Abb. IX.8). 31,7 Prozent dieser Kinder erreichen Leistungen im oberen Kompetenzbereich. Rund vier Prozentpunkte niedriger ist dieser Anteil bei den Kindern aus Familien der *unteren Dienstklasse* (EGP-Klasse II), die im Durchschnitt 106,8 erreicht. Verglichen mit diesen beiden EGP-Klassen fallen die Ergebnisse der anderen deutlich – und auch statistisch signifikant – niedriger aus. Die von den Kindern aus Familien der EGP-Klassen III bis VI erzielten Mittelwerte unterscheiden sich zwar nominell, jedoch nicht statistisch signifikant. Der Anteil der Kinder aus diesen EGP-Klassen auf der höchsten Kompetenzstufe liegt zwischen 10,6 und 18,6 Prozent (vgl. Abb. IX.8 und Tab. IX.7).

Nur rund 90 Punkte – also eine drittel Standardabweichung unter dem Hamburger Durchschnitt – liegt der Mittelwert für die Kinder, deren Eltern *un- und angelernte Arbeiter* (EGP-Klasse VII) sind. Hier ist der Anteil der Kinder im oberen Kompetenzbereich (9,6 %) ausgesprochen gering. Ihre Testleistungen liegen im Vergleich mit den anderen EGP-Klassen statistisch signifikant niedriger.

Abbildung IX.8: Kinder aus Familien mit unterschiedlichem sozialem Hintergrund: Mittelwerte beim naturwissenschaftlichen Grundverständnis (mit 95%-Konfidenzintervallen der Gruppenmittelwerte)

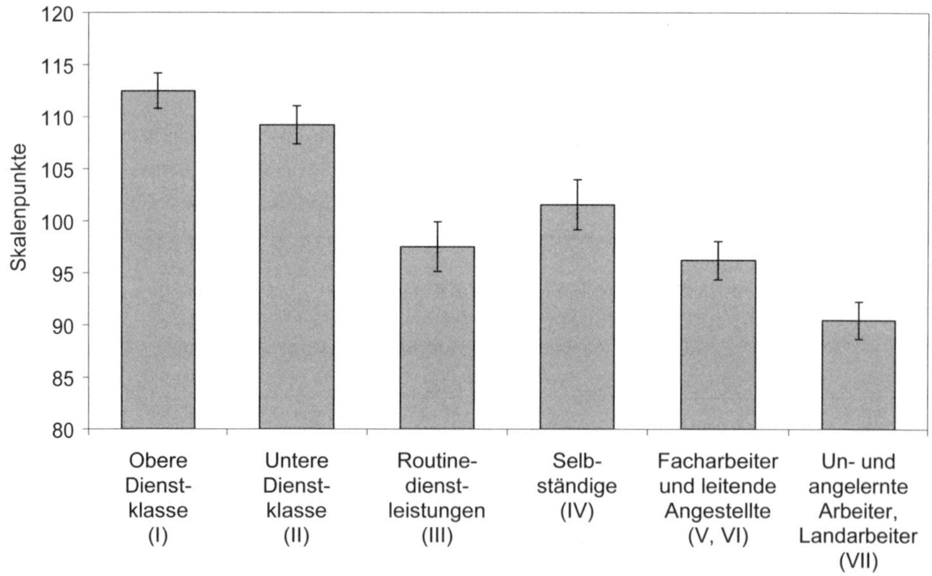

BBS / IFS / LI : Kompetenzen und Einstellungen von Schülerinnen und Schülern © KESS 4

8. Zusammenfassung

Abschließend werden die wesentlichen Befunde zu den geschlechts-, migrations- und sozialbedingten Divergenzen aufgegriffen und erste Hinweise auf mögliche Interventionen gegeben. Schließlich wird auf die Ausbildungssituation von Hamburger Grundschullehrkräften Bezug genommen, da die beobachteten Befunde als Resultat eines komplexen Wirkungsgefüges im Hamburger Bildungssystem verstanden werden müssen, zu dem selbstverständlich auch die Ausbildung von Lehrerinnen und Lehrern zählt.

Zu den unterschiedlichen Kompetenzen von Mädchen und Jungen

Die Befunde zeigen, dass sich der Sachunterricht in Hamburg im Bereich Physik bzw. allgemein im Bereich der unbelebten Natur stärker auf die Förderung von Mädchen konzentrieren sollte. Zum einen gilt es, einen Ausgleich für die fehlenden vor- und außerschulischen Erfahrungen der Mädchen mit Natur und Technik zu bieten. Zum anderen ist es insbesondere im Bereich der Physik und Chemie auf der inhaltlichen Ebene wichtig, den Unterricht stärker auf spezifische Interessen der Mädchen auszurichten. Dies bedeutet einen auf konkrete gesellschaftliche Probleme bezogenen Unterricht, in dem der Bezug zum Menschen, soziale Implikationen sowie die praktische Anwendbarkeit und die Anbindung an alltägliche Erfahrungen, Kontexte für die Erarbeitung von Inhalten aus dem Bereich der unbelebten Natur bietet (vgl. Hoffmann, 1996, S. 119 f.; Kaiser, 2003, S. 137). Eine Untersuchung von Unterrichtssequenzen zu Themen der Biologie könnte erste Hinweise für erfolgreiche Umorientierungen geben, da in diesem Fach Kompetenzunterschiede zwischen den Geschlechtern nicht mehr nachzuweisen sind.

Zu migrations- und sozialbedingten Divergenzen

Aus den vorliegenden Befunden kann die Forderung abgeleitet werden, dass Kinder, die zu Hause keine entsprechende Förderung bzw. Anregung erhalten, durch die Schule die Gelegenheit zum Kompetenzerwerb erhalten sollten. Wie den Analysen entnommen werden kann, handelt es sich hierbei insbesondere um Kinder aus Familien mit jüngerer Migrationsgeschichte bzw. aus Familien der unteren Dienstklassen, mit geringem sozialem, kulturellem und auch ökonomischem Kapital, denen im privaten Umfeld oftmals nicht das kognitive Anregungsmilieu geboten werden kann, das erfolgreiche Lernprozesse begünstigt. Bei Kindern mit Migrationshintergrund können zusätzlich sprachlich bedingte Barrieren auftreten, da in vielen Familien die Eltern keine ausreichende deutschsprachige Förderung bieten können. Diesen Kindern ist mit geeigneten Sprachförderprogrammen der Weg im deutschen Bildungssystem zu ebnen.

Allgemeines zur Ausbildungssituation

Eine Verbesserung der Ausbildung von Sachunterrichtslehrerinnen und -lehrern an der Universität und im Referendariat wäre sinnvoll und notwendig. Sachunterricht, obwohl neben Deutsch und Mathematik ein Kernfach der Grundschule, wird derzeit als ein Lernbereich neben anderen Lernbereichen (Sport, Musik, Darstellendes Spiel, Kunst und Religion) als Wahlfach belegt und gehört nicht zu den obligatorischen Ausbildungsinhalten wie der sprachliche und der mathematische Anfangsunterricht. Um eine höhere Qualität der naturwissenschaftlichen Bildung in der Grundschule zu erreichen, sind außerdem entsprechende Fortbildungsangebote für Grundschullehrkräfte notwendig. Entsprechende Förderungs- bzw. Weiterbildungsangebote sollten konsequenterweise empirisch auf ihre Wirksamkeit hin überprüft werden. Im Rahmen geeigneter Evaluationsstudien könnten im iterativen Prozess Merkmale wirksamer Maßnahmen herausgearbeitet und gegebenenfalls für den allgemeinen Unterricht bzw. die Fortbildungen aufbereitet zur Verfügung gestellt werden.

Literatur

Baumert, J. & Schümer, G. (2001). Familiäre Lebensverhältnisse, Bildungsbeteiligung und Kompetenzerwerb. In J. Baumert, E. Klieme, M. Neubrand, M. Prenzel, U. Schiefele, W. Schneider, P. Stanat, K.-J. Tillmann & M. Weiß (Hrsg.), *PISA 2000. Basiskompetenzen von Schülerinnen und Schülern im internationalen Vergleich* (S. 323–407). Opladen: Leske + Budrich.

Behörde für Bildung und Sport. (2003). *Rahmenplan Sachunterricht. Bildungsplan Grundschule*. Hamburg: Freie und Hansestadt Hamburg.

Behörde für Schule, Jugend und Berufsbildung. (1973). *Grundschule (Kl. 1–4). Lehrplan Sachunterricht Natur. Richtlinien und Lehrpläne* (Bd. 1). Hamburg: Freie und Hansestadt Hamburg.

Behörde für Schule, Jugend und Berufsbildung. (1994). *Lehrplanentwurf Sachunterricht*. Hamburg: Freie und Hansestadt Hamburg.

Blaseio, B. (2004). *Entwicklungstendenzen der Inhalte des Sachunterrichts der Primarstufe im Spiegel von Sachunterrichtslehrwerken von 1979 bis 2000*. Bad Heilbrunn: Klinkhardt.

Bos, W., Lankes, E.-M., Prenzel, M., Schwippert, K., Valtin, R. & Walther, G. (Hrsg.). (2004). *IGLU. Einige Länder der Bundesrepublik Deutschland im nationalen und internationalen Vergleich*. Münster: Waxmann.

Bos, W., Lankes, E.-M., Prenzel, M., Schwippert, K., Walther, G. & Valtin, R. (Hrsg.). (2003). *Erste Ergebnisse aus IGLU. Schülerleistungen am Ende der vierten Jahrgangsstufe im internationalen Vergleich*. Münster: Waxmann.

Einsiedler, W. & Schirmer, G. (1986). Sachunterrichtsformen und Unterrichtsgestaltung. Eine Analyse von Schülerarbeitsmappen 1968–1981. *Die Deutsche Schule*, *3*, 316–326.

Erikson, R., Goldthorpe, J. H. & Portocarero, L. (1979). Intergenerational class mobility in three Western European societies: England, France and Sweden. *British Journal of Sociology*, *30*, 341–415.

Gesellschaft für Didaktik des Sachunterrichts. (2002). *Perspektivrahmen Sachunterricht*. Bad Heilbrunn: Klinkhardt.

Hansen, K. & Klinger, U. (1997). Interesse am naturwissenschaftlichen Lernen im Sachunterricht. Ergebnisse einer Schülerbefragung. In B. Marquardt-Mau (Hrsg.), *Forschung zum Sachunterricht* (S. 101–121). Bad Heilbrunn: Klinkhardt.

Hoffmann, L. (1996). Mädchen und Naturwissenschaften / Technik – eine schwierige Beziehung. In G. Pfister & R. Valtin (Hrsg.), *Mädchenstärken. Probleme der Koedukation in der Grundschule. Erfahrungsberichte aus der Praxis* (2. Aufl.) (S. 114–123). Frankfurt: Arbeitskreis Grundschule.

Kaiser, A. (2003). Naturwissenschaftlich-technische Interessenförderung von Mädchen im Grundschulalter. In A. Kaiser (Hrsg.), *Projekt geschlechtergerechte Grundschule. Erfahrungsberichte aus der Praxis* (S. 134–159). Opladen: Leske + Budrich.

Möller, C. (2001). Lernen im Vorfeld der Naturwissenschaften. Zielsetzungen und Forschungsergebnisse. In W. Köhnlein & H. Schreier (Hrsg.), *Innovation Sachunterricht. Befragung der Anfänge nach zukunftsfähigen Beständen* (S. 275–298). Bad Heilbrunn: Klinkhardt.

Prenzel, M., Geiser, H., Langeheine, R. & Lobemeier, K. (2003). Das naturwissenschaftliche Verständnis am Ende der Grundschule. In W. Bos, E.-M. Lankes, M. Prenzel, K. Schwippert, G. Walther & R. Valtin (Hrsg.), *Erste Ergebnisse aus IGLU. Schülerleistungen am Ende der vierten Jahrgangsstufe im internationalen Vergleich* (S. 143–187). Münster: Waxmann.

Risch, B. & Lück, G. (2004). Stiefkind des Sachunterrichts: Lehrplananalyse des naturwissenschaftlichen Anfangsunterrichts. *Grundschule*, *36* (10), 63–66.

Schreier, H. (1979). *Sachunterricht Themen und Tendenzen. Eine Inhaltsanalyse von Lehrberichtsaufzeichnungen an Kasseler Grundschulen im Zeitraum 1967–1975*. Paderborn: Schöningh.

Schreier, H. (1994). Entwicklungslinien im Sachunterricht der Primarstufe seit 1980. In J. Wiechmann (Hrsg.), *Reformperspektiven für die Primarstufe* (S. 321–338). Kiel: Körner.

Schreier, H. (2001). Die Renaissance des Sachunterrichts. Fünf Perspektiven für den Sachunterricht. *Grundschule*, *33* (4), 8–14.

Schwippert, K., Bos, W. & Lankes, E.-M. (2003). Heterogenität und Chancengleichheit am Ende der vierten Jahrgangsstufe im internationalen Vergleich. In W. Bos, E.-M. Lankes, M. Prenzel, K. Schwippert, G. Walther & R. Valtin (Hrsg.), *Erste Ergebnisse aus IGLU. Schülerleistungen am Ende der vierten Jahrgangsstufe im internationalen Vergleich* (S. 265–302). Münster: Waxmann.

Strunck, U., Lück, G. & Demuth, R. (1998). Der naturwissenschaftliche Sachunterricht in Lehrplänen, Unterrichtsmaterialien und Schulpraxis. Eine quantitative Analyse der Entwicklung in den letzten 25 Jahren. *Zeitschrift für Didaktik der Naturwissenschaften*, *4* (1), 69–80.

X. Englisch-Hörverstehen am Ende der Grundschulzeit

Peter May

Im Zuge des sich verstärkenden interkulturellen Austauschs und der wirtschaftlichen Internationalisierung gewinnt der Erwerb von Fremdsprachen eine immer größere Bedeutung. Insbesondere das Englische ist längst zur Lingua Franca geworden. Seine Beherrschung in Wort und Schrift wird in immer mehr Betrieben als Basisqualifikation angesehen, ebenso wie in den Wissenschaften der Austausch über Forschungsergebnisse in Englisch erfolgt. Entsprechend weitgehend wurden die Bemühungen der Schule verstärkt, Kinder so früh wie möglich mit der englischen Sprache vertraut zu machen. Seit 1991 erhalten in Hamburg Grundschülerinnen und Grundschüler ab Klasse 3 Unterricht im Englischen, seit 1998 flächendeckend.

Der Rahmenplan Englisch für Grundschulen (Klassen 3 und 4) setzt folgende Ziele:

> „Die Aneignung einer fremden Sprache führt zur Verständigung und zum Kennenlernen einer fremden Kultur. Der Fremdsprachenunterricht trägt dazu bei, dass Schülerinnen und Schüler Aufgeschlossenheit im Umgang mit ‚dem Fremden' entwickeln. Die erworbenen fremdsprachlichen Fähigkeiten und Kenntnisse ermöglichen treffende und sachangemessene Kommunikation in der Fremdsprache im eigenen Land, im Zielsprachenland und in Drittländern; die Schülerinnen und Schüler lernen dabei das Alltagsleben und die Kultur der Menschen im anderen Land kennen.
>
> Freude und Motivation für das Lernen fremder Sprachen zu wecken ist ein wesentliches Ziel des Fremdsprachenunterrichts in der Grundschule. Dabei wird die Bereitschaft zum kindgerechten Lernen und zur altersgemäßen Beschäftigung mit der neuen Sprache gefördert.
>
> Der Englischunterricht in der Grundschule führt zu ersten, grundlegenden Kommunikationsfähigkeiten in dieser Sprache. Dazu gehören die sichere Beherrschung eines Grundwortschatzes, die Verwendung grundlegender sprachlicher Strukturen und Redemittel, die richtige Aussprache, Elemente von Sprachbewusstsein (*language awareness*) sowie die Kenntnis landeskundlicher Besonderheiten im Zielsprachenland.
>
> Die Fähigkeiten des Hörverstehens und Sprechens in der fremden Sprache stehen dabei im Vordergrund" (Behörde für Bildung und Sport, 2003, S. 5).

Die Leistungen der Grundschülerinnen und Grundschüler im Englischen werden nicht benotet, und es liegen bisher nur wenige systematische Untersuchungen darüber vor, über welche Fähigkeiten und Fertigkeiten die Schülerinnen und Schüler am Ende der Grundschule verfügen.[1] Um diese Lücke zu schließen, wurden im Rahmen der KESS-4-Studie auch die Kompetenzen im Englischen am Ende der Grundschule erfasst.

In Kooperation des Arbeitsbereichs Fremdsprachen im Landesinstitut für Lehrerbildung und Schulentwicklung (Otfried Börner) und des Referats Standardsicherung und Testentwicklung (Dr. Peter May, Ulrich Vieluf) wurde ein Test zur Erfassung des Hörverstehens im Englischen entwickelt. In einer Pilotstudie wurde eine Vorform im Frühjahr 2003 in sechs vierten Klassen in Hamburg erprobt. Auf der Grundlage der Erprobungsergebnisse wurde der Test überarbeitet und in der KESS-4-Untersuchung eingesetzt.[2]

1. Beschreibung des Hörverstehenstests

Die in der KESS-4-Untersuchung eingesetzte Version des Englischtests besteht aus zwei Teilen, in denen den Schülerinnen und Schülern von einem *native speaker* auf Englisch einzelne Sätze sowie eine Geschichte vorgelesen werden. Alle Einzelsätze sowie die Geschichte werden nach kurzer Pause einmal wiederholt. Die Antwortalternativen werden den Kindern auf Deutsch vorgelegt, so dass die Beantwortung keine Lesefähigkeit im Englischen voraussetzt.

1.1 Einzelsätze

Der erste Teil besteht aus zwölf Einzelsätzen in Form von Fragen, zu denen die richtige Antwort aus einer von vier Antwortalternativen auszuwählen ist.[3] Um sicherzustellen, dass die Fragen tatsächlich so weit wie möglich das Verstehen des

---

1 Eine Ausnahme bietet die Untersuchung von Kahl und Knebler (1996).

2 Eine erweiterte Fassung des Tests, die Parallelformen und weitere Aufgaben umfasst, wurde anschließend in 16 fünften Klassen im Landkreis Harburg überprüft und kann zum Einsatz in den Schulen zur Verfügung gestellt werden. Nähere Informationen sind unter http://li-hamburg.de/abt.liq/liq1/index.html erhältlich.

3 Die Entscheidung zugunsten von Auswahlantworten anstelle von freien Antworten erfolgte in erster Linie aus Gründen der Auswertungsobjektivität und -ökonomie, da die Auswertung freier Antworten nicht nur weniger zuverlässig, sondern vor allem erheblich aufwendiger ist. Die erweiterte Version des Tests enthält neben Parallelformen für die Geschichte und die Multiple-Choice-Fragen auch offene Fragen, die von den Kindern frei zu beantworten sind.

Englischen und nicht in höherem Maße Sachwissen oder Welterfahrung der Kinder erfassen, wurden die Fragen zumeist so ausgewählt, dass dieselben Fragen auf Deutsch für die allermeisten Kinder dieses Alters beim Beantworten keine Schwierigkeiten bereiten würden.

Tabelle X.1: Fragen und Antworten (Häufigkeiten in Prozent)

Frage	Antwortalternativen[1]	Antworten	Frage	Antwortalternativen[1]	Antworten
1 What can you	a Wasser	4,8	7 When is	a im Sommer	0,8
eat?	b Brot	74,9 x	Christmas?	b in der Schule	0,5
	c Seife	9,0		c am Abend	1,8
	d Löffel	3,9		d im Dezember	95,4 x
	Keine Antwort	7,4		Keine Antwort	1,4
2 Have you got a	a ja	64,1 x	8 Seven plus five	a 2	1,0
pair of shoes?	b nein	8,1	is?	b 12	89,4 x
	c manchmal	14,2		c 22	3,1
	d niemals	3,9		d 20	1,8
	Keine Antwort	9,7		Keine Antwort	4,7
3 Where do you	a auf dem Schulhof	11,6	9 Who is bigger	a Katze	18,0
live?	b in einem Haus	59,0 x	than the others –	b Maus	7,3
	c auf dem Spielplatz	8,3	the dog, the	c Pferd	55,5 x
	d in einem Zelt	8,0	mouse, the	d Hund	8,2
	Keine Antwort	13,1	horse, or the cat?	Keine Antwort	11,0
4 How many days	a 1	3,3	10 Where are cows	a Tiere	17,6
has a week?	b 5	7,8	and pigs and	b im Wald	8,3
	c 7	72,9 x	ducks?	c auf dem Bauernhof	68,9 x
	d 9	4,1		d im Pferdestall	1,3
	Keine Antwort	11,9		Keine Antwort	3,9
5 What can you	a Brief schreiben	17,7	11 Which clock	a 3 Uhr	33,9
do with your	b Blumen pflücken	9,7	shows half past	b 3 Uhr 30	18,6 x
pocket money?	c ein Eis kaufen	43,1 x	three?	c 2 Uhr 30	32,7
	d Haustür abschließen	12,8		d 3 Uhr 15	10,9
	Keine Antwort	16,7		Keine Antwort	4,0
6 What colour are	a gelb	4,5	12 What do cats	a Milch	87,6 x
tomatoes?	b blau	12,5	like to drink?	b Tee	1,2
	c rot	58,1 x		c Cola	1,7
	d schwarz	12,6		d Mäuse	5,0
	Keine Antwort	12,3		Keine Antwort	1,4

[1] Die richtige Antwort ist jeweils markiert (x).

BBS / IFS / LI : Kompetenzen und Einstellungen von Schülerinnen und Schülern © KESS 4

Der Englischtest wurde in der Hälfte aller vierten Klassen durchgeführt. Wie die Werte in Tabelle X.1 zeigen, werden etliche Fragen von den meisten Kindern richtig beantwortet. Die Häufigkeit richtiger Lösungen reicht von ca. 90 Prozent („When is Christmas?", „Seven plus five is ...?") bis unter 20 Prozent („Which clock shows half past three?“).[4] Die meisten Fragen weisen eine Lösungshäufigkeit zwischen 50 und 80 Prozent auf, sind also tendenziell eher leicht für Schülerinnen und Schüler am Ende der vierten Jahrgangsstufe. Der Mittelwert für alle zwölf Fragen beträgt bei Hamburger Viertklässlerinnen und Viertklässlern 7,9, d. h., es werden im Durchschnitt zwei Drittel der Fragen korrekt beantwortet; die Standardabweichung beträgt 2,1. Die interne Konsistenz (Cronbach’s Alpha) der zwölf Fragen beträgt .62. Dieser Wert ist für die Einzelfalldiagnose zu gering, für Gruppenvergleiche reicht dieser Wert jedoch aus.

1.2 Fragen zur Geschichte

Im zweiten Teil wird den Kindern eine Geschichte (‚The Monkey and the Crocodile‘) zweimal vorgelesen (vgl. Abb. X.1). Anschließend müssen sie zehn Fragen anhand von jeweils vier Auswahlantworten bearbeiten sowie bei zwei Fragen Begründungen für ihre Antworten aufschreiben, die von geschulten Bewertern nach ihrem Inhalt als angemessen oder nicht angemessen klassifiziert werden.

Die Konstruktion der Fragen orientierte sich am Modell der Dimensionen des Leseverständnisses nach PIRLS / IGLU (vgl. Bos et al., 2003). Danach lassen sich die Fragen zum Englischhörtext grob in folgende Kategorien einteilen:

(I) *Erkennen und Wiedergabe explizit angegebener Informationen*,
also Fragen, die auf einfache Tatsachen zielen und direkt oder indirekt anhand vorgegebener Textpassagen beantwortet werden können:

(a) Wortidentische Fakten aus dem Text wiedergeben.
Beispiele: „Was wollte der Affe essen?“
„Was hatte der Affe dem Krokodil zuletzt zugerufen?“

(b) Indirekt im Text enthaltene Fakten wiedergeben.
Beispiele: „Was kommt in der Geschichte nicht vor?“
„Der Affe sagte, er habe etwas vergessen. Was hatte er angeblich vergessen?“

4 Allerdings stellt diese Frage einen ‚Ausreißer‘ nach unten dar, denn hier verlangt die Auswahl der richtigen Antwort nicht nur das Verstehen des englischen Satzes, sondern zusätzlich die besondere Art der Uhrzeitdarstellung im Englischen sowie die Interpretation der Uhrzeigerstellungen auf den Abbildungen. Diese Kombination bereitete offensichtlich der Mehrzahl der Kinder größere Schwierigkeiten.

(II) *Einfache Schlussfolgerungen ziehen,*
die anhand der gegebenen Fakten leicht überprüft werden können.
Beispiele: „Warum wollte das Krokodil den Affen fangen?"
„Warum kletterte der Affe auf den Rücken des Krokodils?"
„Warum tauchte das Krokodil plötzlich unter Wasser?"

(III) *Komplexere Schlussfolgerungen ziehen und das Gelesene interpretieren.*
Beispiel: „Welches der folgenden Tiere könnte auch an Stelle des Krokodils in der Geschichte vorkommen?"

(IV) *Den Inhalt auf der Grundlage eigener Erfahrungen bewerten.*
Beispiel: Begründung der Antwort auf die Frage
„Ich finde, der Affe war ... (gemein, verspielt, schlau, vorlaut)."

Um zu überprüfen, inwieweit dieses Modell des Leseverständnisses schriftlicher Texte auch auf das Verstehen mündlicher Texte, zudem in einer Fremdsprache, zutrifft, wurde dieselbe Geschichte in einer separaten Validierungsstudie bei ca. 400 Schülerinnen und Schülern Anfang Klasse 5 teilweise in Deutsch und teilweise in Englisch vorgelesen. Dabei ergaben Faktorenanalysen der Antworten, dass die Anforderungen des Verstehens der mündlich vorgetragenen Geschichte in Deutsch mit der Anforderungsstruktur beim Verstehen von schriftlichen Lesetexten recht gut übereinstimmen. Bei der englischen Vorgabe reduziert sich die Struktur allerdings auf zwei plausibel interpretierbare Aspekte, denn die Leistung des Verstehens der fremdsprachlichen Sätze dominiert gegenüber den verschiedenen Fähigkeitsaspekten des Verstehens muttersprachlicher Texte:

(I) *Identifizieren von Fakten aufgrund direkt gegebener oder zu erschließender Informationen* (Dimensionen I bis III des Leseverständnismodells).

Dieser Faktor umfasst einfach zu beantwortende Fragen wie: „Was wollte der Affe essen?" (95 % richtige Antworten), bei denen die Antwort auch bei oberflächlichem Verstehen der Fakten nahe liegt. Bei manchen Fragen ist die Wiedergabe der Fakten deutlich schwieriger, weil die Informationen erst erschlossen werden müssen. Zu diesen Fragen, die von der Mehrzahl der Viertklässlerinnen und Viertklässler nicht richtig beantwortet werden können, gehören die Fragen: „Warum wollte das Krokodil den Affen fangen?" (46 % richtige Antworten) und „Was hatte der Affe angeblich vergessen?" (22 % richtige Antworten).

(II) *Bewerten des Geschehens und Begründen der eigenen Interpretation* (Dimension IV des Leseverständnismodells).

Während der Mehrzahl der Viertklässlerinnen und Viertklässler die angemessene Antwort auf die Fragen nach der Bewertung des Handelns von Personen gelingt („Ich finde, der Affe war ...“: 72 % richtige Antworten; „Was würdest du als Affenmutter zu dem kleinen Affen sagen?“: 58 % richtige Antworten), fällt es den Schülerinnen und Schülern mehrheitlich schwer, ihre Antworten angemessen zu begründen. Dies gelingt nur 39 bzw. 37 Prozent der Kinder.

Abbildung X.1: Text der Geschichte ‚The Monkey and the Crocodile‘

A little monkey lived in a palm-tree near a river. In the river there were some crocodiles. One day a mother crocodile said to her son,
„My son, you must catch that monkey for me. I want to eat his heart.“
„How can I catch a monkey?“ the baby crocodile asked. „Monkeys never go into the water. They can't swim, and I can't climb a tree.“
„You must think, then you'll find a way“, his mother answered.
The baby crocodile thought and thought. Then he had an idea.

He swam to the palm-tree and shouted,
„Hey, monkey! Do you want some bananas?“
„Oh, yes, “ the monkey said. „Two days ago I had a lot, but today I've only got one, and I'm very hungry.“
„There are a lot of nice bananas on that island over there. Come with me to the island. I'll take you on my back.“
„Thank you“, the monkey said and jumped onto the crocodile's back.
Suddenly the crocodile dived under the water. When he came up again, the monkey said,
„You mustn't do that, crocodile. I can't swim.“
„I know, but I must kill you. My mother wants your heart for dinner.“

The monkey was clever.
„My heart?“ he said. „Oh, I forgot to bring it with me. It's in the palm-tree.“
„Then we must fetch it“, said the crocodile, and he swam back to the tree.
The monkey jumped off the crocodile's back, and he climbed his tree as fast as he could. Then he laughed and shouted,

„Come and fetch my heart, crocodile! Come and fetch me!“

BBS / IFS / LI : Kompetenzen und Einstellungen von Schülerinnen und Schülern © KESS 4

Die Fragen zu der Geschichte ‚The Monkey and the Crocodile‘ weisen als Skala eine interne Konsistenz von .68 (Cronbach's Alpha) auf, d. h., die Höhe der Zuverlässigkeit ist zwar für die Einzelfalldiagnose zu gering, reicht aber für Vergleiche zwischen Gruppen aus. Im Mittel beantworten die Hamburger Viertklässlerinnen und

Viertklässler sieben von zwölf Fragen zur englischen Geschichte richtig, die Standardabweichung beträgt 2,6.

1.3 Gesamtskala

Zusammen ergeben Einzelsätze und Fragen zur Geschichte eine Gesamtskala zur Erfassung des Hörverstehens im Englischen. Die Zuverlässigkeit dieser Skala, bestehend aus insgesamt 24 Items, beträgt .77 (Cronbach's Alpha) und genügt damit den Anforderungen zum Vergleich von Schülergruppen. Für die Einzelfalldiagnose verfehlt dieser Wert allerdings den empfohlenen Mindestwert von .80 knapp, so dass der Standardmessfehler relativ hoch ausfällt. Damit ist der Englisch-Hörverstehenstest in erster Linie für die Evaluation des Unterrichts in der Klasse und zur Beschreibung der Leistungen in Lerngruppen geeignet.

2. Leistungen der Hamburger Viertklässlerinnen und Viertklässler im Englisch-Hörverstehen

Im Durchschnitt erreichen die Hamburger Viertklässlerinnen und Viertklässler 14,4 von 24 Punkten, die Standardabweichung beträgt 4,2. Für die Einordnung dieser Leistungshöhe liegen bisher keine überregionalen Vergleichsergebnisse vor.

2.1 Ergebnisse von Viertklässlerinnen und Viertklässlern mit niedrigem, mittlerem und hohem Leistungsniveau

Zur Veranschaulichung der Leistungsfähigkeit im Englisch-Hörverstehen werden die Schülerinnen und Schüler in drei Leistungsgruppen eingeteilt. Die mittlere Leistungsgruppe umfasst die Schülerinnen und Schüler, deren Punktsummen zwischen 12 und 18 liegen und damit den Prozenträngen zwischen 25 und 75 entsprechen; diese 50 Prozent der Schülerschaft stellen den mittleren Leistungsbereich. Die untere bzw. die obere Leistungsgruppe umfasst jeweils Schülerinnen und Schüler, die 11 oder weniger Punkte bzw. mindestens 19 Punkte erzielten und damit in ihren Ergebnissen deutlich unterhalb bzw. deutlich oberhalb des mittleren Leistungsbereichs liegen.

In Tabelle X.2 werden die Kompetenzen der Kinder der unteren, mittleren und oberen Leistungsgruppe zusammengefasst und Einzelsätze und Fragen zum Textverständnis, die typischerweise von den Kindern der drei Leistungsgruppen richtig beantwortet werden können, aufgeführt.

Tabelle X.2: Kurzbeschreibung der Leistungsgruppen

Kinder der oberen Leistungsgruppe	Diese können den Zusammenhang eines englisch vorgetragenen einfachen Textes verstehen und verfügen über die Fähigkeit, mehrere Textpassagen sinnvoll miteinander in Beziehung zu setzen. Sie können alle Einzelfragen richtig beantworten, einschließlich der Frage: „ Which clock shows half past three?“ Bezogen auf den Text können sie die Frage beantworten: „Der Affe sagte, dass er etwas vergessen hat. Was hat er angeblich vergessen?“ Zudem können sie das Geschehen bewerten und ihre Antworten auf Fragen zur Bewertung des Geschehens angemessen begründen.
Kinder der mittleren Leistungsgruppe	Diese können englisch vorgetragene Sätze in ihren Grundaussagen verstehen und in einem einfachen englischen Text angegebene Sachverhalte wiedergeben und teilweise erschließen. Sie können die Mehrzahl der Einzelfragen richtig beantworten, einschließlich der Frage: „What can you do with your pocket money?“ Bezogen auf den Text können sie Fragen beantworten wie „Warum tauchte das Krokodil plötzlich unter Wasser?“ und „Warum wollte das Krokodil den Affen fangen?“
Kinder der unteren Leistungsgruppe	Diese können einzelne Aussagen von in englisch vorgetragenen einfachen Sätzen verstehen und einzelne direkt angegebene Sachverhalte wiedergeben. Sie können z. B. die Fragen beantworten „What do cats like to drink?“ und „How many days has a week?“. Bezogen auf den Text können sie die Frage beantworten: „Was wollte der Affe essen?“

BBS / IFS / LI : Kompetenzen und Einstellungen von Schülerinnen und Schülern © KESS 4

2.2 Vergleich zwischen Jungen und Mädchen

Beim Vergleich der Ergebnisse in dem Testteil Einzelsätze ergibt sich aufgrund der großen Stichproben ein zwar signifikanter, pädagogisch jedoch wenig bedeutsamer Unterschied zwischen den Mittelwerten der Jungen (M = 7,8; SD = 2,4; n = 3.364) und der Mädchen (M = 8,0; SD = 2,3; n = 3.393); die Irrtumswahrscheinlichkeit (p) liegt zwar unter .01, die Effektstärke beträgt allerdings nur 0,09, d. h., bei Berücksichtigung der gemeinsamen Standardabweichung beider Geschlechtergruppen fällt der Mittelwertunterschied gering aus. Beim Verstehen der Geschichte erzielen Jungen und Mädchen im Durchschnitt gleich gute Ergebnisse (M = 6,6; SD = 2,6 bzw. 2,7).

Im Vergleich der Gesamtpunktzahlen erzielen die Mädchen mit durchschnittlich 14,5 Punkten (SD = 4,3) ein etwas besseres Ergebnis als die Jungen (M = 14,3;

SD = 4,2). Der Mittelwertunterschied ist zwar signifikant ($p < .05$), die Effektstärke mit 0,05 jedoch sehr gering. Auch bezüglich der Verteilung auf die mittlere sowie auf die untere und obere Leistungsgruppe ergeben sich nur sehr geringe Unterschiede zwischen Jungen und Mädchen: 26,6 Prozent der Ergebnisse von Jungen und 25,4 Prozent von Mädchen fallen in das untere Quartil, in der mittleren Leistungsgruppe befinden sich 49,3 Prozent der Jungen und 48,5 Prozent der Mädchen, in der oberen Leistungsgruppe ist der Anteil der Mädchen mit 26,1 Prozent gegenüber 24,1 Prozent der Jungen etwas höher.

Das bedeutet, dass sich am Ende der Grundschulzeit nur sehr geringe Unterschiede zwischen Jungen und Mädchen im Englisch-Hörverstehen zeigen, die auf die etwas bessere Beantwortung der Einzelsätze durch die Mädchen zurückzuführen sind. Die Tatsache, dass die Mädchen gegenüber den Jungen im Englisch-Hörverstehen einen im Vergleich zu anderen sprachlichen Leistungen (z. B. Lesekompetenz, Rechtschreibung, Textschreiben) relativ geringen Leistungsvorsprung zeigen, könnte damit zusammenhängen, dass die Vermittlung der englischen Sprache in der Grundschule vor allem mündlich erfolgt und daher das Schwergewicht auf dem Erwerb lexikalischer Begriffe und weniger auf grammatischen Strukturen liegt.

2.3 Kinder aus verschiedenen sozialen Milieus

Um den Zusammenhang zwischen sozialer Herkunft und Leistungsfähigkeit im Englisch-Hörverstehen zu analysieren, wurden die Kinder nach den Berufen ihrer Eltern in verschiedene Gruppen eingeteilt.[5] Abbildung X.2 zeigt die Zusammensetzung der Leistungsgruppen in den Teilgruppen nach den Berufsgruppen der Eltern.

Die Ergebnisse bestätigen einen deutlichen Zusammenhang zwischen der Zugehörigkeit der Kinder zu den drei Leistungsgruppen und der beruflichen Stellung der Eltern: Während in der oberen Leistungsgruppe knapp ein Drittel (31 %) der Kinder Eltern haben, die der oberen Dienstklasse angehören, und nur jedes achte Kind (13 %) Eltern aus der Dienstklasse der un- und angelernten Arbeiter hat, stammen die Kinder in der unteren Leistungsgruppe zu mehr als einem Viertel (28 %) aus dieser Dienstklasse, während nur jedes siebente Kind dieser Leistungsgruppe (14 %) Eltern aus der oberen Dienstklasse hat.

5 Zur Erläuterung der Berufsgruppen (EGP-Klassen) siehe Kapitel II in diesem Band.

Abbildung X.2: Zusammensetzung der Leistungsgruppen im Englisch-Hörverstehen nach dem Beruf der Eltern

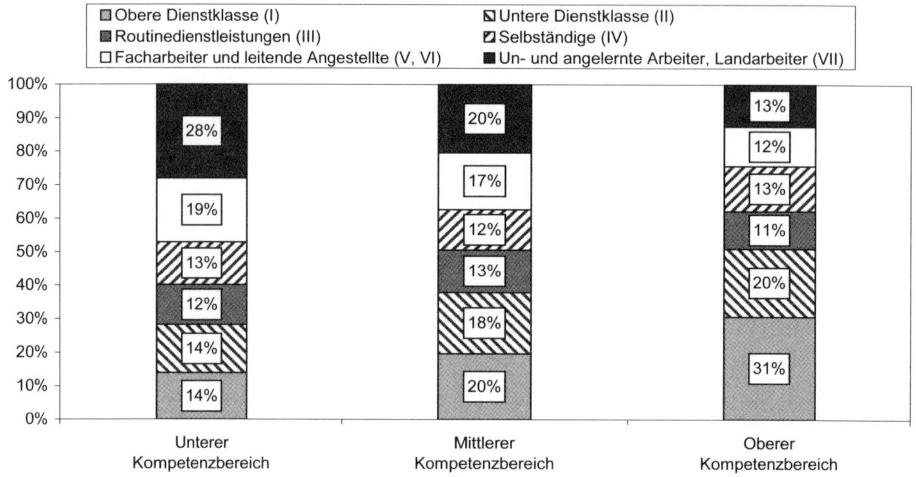

BBS / IFS / LI : Kompetenzen und Einstellungen von Schülerinnen und Schülern © KESS 4

2.4 Einsprachig deutsche und zweisprachige Kinder

Die so genannte Sprachenbalance in der Familie, d. h. das Ausmaß, in dem die Familienmitglieder miteinander in Deutsch und / oder in einer Herkunftssprache kommunizieren, ist entscheidend von der Herkunft der Eltern geprägt. Wenn ein Elternteil oder beide Eltern nicht in Deutschland geboren wurden, wird in den meisten dieser Familien mit Migrationshintergrund ganz oder teilweise eine andere Sprache als Deutsch gesprochen, so dass die Kinder zwei- oder sogar mehrsprachig aufwachsen. Im Unterschied zum Aufbau von Sprachkompetenzen in Deutsch, bei dem es ein klarer Vorteil ist, wenn beide Elternteile Deutsch als Muttersprache sprechen, kann es für den Erwerb einer Fremdsprache durchaus von Vorteil sein, wenn die Eltern zu Hause auch in einer anderen Sprache kommunizieren, denn damit erhalten die Kinder schon Eindrücke vom Wortschatz und der Grammatik einer anderen Sprache. Zudem bringt ein Teil der Eltern mit Migrationshintergrund (z. B. Eltern afrikanischer Herkunft) Englisch als Herkunftssprache in die Familie ein. Daher ist damit zu rechnen, dass Kinder mit herkunftssprachigem Hintergrund beim Erwerb der ersten Fremdsprache nicht unbedingt Nachteile gegenüber einsprachig deutschen Kindern haben müssen, sondern dass dies bei einem Teil sogar von Vorteil sein kann.

Für die Analyse des Zusammenhangs zwischen den Leistungen im Englisch-Hörverstehen und der sprachlich-kulturellen Herkunft der Kinder wurden auf der Grundlage der Informationen über das Geburtsland der Eltern, die von 3.949 der insgesamt 6.759 am Englischtest teilnehmenden Kindern (58,4 %) vorlagen, drei Gruppen gebildet:

(1) Kinder, bei denen beide Elternteile in Deutschland geboren wurden (61,3 %);

(2) Kinder, bei denen ein Elternteil in Deutschland geboren wurde (12,9 %);

(3) Kinder, bei denen kein Elternteil in Deutschland geboren wurde (25,9 %).

Abbildung X.3 zeigt die mittleren Leistungen der drei Herkunftsgruppen im Englisch-Hörverstehen sowie im Deutsch-Leseverständnis und in Rechtschreibung. Die mittleren Leistungen der Kinder, bei denen kein Elternteil in Deutschland geboren wurde, unterschreiten in allen Bereichen die Leistungen der übrigen Kinder deutlich. Während sich jedoch im Deutsch-Lesen und Deutsch-Rechtschreiben auch zwischen den beiden übrigen Gruppen deutliche Unterschiede zeigen, ergeben sich beim Englisch-Hörverstehen keine Vorteile zugunsten der Kinder, deren Eltern beide in Deutschland geboren sind, gegenüber Kindern, bei denen ein Elternteil nicht in Deutschland geboren wurde.

Abbildung X.3: Kompetenzen in Englisch und in anderen sprachlichen Leistungsbereichen nach Migrationshintergrund[1] (mit 95%-Konfidenzintervallen der Gruppenmittelwerte)

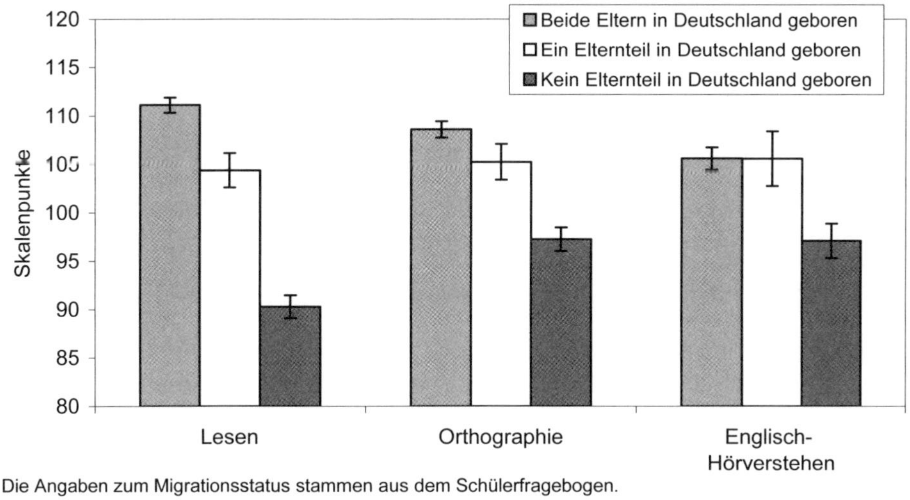

[1] Die Angaben zum Migrationsstatus stammen aus dem Schülerfragebogen.

BBS / IFS / LI : Kompetenzen und Einstellungen von Schülerinnen und Schülern © KESS 4

Betrachtet man die Anteile der Kinder der genannten Herkunftsgruppen an den drei Leistungsgruppen im Englisch-Hörverstehen, so bestätigt sich die Hypothese, dass ein Teil der Kinder, deren Eltern im Ausland geboren sind, beim Erwerb der englischen Sprache Vorteile hat. So zeigt sich, dass 31,5 Prozent der Kinder aus Elternhäusern mit einem im Ausland geborenen Elternteil überdurchschnittliche Leistungen im Englisch-Hörverstehen erbringen. Demgegenüber erreichen nur 30,8 Prozent der Kinder aus Familien, in denen beide Elternteile in Deutschland geboren wurden, das oberste Leistungsniveau. Kinder, deren Eltern beide im Ausland geboren wurden, erreichen das oberste Kompetenzniveau im Englisch-Hörverstehen hingegen mit rund 20 Prozent deutlich seltener. 28,9 Prozent von ihnen finden sich auf dem untersten Kompetenzniveau, während der Anteil der Kinder aus den beiden anderen Herkunftsgruppen hier deutlich geringer ist (beide Elternteile in Deutschland geboren 19,9 % bzw. ein Elternteil im Ausland geboren 23 %).

Insgesamt unterstreicht der Vergleich der Leistungen im Englisch-Hörverstehen, dass die Mehrzahl der Kinder mit Migrationshintergrund zwar auch beim Erwerb der ersten Fremdsprache größere Hürden zu überwinden hat als Kinder, deren Eltern beide in Deutschland geboren wurden. Jedoch besteht dieser Nachteil nicht durchgängig, da die Herkunftssprache der Kinder bzw. der Eltern auch einen förderlichen Einfluss auf den Erwerb von Englisch als Fremdsprache haben kann. So ergibt beispielsweise die Analyse der Leistungen der Teilgruppe von Kindern, bei denen ein Elternteil nicht in Deutschland geboren wurde, dass Kinder, bei denen die Eltern zu Hause nicht Deutsch, sondern die Sprache des im Ausland geborenen Elternteils sprechen, sogar bessere Englischergebnisse erzielen als Kinder, deren Eltern zu Hause beide Deutsch sprechen. Dies spricht dafür, dass der Gebrauch der nichtdeutschen Sprache zu Hause einen positiven Einfluss auf den Erwerb der Fremdsprache haben kann. Dies gilt allerdings nur, wenn die Eltern eine europäische Sprache sprechen. Bei der Interpretation dieser Befunde muss beachtet werden, dass der sprachliche Hintergrund in den Familien vielfach mit der sozialen Herkunft konfundiert ist (siehe dazu Pietsch, in Druck; Schwippert, in Druck).

3. Lehrerqualifikation und Leistungen im Englisch-Hörverstehen

Obwohl der Englischunterricht nicht im Fokus der KESS-4-Untersuchung stand, wurde auch den Englisch-Lehrkräften ein Fragebogen vorgelegt, in dem sie um Auskunft über die Zusammensetzung der Klasse, ihre persönliche Qualifikation und über einige Aspekte der Unterrichtsplanung gebeten wurden. Die Rücklaufquote, bezogen auf die 5.410 am Englischtest beteiligten Schülerinnen und Schüler, beträgt 81,6 Prozent.

3.1 Lehrerqualifikation

Ca. 30 Prozent der Englischlehrkräfte haben nach eigenen Angaben an der Universität ein Fachstudium Englisch absolviert. Das heißt, mehr als zwei Drittel der Lehrkräfte sind für die fachliche Qualifizierung auf Fortbildungsangebote angewiesen. Gut ein Viertel der Englisch-Lehrkräfte (27 %) gibt an, in den letzten Jahren keine Fortbildungsseminare besucht zu haben. Ein weiteres Viertel der Lehrkräfte hat in den letzten beiden Jahren weniger als sechs Stunden für Fortbildungsseminare investiert. Knapp die Hälfte der Lehrkräfte hatte in diesen zwei Jahren mehr als sechs Stunden Fortbildung, davon jede achte Lehrkraft sogar mehr als 35 Stunden. Demnach steht einer Minderheit von wenig formell qualifizierten Lehrkräften eine beträchtliche Anzahl von Lehrkräften gegenüber, die relativ viel Zeit in die eigene Fortbildung investiert haben. Die Frage, ob ein Zusammenhang zwischen Art und Ausmaß der Qualifizierung der Lehrkräfte und der Leistung der Schülerinnen und Schüler angenommen werden kann, wurde durch den Vergleich der mittleren Leistungen in den betreffenden Klassen im Englisch-Hörverstehen überprüft.

Tabelle X.3: Leistungen der Schülerinnen und Schüler nach Qualifikation der Englisch-Lehrkräfte (Mittelwerte)

	Qualifikation erworben		Qualifikation nicht erworben		Effekt-stärke
	Mittelwert	(in %)	Mittelwert	(in %)	
Fachstudium Englisch	103,0	(29,9)	98,7	(70,1)	0,14
Kompakt- / Jahreskurs	101,9	(79,4)	92,4	(20,6)	0,32
Andere Qualifikationen	102,1	(24,4)	99,2	(75,0)	0,10
Studium + Kompakt- / Jahreskurs	107,7	(18,5)	88,7	(9,2)	0,61

BBS / IFS / LI : Kompetenzen und Einstellungen von Schülerinnen und Schülern © KESS 4

Ein Zusammenhang zwischen der erfolgten Qualifikation der Lehrkräfte und dem Lernerfolg der Schülerinnen und Schüler wird durch die Ergebnisse des Leistungsvergleichs der Klassen nahe gelegt (siehe Tab. X.3). Klassen, die von Lehrkräften unterrichtet wurden, die ein Fachstudium Englisch absolviert hatten, erzielen signifikant höhere Durchschnittsleistungen als Klassen mit Lehrkräften ohne entsprechendes Fachstudium. Allerdings hat nur eine Minderheit der Lehrkräfte (ca. 30 %)

das Fach Englisch studiert. Wesentlich häufiger (ca. 80 %) haben die Englisch-Lehrkräfte einen Kompakt- bzw. Jahreskurs am Institut für Lehrerfortbildung (jetzt: Landesinstitut für Lehrerbildung und Schulentwicklung) besucht. Der Vorteil der Klassen dieser Lehrkräfte gegenüber Klassen, deren Lehrkräfte keine derartigen Fortbildungskurse besucht haben, fällt recht deutlich aus, wie die Effektstärke von 0,32 zeigt. Noch krasser zeigen sich die Leistungsvorteile von Klassen, deren Lehrkräfte sowohl ein Fachstudium Englisch als auch einen Kompakt- / Jahreskurs absolviert haben, gegenüber Klassen, deren Lehrkräfte weder Fachstudium noch Jahreskurse absolvierten. Zwar ist der Anteil dieser Gruppe an der Gesamtschülerschaft mit 18,5 bzw. 9,2 Prozent relativ gering, jedoch legt die Effektstärke von 0,61 die Hypothese nahe, dass eine intensive Qualifikation der Lehrkräfte einen deutlichen Unterrichtserfolg im Englischen in der Grundschule gegenüber wenig qualifizierten Lehrkräften zeitigt.

3.2 Fortbildung in der Schule

Die drei Fragen zur schulinternen Fortbildung wurden den Lehrkräften in Form von Aussagen vorgelegt, zu denen sie das Ausmaß ihrer Zustimmung angeben sollten. Die Antworten wurden numerisch skaliert (0 = ‚stimme nicht zu', 1 = ‚stimme etwas zu', 2 = ‚stimme überwiegend zu', 3 = ‚stimme zu'), so dass Durchschnittswerte für jede Aussage berechnet werden konnten.

Ein Viertel der befragten Lehrkräfte stimmt der Aussage, dass ihre Schule ihnen ausreichend Zeit für die berufliche Fortbildung biete, überhaupt nicht zu, die Hälfte der Lehrkräfte stimmt dieser Aussage etwas bis überwiegend zu und ein weiteres Viertel stimmt dieser Aussage voll zu. Der Aussage, die Schule biete ein aktives Fortbildungsprogramm für den Englischunterricht an, stimmt eine Mehrheit der Lehrkräfte (78 %) nicht zu. Lediglich 5 Prozent äußern sich dazu voll zustimmend. Der Aussage, dass die Schule Anreize bietet, die Unterrichtsführung sowie die Unterrichtsmethoden der Lehrkräfte zu verbessern, stimmen 42,4 Prozent nicht zu, 12,5 Prozent stimmen ihr voll zu.

Damit ergibt sich hinsichtlich der Fortbildung in der Schule für den Englischunterricht eine eher problematische Beurteilung durch die Lehrkräfte. Zwar steht in einem nicht geringen Teil der Schulen Zeit für die berufliche Fortbildung zur Verfügung, es fehlt jedoch in den meisten Schulen an einem aktiven Fortbildungsprogramm und es gibt relativ selten Anreize zur Verbesserung des Unterrichts. Dabei wäre es vermutlich sinnvoll, die schulische Fortbildung zu verbessern, denn die Lehrkräfte aus Klassen mit besseren Leistungen schätzen die in ihren Schulen zur Verfügung stehende Zeit für die berufliche Fortbildung deutlich positiver ein als Lehrkräfte aus Klassen mit schwächeren Leistungen.

3.3 Kollegiale Besprechungen

Besprechungen mit Fachkollegen in der Schule finden nach Einschätzung der befragten Englischlehrkräfte insgesamt eher selten statt. Auf der vierstufigen Skala von 0 (‚nie‘) bis 3 (‚sehr oft‘) ergibt sich über alle Lehrkräfte ein Durchschnittswert von 0,98 für die einzelnen Formen von Besprechungen. Dies entspricht der Kategorie ‚selten‘. Am häufigsten finden Besprechungen über Unterrichtsinhalte und -methoden statt (M = 1,42 bzw. 1,14), gefolgt von Absprachen über Leistungsanforderungen (M = 1,08). Noch seltener finden Absprachen über Leistungsbewertungen (M = 0,75) und über Inhalte von Leistungsüberprüfungen (M = 0,75) sowie Diskussionen über Unterrichtsansätze statt (M = 0,71).

In Klassen mit besseren Leistungen finden zwar etwas häufiger Besprechungen unter den Fachkollegen statt als in Klassen mit schwächeren Leistungen, jedoch ist die Effektstärke des Mittelwertunterschieds mit 0,05 gering.

4. Merkmale des Englischunterrichts in der Grundschule

4.1 Grundlagen für die Unterrichtsplanung

Die Lehrkräfte wurden gebeten, die Grundlage zu benennen, auf der sie ihren Englischunterricht planen. Tabelle X.4 zeigt die Anteile der Schülerschaft, deren Lehrkräfte die jeweiligen Planungsgrundlagen verwenden. Danach geben knapp zwei Drittel (63,2 %) an, den Unterricht auf der Grundlage des Hamburger Rahmenplans für Grundschulenglisch zu planen, knapp ein Viertel (24,5 %) unterrichtet nach eigener Angabe auf der Basis eines eigens für die Klasse ausgearbeiteten Lehrplans, und nur wenige Lehrkräfte (3,1 %) verwenden einen schulinternen Lehrplan. Knapp jede fünfte Lehrkraft (18,2 %) nennt andere Grundlagen, darunter am häufigsten Konzepte aus Verlagsprogrammen und Anregungen aus der Fortbildung.

Vergleicht man die mittleren Leistungen der Schülerinnen und Schüler, deren Unterricht nach verschiedenen Grundlagen geplant wurde, miteinander, so ergeben sich keine ausgeprägten Unterschiede. Es zeigt sich lediglich ein leichter Trend, der dem eigens für die Klasse bzw. Schule ausgearbeiteten Lehrplan gegenüber der am Hamburger Rahmenplan orientierten Planung insgesamt eher Nachteile zuschreibt. Dies entspricht weitgehend dem Ergebnis beim Vergleich der Unterrichtskonzeptionen beim Rechtschreibunterricht (vgl. auch Kap. VI in diesem Band). Die Tatsache, dass beim Englischunterricht auch das von den an der Schule tätigen Englischlehrkräften gemeinsam koordinierte Unterrichtskonzept ungünstig abschneidet, während diese Planungskonstellation beim Rechtschreibunterricht am besten abschnitt, mag daran liegen, dass der historisch noch junge Englischunterricht in der Grundschule didaktisch noch weniger ausdifferenziert ist, so dass die Expertise des Hamburger Rahmenplans derzeit kaum zu überbieten ist. Dafür spricht auch, dass der Anteil der Schülerinnen und Schüler, deren Lehrkräfte den Englischunterricht klassenübergreifend planen, mit 3 Prozent sehr gering ist.

Tabelle X.4: Grundlage für die Planung des Englischunterrichts und Leistungen der Schülerinnen und Schüler

Planungsgrundlage	Anteil der Schüler[1]	Mittelwert	Effektstärke[2]
Eigens für die Klasse / Jahrgangsstufe ausgearbeiteter Klassenlehrplan	24,5	96,2	-0,12
Schulinterner Arbeitsplan / Lehrplan	3,1	95,4	-0,15
Hamburger Rahmenplan für Grundschulenglisch	63,2	101,3	0,00
Andere	18,2	99,5	-0,01

[1] Wegen einiger Mehrfachnennungen ergibt sich für die Summe der Anteile ein Wert von 109 Prozent.

[2] Effektstärke des Mittelwertunterschieds zwischen der Leistung der Teilgruppen und der Gesamtstichprobe.

BBS / IFS / LI : Kompetenzen und Einstellungen von Schülerinnen und Schülern © KESS 4

4.2 Organisationsform des Englischunterrichts

Für die Beschreibung der Organisationsform, in der der Englischunterricht in der Grundschule durchgeführt wird, wurden den Lehrkräften sechs Kategorien vorgegeben, die jeweils auf einer vierstufigen Skala einzuschätzen waren. Die Skalen wurden numerisch kodiert, so dass sich eine Wertereihe von 0 (‚nie‘) bis 3 (‚immer oder fast immer‘) ergibt, mit Hilfe derer Durchschnittswerte für die einzelnen Kategorien berechnet werden konnten (siehe Abb. X.4).

Danach wird meist die ganze Klasse gemeinsam unterrichtet, eine Klassenteilung findet eher selten statt. Am zweithäufigsten wird Partnerarbeit durchgeführt. Gruppenarbeit kommt in den meisten Klassen relativ selten vor, bei der Einteilung der Gruppen wird Heterogenität bevorzugt. Relativ häufig wird von den Lehrkräften das Sprechen im Chor durchgeführt, das offenbar eine Besonderheit des fremdsprachlichen Erstunterrichts darstellt.

Um zu überprüfen, inwieweit die gewählten Organisationsformen mit den durchschnittlichen Leistungen der Schülerinnen und Schüler zusammenhängen, wurden die Klassen anhand der durchschnittlichen Testleistung in zwei Gruppen, d. h. nach besseren und schlechteren Leistungen als der Durchschnittswert, eingeteilt und die Organisationsformen des Englischunterrichts verglichen. Dabei ergeben sich statistisch signifikante Unterschiede hinsichtlich der Durchführung von Gruppen- und Partnerarbeit, die in der leistungsstärkeren Hälfte häufiger stattfindet. Allerdings sind die Effektstärken der Mittelwertunterschiede mit ca. 0,10 gering, d. h., es kann hier allenfalls von einem leichten Vorteil gesprochen werden.

Abbildung X.4: Häufigkeit verschiedener Organisationsformen im Englischunterricht in Klassen mit schwächeren und stärkeren Leistungen

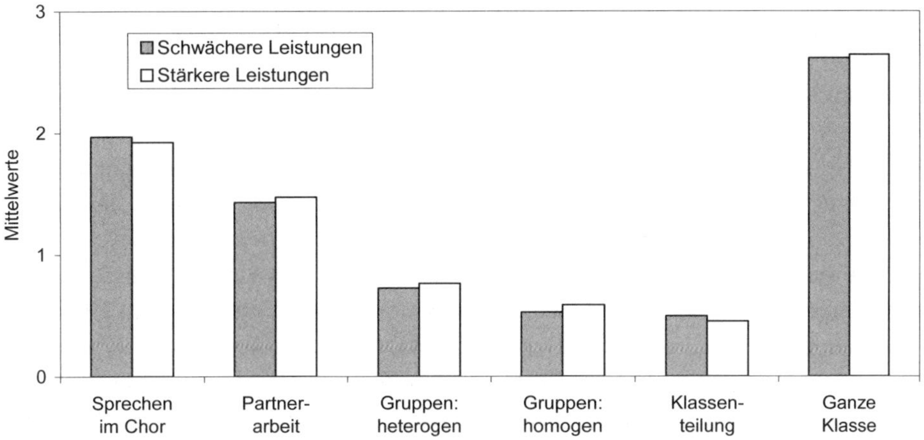

BBS / IFS / LI : Kompetenzen und Einstellungen von Schülerinnen und Schülern © KESS 4

Insgesamt entsprechen die geringen Unterschiede zwischen Klassen mit besseren bzw. schwächeren Ergebnissen hinsichtlich der unterrichtsorganisatorischen Merkmale den Ergebnissen früherer Studien, nach denen eher Merkmale des Interaktionsgeschehens im Unterricht für dessen Wirksamkeit verantwortlich gemacht werden können und weniger äußerliche organisatorische Aspekte (vgl. May, 2001).

4.3 Unterrichtsmittel im Englischunterricht

Die Angaben zu den im Englischunterricht eingesetzten Unterrichtsmitteln erfolgten auf einer vierstufigen Skala, die numerisch kodiert wurde (0 = ‚nie oder fast nie', 1 = ‚ein- bis zweimal im Monat', 2 = ‚ein- bis zweimal pro Woche', 3 = ‚jeden oder fast jeden Tag'), so dass für die einzelnen Kategorien Durchschnittswerte errechnet werden konnten (siehe Abb. X.5).

Mit Hilfe einer Faktorenanalyse wurden die acht verschiedenen Unterrichtsmittel in drei Hauptkategorien zusammengefasst, die 53 Prozent der gemeinsamen Varianz aufklären.

(1) Verwendung authentischer Materialien: Dazu gehören vor allem Tonträger, die relativ häufig eingesetzt werden, an zweiter Stelle englische Bilderbücher und englische Kinderbücher sowie englische Zeitungen und Zeitschriften, die allerdings relativ selten eingesetzt werden.

(2) Verwendung didaktisch aufbereiteter Materialien: In erster Linie sind dies Arbeitsbücher, die unter allen Materialien am häufigsten eingesetzt werden, daneben seltener zweisprachige Materialien.

(3) Nutzung von Computer und Internet: Diese interaktiven Lernmedien werden noch relativ selten eingesetzt. Dies gilt insbesondere für das Internet, wobei hier vermutlich auch Hürden durch fehlende technische Ausstattung bestehen.

Für die Untersuchung der Frage, ob Klassen mit stärkeren bzw. schwächeren Leistungen unterschiedliche Materialien im Unterricht einsetzen, wurde die Schülerstichprobe anhand der durchschnittlichen Testleistung in zwei Gruppen, d. h. nach besseren und schlechteren Leistungen als der Durchschnittswert, eingeteilt. Wie die Balkenlängen in Abbildung X.5 zeigen, werden in Klassen mit besseren Hörverstehensleistungen die meisten Unterrichtsmittel häufiger eingesetzt als in Klassen mit schwächeren Leistungen. Dies gilt insbesondere für den Einsatz von Tonträgern, der für die Herausbildung des Hörverstehens wesentliche Impulse gibt. Eine Ausnahme bildet der Einsatz zweisprachiger Materialien, die in Klassen mit besseren Leistungen seltener eingesetzt werden. Möglicherweise hat der Einsatz solcher Unterrichtsmittel, bei denen es sich vermutlich um schriftsprachliche Materialien handelt, für die Herausbildung des Hörverstehens keine positiven Effekte, vielleicht auch, weil zweisprachige Materialien eher die Tendenz zum Übersetzen anstelle des authentischen Verstehens fördern.

Abbildung X.5: Häufigkeit des Einsatzes von Unterrichtsmitteln im Englischunterricht in Klassen mit schwächeren und stärkeren Leistungen

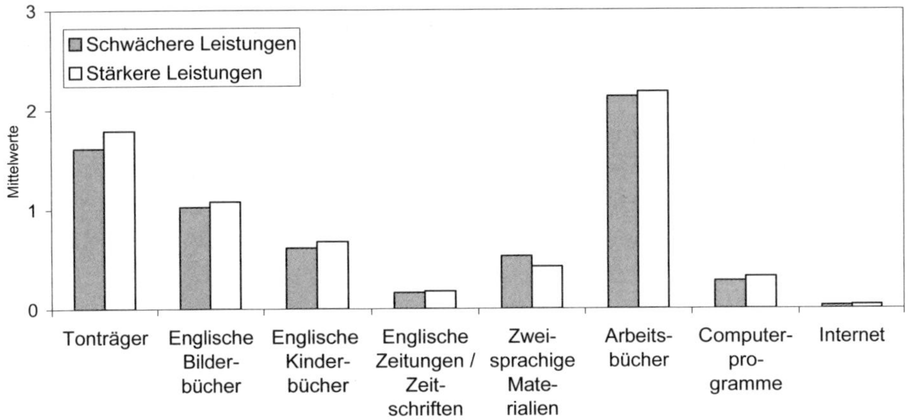

BBS / IFS / LI : Kompetenzen und Einstellungen von Schülerinnen und Schülern © KESS 4

4.4 Verfügbarkeit englischsprachiger Lektüre

In 39 Prozent aller Klassen gibt es eine Bücherei oder Leseecke mit englischsprachiger Lektüre. In den Klassen mit besseren Englischleistungen ist der Anteil nur geringfügig höher, nämlich 41 Prozent. Im Durchschnitt gibt es in den Klassenbüchereien 15,8 englischsprachige Bücher bzw. Zeitschriften (stärkere Klassen: 17,4; schwächere Klassen: 14,3). Zeitschriften sind deutlich seltener: Im Durchschnitt gibt es 0,8 Zeitschriftentitel (stärkere Klassen: 0,9; schwächere Klassen: 0,7). Hinsichtlich der Häufigkeit der Nutzung der Klassenbücherei ergeben sich keine signifikanten Unterschiede zwischen den Teilgruppen. Die mittlere Häufigkeit liegt insgesamt zwischen ein- bis zweimal pro Woche und ein- bis zweimal pro Monat. In etwa 60 Prozent der Klassen können sich Schülerinnen und Schüler Bücher aus der englischsprachigen Klassenbücherei oder Leseecke ausleihen und mit nach Hause nehmen.

4.5 Ausstattung der Schulen für den Englischunterricht

Die Antworten auf die Frage, inwieweit die Lehrkräfte die Ausstattung ihrer Schule für den Englischunterricht als ausreichend betrachten, wurden numerisch skaliert (0 = ‚nicht ausreichend', 1 = ‚kaum ausreichend', 2 = ‚überwiegend ausreichend', 3 = ‚vollkommen ausreichend'), so dass Durchschnittswerte für die einzelnen Ausstattungsbereiche berechnet werden konnten.

Wie Abbildung X.6 zeigt, halten die meisten Lehrkräfte die Ausstattung mit Unterrichtsmaterial für überwiegend ausreichend. Bei der Ausstattung der Schulen mit audiovisuellen Mitteln und mit Computer-Hardware machen die meisten Lehrkräfte deutliche Abstriche. Die Ausstattung mit Büchern und mit Computersoftware wird in den meisten Schulen für kaum ausreichend gehalten.

Zwischen den Klassen mit stärkeren bzw. schwächeren Leistungen ergeben sich durchweg Unterschiede hinsichtlich der Zufriedenheit der Lehrkräfte mit der Ausstattung in den Schulen. Lehrkräfte aus Klassen mit stärkeren Leistungen schätzen die Ausstattung in allen Bereichen als deutlich zufriedenstellender ein als Lehrkräfte aus Klassen mit schwächeren Leistungen.

Abbildung X.6 Beurteilung der Ausstattung der Schulen für den Englischunterricht in Klassen mit schwächeren und stärkeren Leistungen

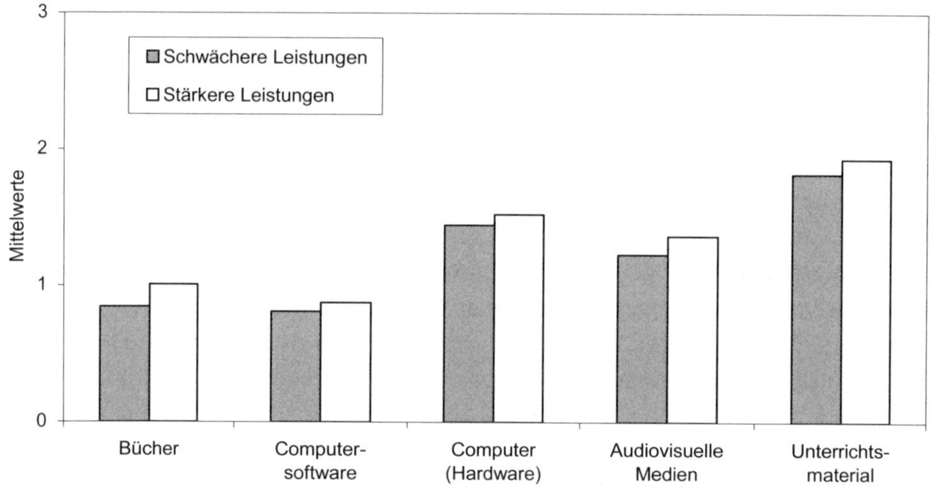

BBS / IFS / LI : Kompetenzen und Einstellungen von Schülerinnen und Schülern © KESS 4

5. Zusammenfassung

Im Rahmen von KESS 4 wurde ein eigens entwickelter Hörverstehenstest eingesetzt, bei dem Fragen zum Verständnis von auf Englisch vorgelesenen Einzelsätzen sowie einer Geschichte zu beantworten sind. Bei der Testanalyse wurden zwei Dimensionen des Hörverstehens gefunden: 1. Identifizierung von Fakten, 2. Bewerten und Begründen einer eigenen Interpretation.

Am Ende der Grundschule verstehen die meisten Kinder mindestens einzelne Aussagen und können einfache Fragen beantworten. In der oberen Leistungsgruppe verstehen die Kinder auch schon den Zusammenhang eines englisch vorgetragenen Textes und können Textpassagen verknüpfen.

Im Unterschied zu anderen Lernbereichen weisen Jungen und Mädchen am Ende der vierten Klasse kaum unterschiedliche Leistungen im Englisch-Hörverstehen auf. Kinder verschiedener sozialer Lagen erzielen erwartungsgemäß auch im Englischen deutlich unterschiedliche Leistungen.

Kinder, deren Eltern beide im Ausland geboren wurden, erzielen zwar auch im Englischen durchschnittlich schwächere Leistungen als Kinder ohne Migrationshintergrund, jedoch weisen Kinder aus Familien, in denen ein Elternteil im Ausland geboren wurde, keine nennenswert schwächeren Leistungen auf.

Zwischen der Qualifikation der Lehrkräfte und den Leistungen der Schülerinnen und Schüler zeigt sich ein deutlicher Zusammenhang. Die meisten Lehrkräfte orientieren sich bei der Unterrichtsplanung am Hamburger Rahmenplan für Grundschulenglisch und scheinen dabei gut zu fahren, denn Klassen, in denen die Lehrkräfte eigene Lehrpläne erstellen, erzielen etwas schwächere Durchschnittsleistungen.

Der Unterricht findet überwiegend in der ganzen Klasse statt, seltener finden Klassenteilungen oder Kleingruppenarbeit statt; häufig wird als didaktische Form das so genannte ‚Sprechen im Chor' eingesetzt. Zusammenhänge zwischen verschiedenen Organisationsformen und den mittleren Leistungen ergeben sich kaum.

Beim Einsatz von ‚authentischen' Unterrichtsmitteln (Tonträger, englischsprachige Lektüre) zeigt sich in Klassen mit stärkeren Hörverstehensleistungen eine größere Vielfalt und eine höhere Frequenz, anders jedoch beim Einsatz zweisprachiger Materialien, die in Klassen mit schwächeren Leistungen häufiger eingesetzt werden.

Die Ausstattung der Klassen mit stärkeren Leistungen ist nach Einschätzung der Lehrkräfte besser als in Klassen mit schwächeren Leistungen.

Literatur

Behörde für Bildung und Sport. (2003). *Bildungsplan Grundschule, Klassen 3 und 4*. Hamburg: Freie und Hansestadt Hamburg.

Bos, W., Lankes, E.-M., Prenzel, M., Schwippert, K., Walther, G. & Valtin, R. (Hrsg.). (2003). *Erste Ergebnisse aus IGLU. Schülerleistungen am Ende der vierten Jahrgangsstufe im internationalen Vergleich.* Münster: Waxmann.

Kahl, P. W. & Knebler, U. (1996). *Englisch in der Grundschule – und dann? Evaluation des Schulversuchs ‚Englisch ab Klasse 3'.* Berlin: Cornelsen.

May, P. (2001). *Lernförderlichkeit im schriftsprachlichen Unterricht: Effekte des Klassen- und Förderunterrichts in der Grundschule auf den Lernerfolg. Ergebnisse der Evaluation des Projekts ‚Lesen und Schreiben für alle' (PLUS)* (Beiträge zum Projekt ‚Lesen und Schreiben für alle'). Hamburg: Behörde für Schule, Jugend und Berufsbildung.

Pietsch, M. (in Druck). Soziale Herkunft und Schulleistung Hamburger Kinder am Ende der Grundschulzeit. In W. Bos, C. Gröhlich & M. Pietsch (Hrsg.), *KESS 4. Lehr- und Lernbedingungen in Hamburger Grundschulen* (S. 7–34). Münster: Waxmann.

Schwippert, K. (in Druck). Migrationsbedingte Heterogenität von Schülerinnen und Schülern am Ende der vierten Jahrgangsstufe in Hamburg. In W. Bos, C. Gröhlich & M. Pietsch (Hrsg.), *KESS 4. Lehr- und Lernbedingungen in Hamburger Grundschulen* (S. 35–46). Münster: Waxmann.

XI. Ein Index sozialer Belastung als Grundlage für die Rückmeldung ‚fairer Vergleiche' von Grundschulen in Hamburg

Marcus Pietsch, Martin Bonsen, Wilfried Bos

Im Rahmen von Schulleistungsstudien ist die Rückmeldung der Ergebnisse an die beteiligten Schulen bzw. Lehrerinnen und Lehrer mittlerweile ein fester Bestandteil. Kaum eine Flächenuntersuchung wird ohne ein Daten-Feedback zum Zwecke der professionellen Nutzung konzipiert. Mit der Rückmeldung von Schulleistungsdaten wird dabei in der Regel die Hoffnung verbunden, Schulentwicklungsprozesse einzuleiten, die nicht nur auf Ebene der Organisation eine Verbesserung der internen Arbeitsabläufe zum Ziel haben, sondern auch direkt zu einer Verbesserung des Unterrichts genutzt werden können. Eine ganze Reihe von Publikationen widmet sich dem Thema der Rückmeldung, damit verbundenen methodischen Anforderungen an die Gestaltung von Schulleistungsuntersuchungen sowie dem Thema der Rezeption durch Lehrerinnen und Lehrer (vgl. Watermann, Stanat, Kunter, Klieme & Baumert, 2003; Kohler & Schrader, 2004). Der vorliegende Beitrag sondiert Möglichkeiten, die sich aus der Nutzung eines Index sozialer Belastung für ‚faire' Schulvergleiche und die Rückmeldungen von Leistungsergebnissen an Schulen und Klassen ergeben. Am Beispiel der Schulrückmeldungen an Hamburger Grundschulen im Rahmen von KESS 4 wird gezeigt, wie unter Einbeziehung von Daten zum sozialen Hintergrund von Schülerinnen und Schülern einzelner Schulen, Leistungsdaten aufbereitet und vergleichbar gemacht werden können. Ziel der Datenrückmeldung ist es, aussagekräftige und relevante Daten an Lehrkräfte zurückzugeben, die Schlussfolgerungen für Qualitätsentwicklungsprozesse zulassen.

1. Theorie und Forschungsstand

Mit der Rückmeldung von Daten soll Einzelschulen externes Steuerungswissen verfügbar gemacht werden. Lehrerinnen und Lehrer sollen die Daten nutzen, um den Leistungs- und Kompetenzstand der von ihnen unterrichteten Schülerinnen und Schüler auf der Basis sozialer oder kriterialer Bezugsnormen einordnen zu können. Inwieweit dieses Wissen in der Schulpraxis überhaupt rezipiert wird und Schlussfolgerungen gezogen werden, lässt sich kaum auf der Systemebene der Bildungspolitik und -administration vorgeben. Vielmehr kann die externe Datenrückmeldung als Intervention gedeutet werden, die schulintern je nachdem genutzt oder ignoriert wird. Die Zielgenauigkeit solcher Interventionen stellt Rolff (2002, S. 79 f.) unter Bezugnahme auf systemtheoretische Annahmen in Frage: Wie, und ob überhaupt, das System, in das interveniert wird, die Intervention verarbeite, entscheide das System zu einem Großteil selbst. Die Hoffnung, mit außerschulisch aufbereitetem Wissen innerschulische Entwicklungen zielgerichtet zu initiieren, entspringe demnach eher einer „Steuerungs-Illusion“ (ebd., S. 79). Dass eine Schulrückmeldung für die Einzelschulen eine relevante Information darstellt, die zu Entwicklungsprozessen anregt und die im Rahmen des schulischen Alltags nicht im allgegenwärtigen Rauschen der Schulumwelt untergeht, scheint folglich keinesfalls gesichert zu sein. Es ist jedoch zu erwarten, dass sich, insbesondere an Schulen, deren Rückmeldungen nicht den eigenen Selbsteinschätzungen entsprechen, als Reaktion auf diese Störung der eigenen Selbstwahrnehmung, nachhaltig und selbstgesteuert Strukturen herausbilden, die es ihnen zukünftig erlauben, mit ähnlichen Dissonanzen umzugehen. Letztlich entsteht durch den Impetus der Schulrückmeldung eine ‚Ordnung durch Störung‘ (vgl. zu diesem Thema z. B. Förster, 1960; Luhmann, 1984, 1998), die sich schulintern zunehmend selbst elaboriert.

Aus organisationstheoretischer Perspektive lässt sich diese systemtheoretische Annahme stützen und somit die Sinnhaftigkeit externer Datenrückmeldung an Einzelschulen weiterführend begründen: So betonen insbesondere Arbeiten zum organisationalen Lernen (z. B. Argyris & Schön, 1978) den Wert datengestützter Entscheidungsfindungen. Argyris (1997) beispielsweise stellt in seinen jüngeren Arbeiten zwei Handlungsmodelle (I und II) gegeneinander, anhand derer er die Lernfähigkeit von Organisationen beschreibt. Bei der Abgrenzung beider Modelle spielt der Umgang mit relevanten Daten und Informationen eine zentrale Rolle.

Demnach lässt sich das in vielen Organisationen verbreitete ‚Handlungsmodell I‘ mit Begriffen wie ‚Abschottung‘ und ‚Durchsetzung der jeweils eigenen Handlungsrationalität‘ charakterisieren. Veränderungen und Entwicklungen werden vor allem dadurch aufgehalten, dass „defensive Routinen“ das organisationale Handeln bestimmen (Brentel, 2000, S. 17): Das Vertuschen von (mikro-politischen) Zusammenhängen innerhalb der Organisation, uneindeutiges Verhalten der Organisationsmitglieder, insbesondere aber Abwehrverhalten gegen Veränderung und Entwicklung stellen sich als Folge dieses Handlungsmodells ein.

Der Gegenentwurf zu diesem für organisationales Lernen hinderlichen Handlungsmodell ist das ‚Modell II‘. Zentral für die Verbreitung dieses Handlungsmodells ist u. a., dass Entscheidungen auf der Grundlage offener und relevanter Informationen und auf für alle nachvollziehbare Art und Weise getroffen werden. Fehler können auf der Grundlage verfügbarer Informationen datengestützt entdeckt und korrigiert werden. Im Unterschied zu Modell-I-Verhaltensweisen eröffnet das Modell II Transparenz darüber, wie Akteure innerhalb der Organisation zu Beurteilungen, Zuschreibungen oder Handlungsentscheidungen gelangen.

Die dem Handeln einzelner Organisationsmitglieder zugrunde liegenden Schlussfolgerungen lassen sich, weil sie im Idealfall datengestützt gezogen werden, nachvollziehen, überprüfen und diskutieren (vgl. Bonsen, von der Gathen & Altrichter, 2001). Ziel des Handlungsmodells II ist es, lernfeindliches Abwehrverhalten innerhalb der Organisation zu minimieren und stattdessen organisationales Lernen zu fördern, indem ‚mentale Modelle' und bislang unausgesprochene und verdeckte handlungsleitende Schlussfolgerungen transparent gemacht werden. Prinzipiell werden Probleme und Umstände, die zunächst als Unannehmlichkeiten oder Bedrohungen wahrgenommen werden können, nicht umgangen und vertuscht, sondern thematisiert und bearbeitet (vgl. Argyris, 1997, S. 63 f.).

Entsprechend der vorgestellten organisationalen Handlungsmodelle kann auch das organisationale Lernen in zwei unterschiedliche Typen unterteilt werden: das so genannte Ein-Schleifen- und das Doppel-Schleifen-Lernen (vgl. Argyris, 1992). Das Lernen einer Organisation umfasst nach diesem Modell u. a. die Sichtbarmachung und die Korrektur von Fehlern. Werden selbst gesetzte Ziele nicht erreicht, so besteht die Möglichkeit, die eigenen Handlungsstrategien zu ändern, ohne die Leitwerte, die hinter den Zielen und Strategien stehen zu hinterfragen; dies wäre Ein-Schleifen-Lernen und hätte zur Folge, dass ähnlich geartete Probleme in der Zukunft weiterhin auftreten, da die Methode dahinter das Beibehalten althergebrachter Routinen und deren Verfeinerung mit dem Ziel die vorhandenen Handlungsstrategien effektiver auszugestalten beinhaltet. Werden hingegen auch Ziele, zugrunde liegende Annahmen und handlungsleitende Theorien korrigiert, so liegt ein Zwei-Schleifen-Lernen vor. Dies bedeutet jedoch, dass eine Schule sich als Organisation neu definieren, neue Konzepte etablieren, alte Handlungsmuster aufgeben und sich hin zu einer nachhaltigen lernenden Organisation entwickeln muss.

Datenrückmeldungen im Rahmen großflächiger Evaluationen des Lernstandes von Schülerinnen und Schülern lassen sich vor dem Hintergrund der Arbeiten von Argyris als Bereitstellung ‚relevanter Informationen und Daten' verstehen, die zur Reflexion der eigenen Arbeit genutzt werden können und die gegebenenfalls darüber informieren, ob selbst gesetzte Ziele in Schule und Unterricht erreicht wurden oder nicht. Lehrpersonen können aus dem Lernstand der von ihnen selbst unterrichteten Schülerinnen und Schüler Schlussfolgerungen zum Unterricht begründen und mit Kolleginnen oder Kollegen z. B. in der Fachgruppe diskutieren. Im Sinne des organisationalen Lernens besonders hilfreich wären demnach Datenrückmeldungen, die dazu geeignet sind, die eigenen Unterrichtsmodelle und hierauf bezogene individuelle Schlussfolgerungen datengestützt diskutieren und ihre Gültigkeit bzw. Wirksamkeit evaluieren zu können.

Die Frage, welches Format und welcher Modus der Datenrückmeldung dieses leisten können, ist bislang empirisch wenig geklärt (vgl. Kohler & Schrader, 2004; Kuper & Schneewind, 2006; Peek, 2006). Hinweise darauf, dass die Intensität der Auseinandersetzung der Kollegen mit den Ergebnisrückmeldungen und die Verständlichkeit der Darstellung allein kein Garant für die Bedeutung der Rückmeldungen für die Unterrichtsentwicklung sind, finden sich aber bei Bonsen, Büchter und Peek (2006). Danach schätzen vorrangig diejenigen Kollegien, die sich den Sinn einer kriterialen und bezugsgrupppenorientierten Ergebnisrückmeldung erschlossen haben, den Nutzen derselben für die Unterrichtsentwicklung besonders hoch ein.

2. Vergleichbare Klassen und Schulen

Entsprechend sinnvoll scheint daher die Strategie, im Rahmen fairer Vergleiche adäquate Vergleichsklassen bzw. Vergleichsschulen als Bezugspunkt für die jeweilige Ergebnisrückmeldung zu konstruieren, denn Kollegien in sozial privilegierten Stadtteilen wissen in der Regel, dass die Leistungen ihrer Schüler über dem landesspezifischen Mittelwert liegen, ebenso wie den Kollegien aus Schulen, die in sozialen Brennpunkten liegen klar ist, dass die Schülerleistungen der Kinder an ihrer Schule deutlich darunter liegen. Nützlich ist für Lehrerinnen und Lehrer nicht allein der Bezug der Ergebnisrückmeldung zur landesspezifischen Leistungsverteilung, sondern der Bezug zu den Schülerleistungen aus Schulen bzw. Klassen, deren Schülerschaft ähnlich zusammengesetzt ist.

Um diese vergleichbaren Schulen bzw. Klassen zu identifizieren wurde im Rahmen der KESS 4 Untersuchung ein Index sozialer Belastung für alle 263 Grundschulen in Hamburg erstellt (vgl. Bos, Pietsch, Gröhlich & Janke, 2006). Ausgehend vom ressourcenorientierten Kapitalansatz der Reproduktion sozialer Ungleichheit (vgl. Bourdieu, 1983; Coleman, 1996) wurden, ergänzt um Daten zum Migrationshintergrund der Kinder (vgl. Alba, Handl & Müller, 1994) und unter Hinzuziehung von Stadtteildaten (vgl. Friedrichs, 2000; Häußermann & Siebel, 2000) aus amtlichen Statistiken insgesamt 30 Einzelvariablen zu einem Index sozialer Belastung zusammengefasst (vgl. Abb. XI.1).

Abbildung XI.1: Modell des Index sozialer Belastung Hamburger Grundschulklassen

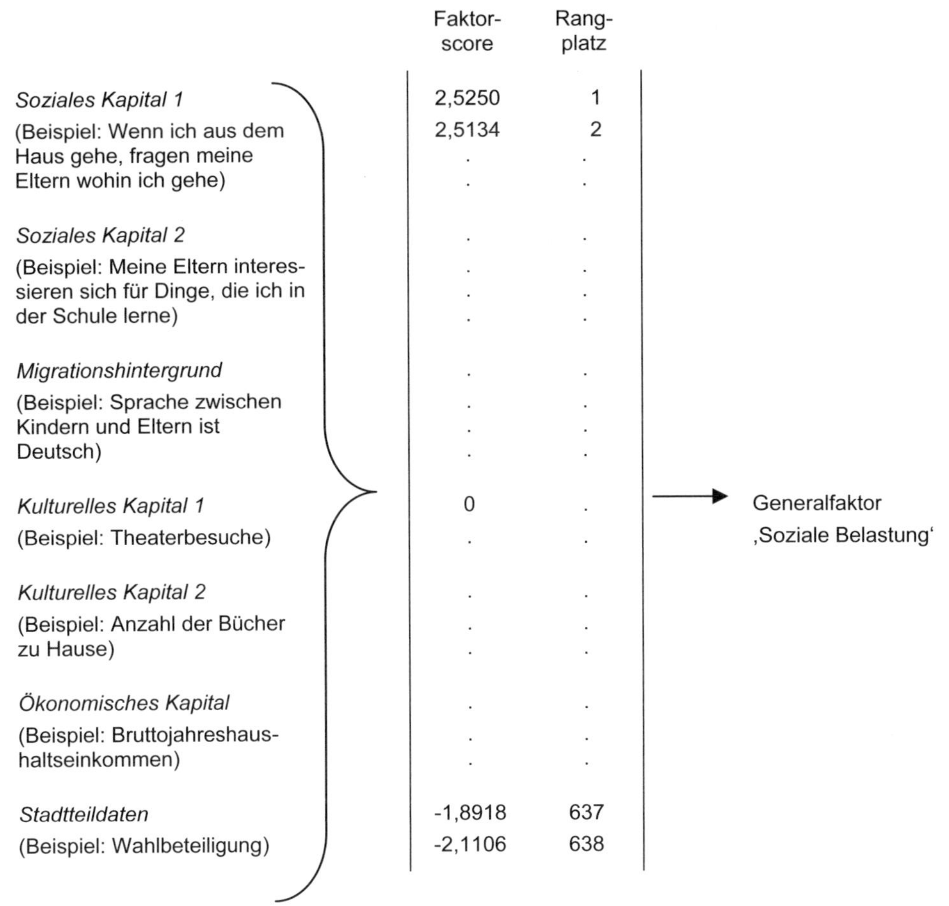

BBS / IFS / LI : Kompetenzen und Einstellungen von Schülerinnen und Schülern © KESS 4

Die Operationalisierung war theoriegeleitet in dem Sinne, dass ökonomische, kulturelle, soziale und ethnische Aspekte der individuellen Hintergründe der Schülerinnen und Schüler differenziert erfasst wurden. Gemäß den Erfahrungen aus früheren nationalen wie internationalen Bildungsstudien wurde das ökonomische Kapital der Eltern über das Bruttojahreshaushaltseinkommen ermittelt. Kulturelle Ressourcen der Schülerinnen und Schüler wurden durch den Buchbesitz im Haushalt und den Bildungsabschluss der Eltern erhoben. Darüber hinaus wurden Eltern nach gemeinsamen Besuchen mit ihren Kindern von kulturellen Veranstaltungen befragt. Soziale Ressourcen der Kinder wurden über zwei Skalen im Schülerfragebogen erhoben. Zusätzlich wurde der Migrationshintergrund der Schülerinnen und Schüler erfragt.

Da aus einer Vielzahl von – vor allem angloamerikanischen – Studien bekannt ist, dass auch regionale Kontexte Effekte auf die individuelle Sozialisation ausüben, wurden darüber hinaus sozioökologische Merkmale der Stadtteile, in denen Schülerinnen und Schüler eine Grundschule besuchen, mit in das Modell mit aufgenommen. Dieses Vorgehen scheint insbesondere vor dem Hintergrund, dass rund ein Drittel der Eltern und ein Viertel der Schülerinnen und Schüler nicht an der Hintergrundbefragung teilnahmen (vgl. Kapitel II in diesem Band), sinnvoll; liegen doch regionale Strukturdaten für die Hansestadt Hamburg in der Regel flächendeckend vor und ermöglichen somit die Korrektur fehlender Angaben auf der Einzelschulebene.

Tabelle XI.1: Korrelation von Schülerhintergrundinformationen und stadtteilspezifischen Daten der amtlichen Statistik (r auf Schulebene)

	r
Ökonomisches Kapital	.80 ***
Kulturelles Kapital 1	.74 ***
Kulturelles Kapital 2	.60 ***
Migrationshintergrund	.70 ***
Soziales Kapital 1	.35 ***
Soziales Kapital 2	.41 ***

*** Die Korrelation ist auf dem Niveau von $p < .001$ signifikant.

BBS / IFS / LI : Kompetenzen und Einstellungen von Schülerinnen und Schülern © KESS 4

Bei Betrachtung der Stadtteildaten in Zusammenhang mit den auf Einzelschulebene erhobenen Hintergrundmerkmalen fällt jedoch auf, dass empirische Zusammenhänge vor allem im Bereich der ökonomisch-kulturellen Zusammensetzung von Schülerinnen und Schülern an Hamburgs Grundschulen beobachtbar sind, während die Stadtteilstrukturdaten nur bedingt geeignet scheinen, soziale Beziehungen in den Schülerfamilien zu indizieren.

Für die schulpraktische Arbeit hat der gewählte Ansatz u. a. besondere Bedeutung, da Variablen mit einem klar erkennbaren pädagogischen Bezug erhoben werden. Die soziale Lage der Schülerinnen und Schüler wird in erster Linie über deren bildungsrelevante Ressourcen im Elternhaus erfasst. Intuitiv wird deutlich, dass eine Schülerzusammensetzung, die durch mangelnde bildungsrelevante Ressourcen in den Elternhäusern charakterisiert ist, einen erhöhten Ressourcenaufwand auf der pädagogischen Prozessebene erfordert. Andererseits kann eine Schülerzusammensetzung, die durch anregungsreiche Elternhäuser und relativen Wohlstand an bildungsrelevanten Ressourcen gekennzeichnet ist, dazu führen, dass Bildungsprozesse schon an sich vergleichsweise ‚effektiv' verlaufen. Eine gezielte Ressourcenallokation im Bildungssystem erfordert deshalb ein genaues Monitoring der Bedingungen vor Ort, das heißt, es muss betrachtet werden, unter welchen Rahmenbedingungen und mit welcher Schülerschaft eine Schule tatsächlich arbeitet. So gibt es Leistungsunterschiede zwischen Schülerinnen und Schülern innerhalb von Schulen als auch zwischen Schülerinnen und Schülern verschiedener Schulen. Betrachtet man die Leseleistung der Hamburger Viertklässlerinnen und Viertklässler, so zeigt sich, dass rund 18 Prozent der Leistungsunterschiede im Lesen zwischen Schulen und 82 Prozent der Variation im Leseverständnis von Kindern am Ende der Grundschulzeit innerhalb von Schulen liegen.

Tabelle XI.2: Effekte familialer ökonomischer, kultureller und sozialer Voraussetzungen sowie stadtteilspezifischer Kontexte auf die Lesekompetenz von Viertklässlerinnen und Viertklässlern (Hierarchische Pfadanalysen), Individualebene

	Individualmodell	Individual- und Kontextmodell
Ordinantenabschnitt	99,80	99,80
Ökonomisches Kapital	4,81 **	3,47 **
Kulturelles Kapital 1	6,84 **	6,11 **
Kulturelles Kapital 2	1,42 **	1,06 **
Migrationshintergrund	4,30 **	3,53 **
Soziales Kapital 1	4,15 **	3,98 **
Soziales Kapital 2	2,85 **	2,69 **
Stadtteildaten		*3,89* **
R^2 Lesekompetenz Individualebene	.26	.28
R^2 Lesekompetenz Schulebene	.77	.78

** p < .01
Parameterschätzung mit MPLUS 3.12.
Alle Variablen wurden für die Analysen z-standardisiert.

BBS / IFS / LI : Kompetenzen und Einstellungen von Schülerinnen und Schülern © KESS 4

In einer Pfadanalyse (vgl. Tab. XI.2, Individualmodell) wird sichtbar, dass mit Hilfe der auf Basis der Schüler- und Elternhintergrundbefragung erstellten Faktoren des Belastungsindex rund 26 Prozent der Leseleistungsvariation zwischen einzelnen Schülern und 77 Prozent der Leistungsvarianz im Lesen zwischen Schulen erklärt werden können. Die größte Bedeutung für den Erwerb individueller Lesekompetenz hat, wie die unstandardisierten Regressionskoeffizienten ausweisen, das Vorhandensein objektivierten kulturellen Kapitals (kulturelles Kapital 1) in den Herkunftsfamilien von Schulkindern.

Durch die Hinzunahme stadtteilspezifischer Kontextvariablen in das hierarchische Analysemodell (vgl. Tab. XI.2, Individual- und Kontextmodell) werden zusätzlich 1 (Schulebene) bis 2 (Individualebene) Prozent der Leistungsvarianz gebunden. Diese Größenordnung liegt im erwartbaren Spektrum für Kontexteffekte im Leistungsbereich, deren im Rahmen verschiedener Nachbarschaftsstudien ermittelte „Schwankungsbreite jeweils zwischen ein und zwei Prozent" (Baumert, Carstensen & Siegle, 2005, S. 246) liegt. Deutlich wird hier, dass die Hamburger Einzelgrundschulen in der Regel Symptomträger der sie umgebenden Stadtteilstruktur sind und entsprechend ihre Schülerinnen und Schüler aus dem näheren räumlichen Umfeld rekrutieren. Die Kenntnis dieser Tatsache erlaubt es – insbesondere unter Berücksichtigung der hohen Zusammenhangsmaße zwischen den einzelnen auf Schulebene ermittelten Schülerhintergrundmerkmalen und den Stadtteilspezifika – die stadtteilspezifischen Strukturdaten in das Analysemodell sozialer Belastung von Schulen als verlässliches Korrekturmaß mit aufzunehmen.

‚Soziale Belastung' von Einzelschulen bedeutet die Summe der Erschwernisse, die bei der Überwindung von Barrieren in der Förderung von Chancengleichheit auftreten können. Das Vorhandensein solcher Barrieren und Erschwernisse wird über den Belastungsindex erfasst, damit über den gezielten Einsatz von Sach-, Finanz- und Personalmitteln gegengesteuert werden kann. Anhand der im Rahmen von KESS 4 erhobenen Daten lässt sich zeigen, dass sich die differenziert erfassten Bereiche des Belastungsindex theoriekonform auf ein gemeinsames Konstrukt zurückführen lassen. Zwar lassen sich die drei Kapitalformen sowie der Migrationshintergrund empirisch voneinander trennen, es wird den Daten jedoch durchaus gerecht, im Sinne eines Generalfaktormodells ‚soziale Belastung' einen Gesamtwert zu berechnen. Dieser Schritt der Datenaufbereitung erfolgt auf Grundlage des eindimensionalen Raschmodels. Im Zuge der Optimierung des Instruments wurden hierzu alle Variablen einer Rasch-Analyse unterzogen (vgl. Bos et al., 2006). Diese Art der Analyse ermöglicht eine genaue Inspektion der ‚Schwierigkeit' jedes Items anhand so genannter Itemparameter (siehe Abb. XI.2).

Die in der Schwierigkeit aufsteigende Verteilung dieser Itemparameter zeigt den Vorteil der ganzheitlichen Operationalisierung der Kapitalformen nach Bourdieu: Das Einkommen der Eltern als Indikator für ökonomisches Kapital differenziert im *mittleren* Bereich der Skala, für differenzierte Aussagen im oberen und unteren Bereich müssen jedoch die anderen Kapitalformen hinzugezogen werden. Für eine feingliedrige Differenzierung im *oberen* Bereich werden Variablen aus dem Bereich des kulturellen Kapitals, im *unteren* Bereich des sozialen Kapitals benötigt. So differenziert z. B. der Indikator für die Bildungsnähe des Elternhauses ‚Anzahl der Bücher' im mittleren Bereich sehr gut, Variablen wie der Besuch einer Lesung oder das Lob für eine gute Schulnote sind hingegen für eine Differenzierung der Randbereiche wichtig. Diesbezüglich zeigt sich ein klares Bild: Kulturelle Indikatoren differenzieren auch noch bei Schülerinnen und Schülern, deren Eltern ein hohes Einkommen beziehen, die Erfassung sozialer Ressourcen dient dazu, um auch im unteren Bereich der Verteilung, d. h. bei Schülerinnen und Schülern, die auf geringe bildungsrelevante Ressourcen zurückgreifen können, Differenzierungen vorzunehmen.

Abbildung XI.2: Raschscores

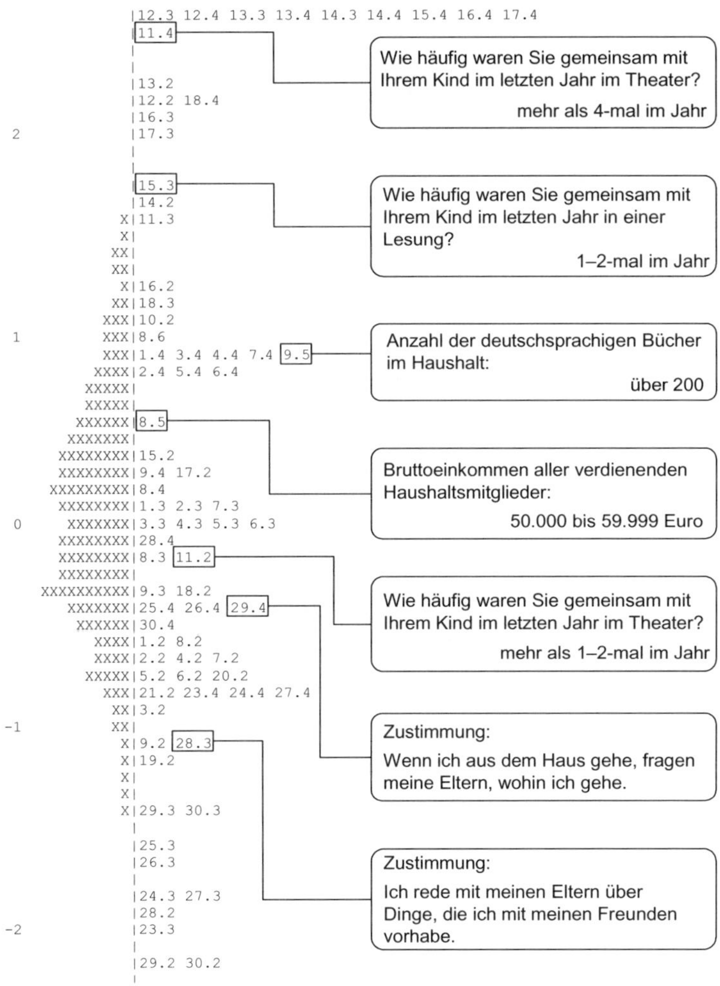

Anhand des Index sozialer Belastung konnten die 638 Klassen der 263 Hamburger Grundschulen in eine Rangreihe – von ‚privilegiert' bis ‚extrem belastet' gebracht werden. In dieser Rangreihe wurden nun die jeweiligen beiden Nachbarklassen, die auf dieser Rangreihe über und unter der betreffenden Klasse lagen, identifiziert und die Leistungswerte dieser vier Klassen gemittelt. Dieses Ergebnis wurde der betreffenden Klasse als ‚Wert vergleichbarer Klassen' mitgeteilt.

3. Rückmeldung der Leistungsergebnisse an die Klassen bzw. die Schulen

Nahe liegend wäre eine Rückmeldung im Rahmen der Kompetenzstufen gewesen (vgl. Abb. XI.3). Am Beispiel der Kompetenzstufen für die Testaufgaben der Mathematik (vgl. Kapitel VII in diesem Band) wird allerdings deutlich, dass fünf Kompetenzstufen für die Rückmeldung an einzelne Klassen zu differenziert sein können – schon ein einzelner Schüler kann leicht 5 Prozent der Schülerinnen und Schüler einer Klasse ausmachen.

Aus diesem Grund wurde für die Rückmeldung die Darstellung der Kompetenzverteilung in einer Klasse in drei Leistungsgruppen gewählt. In Abbildung XI.4 werden am Beispiel der Mathematik Aufgaben der fünf Kompetenzstufen den Leistungsgruppen zugeordnet und die Leistungsgruppen charakterisiert. Kinder aus der unteren Leistungsgruppe lösen Aufgaben, deren Schwierigkeitsgrad der Aufgabe 1 entspricht. Ein Teil von ihnen kann auch Aufgaben lösen, deren Schwierigkeitsgrad der Aufgabe 2 entspricht. Kinder aus der mittleren Leistungsgruppe können Aufgaben mit einem Schwierigkeitsgrad lösen, der der Aufgabe 3 entspricht. Kinder aus der oberen Leistungsgruppe verfügen über mathematische Fähigkeiten, mit denen sie Aufgaben lösen können, die in ihrem Schwierigkeitsgrad der Beispielaufgabe 4 entsprechen, ein Teil von ihnen kann darüber hinaus Aufgaben mit einem Schwierigkeitsgrad lösen, wie ihn die Beispielaufgabe 5 veranschaulicht.

Abbildung XI.3: Kompetenzstufen in Mathematik nach IGLU

Kompetenz-
stufe

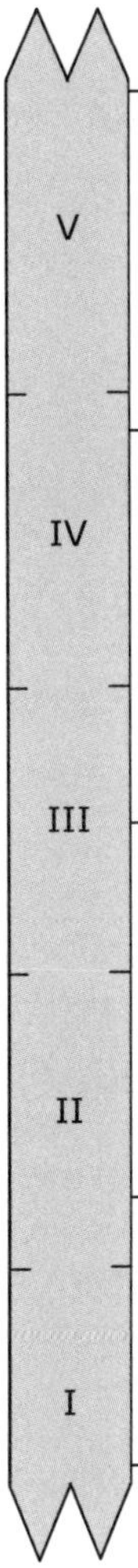

10 Liter Kakao werden in kleine Flaschen von je einem Viertel Liter Inhalt gefüllt. Wie viele Flaschen werden voll?
Antwort: ____________________

Platz zum Ausprobieren und Rechnen:

Dieses Bild zeigt einen Würfel.

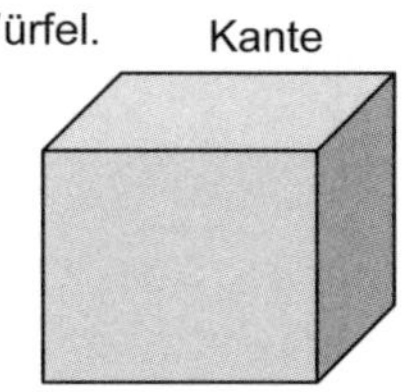

Wie viele Kanten hat der Würfel insgesamt?

A. 6
B. 9
C. 12
D. 24

Dies ist ein Kalender für den August 2001.

AUGUST						
So	Mo	Di	Mi	Do	Fr	Sa
			1	2	3	4
5	6	7	8	9	10	11
12	13	14	15	16	17	18
19	20	21	22	23	24	25
26	27	28	29	30	31	

Marias Geburtstag ist am Donnerstag, dem 2. August. Genau 3 Wochen später will sie eine Reise beginnen. An welchem Datum will sie verreisen?

- ☐ 16. August
- ☐ 19. August
- ☐ 21. August
- ☐ 23. August
- ☐ 30. August

(Analog zum Original)
Welche Zahl ist das:
2 Einer + 4 Zehner + 3 Hunderter + 50 Tausender?

- ☐ 5 342
- ☐ 50 342
- ☐ 53 420
- ☐ 243 050
- ☐ 503 420

Kopfrechnen:
(nur Ergebnis hinschreiben) a) 37+13 = _____

Abbildung XI.4: Zusammenhang zwischen Leistungsgruppen und Aufgabenschwierigkeit in Mathematik

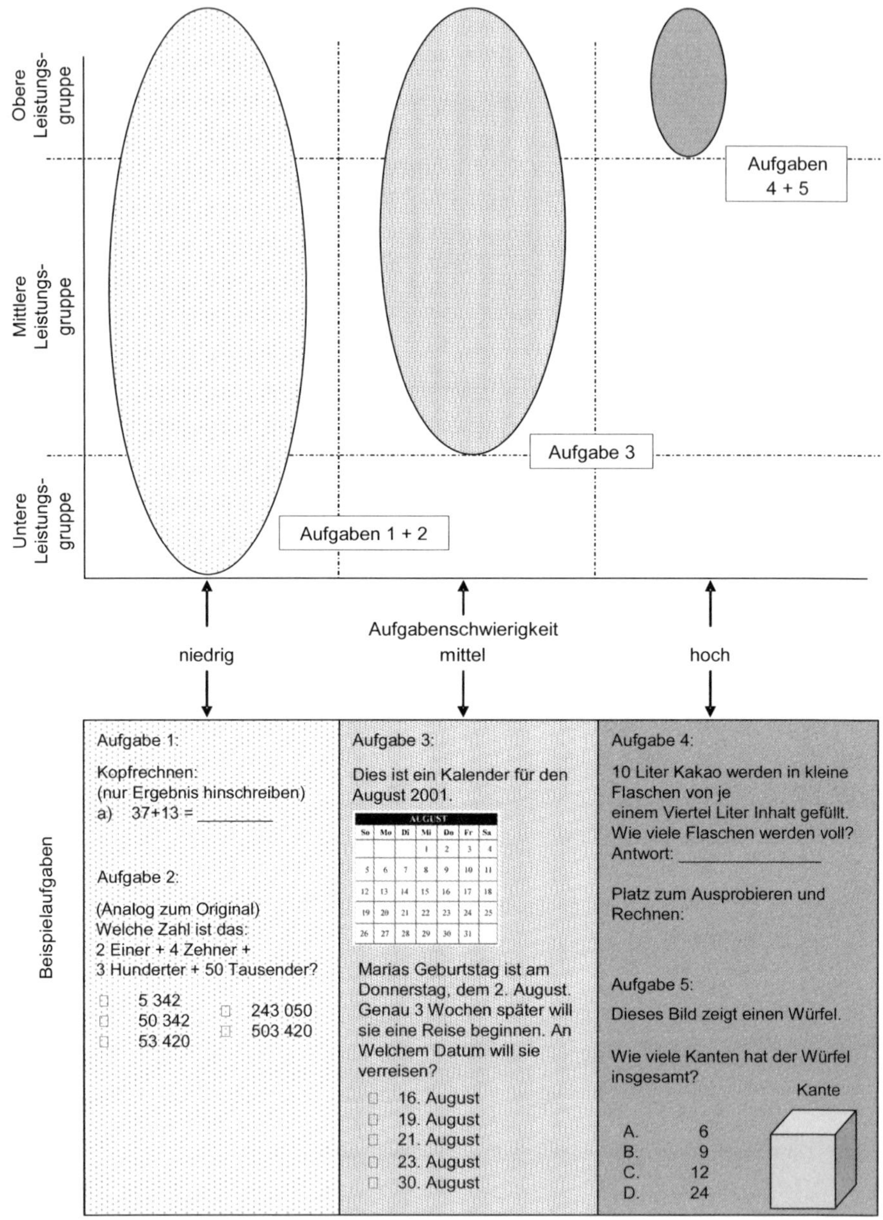

BBS / IFS / LI : Kompetenzen und Einstellungen von Schülerinnen und Schülern © KESS 4

Abbildung XI.5 ist ein Beispiel für eine Rückmeldung der Leistungsdaten nach der oben erklärten Vorgehensweise. Nach der Abbildung verfügen 20 Prozent der Kinder über Fähigkeiten, die der oberen Leistungsgruppe entsprechen, und 20 Prozent verfügen über Fähigkeiten, die der unteren Leistungsgruppe entsprechen, 60 Prozent der Kinder liegen im Bereich der mittleren Leistungsquartile. Damit unterscheidet sich die Verteilung der Beispielklassen auf die drei Leistungsgruppen nicht bedeutsam (statistisch signifikant) von der Verteilung aller Hamburger Viertklässlerinnen und Viertklässler. Im Durchschnitt aller Hamburger Klassen liegen je 25 Prozent der Kinder im oberen bzw. unteren Leistungsbereich und 50 Prozent im mittleren Leistungsbereich. Der Anteil der Schülerinnen und Schüler aus ähnlichen Klassen in der oberen Leistungsgruppe beträgt dagegen 60 Prozent und liegt damit deutlich über dem Anteil der Beispielklasse, während der Anteil der Schülerinnen und Schüler in der unteren Leistungsgruppe deutlich unter dem Anteil der Beispielklasse liegt (0 %). Dieser Befund weist auf ein insgesamt deutlich niedrigeres Leistungsniveau der Beispielklasse im Vergleich zu ähnlich zusammengesetzten Klassen im Bereich Mathematik hin.

Abbildung XI.5: Verteilung der Schülerinnen und Schüler auf die Leistungsgruppen in Mathematik

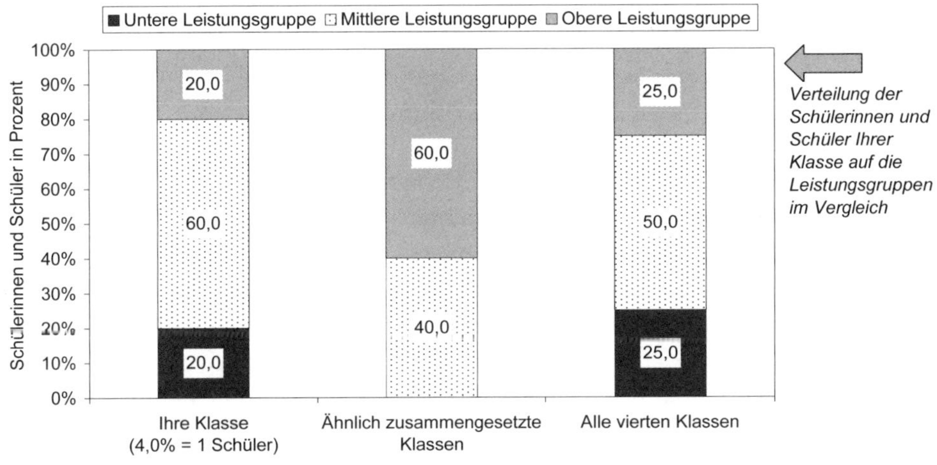

BBS / IFS / LI : Kompetenzen und Einstellungen von Schülerinnen und Schülern © KESS 4

Neben den Leistungsrückmeldungen wurden den Klassen bzw. Schulen für die Einschätzung relevante Hintergrundinformationen gegeben (vgl. Abb. XI.6).

Abbildung XI.6: Hintergrundinformationen der Beispielklasse

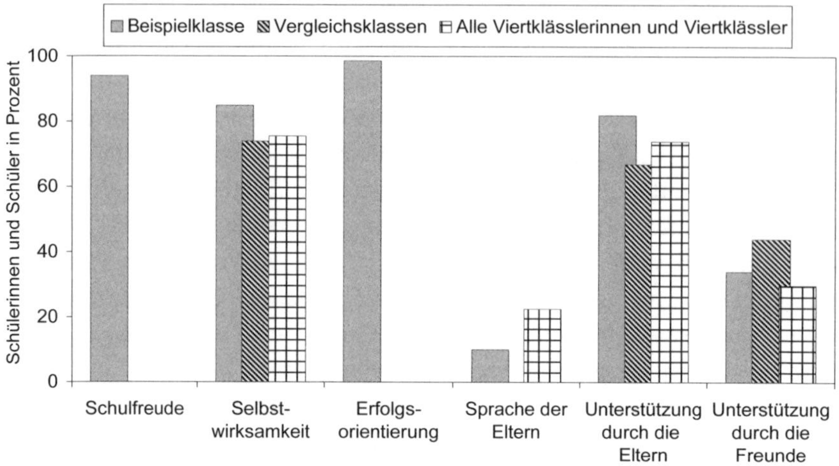

Schulfreude: Anteil der Kinder, die gerne zur Schule gehen.
Leistungsbereitschaft: Anteil der Kinder, die bereit sind eine hohe Leistung zum Erreichen von Lernzielen einzubringen.
Erfolgsorientierung: Anteil der Kinder, die denken, dass eine starke eigene Anstrengungsbereitschaft zum Schulerfolg wichtig ist.
Sprache der Eltern: Anteil der Kinder, die mit ihren Eltern meistens oder ausschließlich eine andere Sprache als Deutsch sprechen.
Unterstützung durch die Eltern: Anteil der Kinder, die von ihren Eltern eine starke oder sehr starke psychologische Lernunterstützung erhalten.
Unterstützung durch die Freunde: Anteil der Kinder, die von ihren Freunden eine starke oder sehr starke alltagspraktische Lernunterstützung erhalten.
Vergleichswerte sind nur aufgeführt, wenn sie signifikant und relevant sind.

BBS / IFS / LI : Kompetenzen und Einstellungen von Schülerinnen und Schülern © KESS 4

Damit nicht kleinste Unterschiede überinterpretiert werden, sind Vergleichswerte nur aufgeführt, wenn sie als signifikant und relevant angesehen werden können. So unterscheidet sich die dargestellte Beispielklasse im Anteil der Kinder, die mit ihren Eltern meistens oder ausschließlich eine andere Sprache als Deutsch sprechen zwar nicht von vergleichbaren Klassen, aber durchaus vom Durchschnitt aller Hamburger vierten Klassen. Anders ist es bei dem Anteil der Kinder, die gern zur Schule gehen. Hier ist der Anteil in der Beispielklasse ebenso hoch wie in der Population und in vergleichbaren Klassen.

4. Rezeption der Rückmeldeergebnisse an den Schulen

Ein erklärtes Ziel in KESS 4 war es, den Schulen die Rückmeldungen möglichst zeitnah zur eigentlichen Erhebung bereit zu stellen, um ihnen so die Möglichkeit zu geben, mit Hilfe der externen Referenzdaten schulinterne Entwicklungsprozess zu initiieren bzw. weiter auszugestalten. Entsprechend wurden die Schulrückmeldungen bereits vor Veröffentlichung des wissenschaftlichen Kurzberichts zu Beginn des Jahres 2004 erstellt und an die Schulen gesendet. Begleitet wurde der Rückmeldeprozess sowohl durch das Hamburger Landesinstitut für Lehrerbildung und Schulentwicklung als auch durch die Hamburger Schulaufsichten. Parallel hierzu wurden Schulleitungen und die KESS-4-Koordinatoren an den Einzelschulen gebeten, einen Fragebogen zum Umgang mit den Ergebnisrückmeldungen auszufüllen, der seitens des Projektteams an der Universität Hamburg ausgewertet wurde.

Das Hamburger Landesinstitut stellte Gesprächsraster zur Verfügung, anhand derer Gespräche zwischen den Schulleitungen und den Fachlehrkräften, den Schulleitungen und der Fachkonferenz sowie den Schulleitungen mit den Schulaufsichten systematisch und zielorientiert – mit Hinblick auf die Schul- und Unterrichtsentwicklung – durchgeführt werden sollten.

Abbildung XI.7: Ausschnitt aus dem Protokollbogen für das KESS-4-Auswertungsgespräch zwischen Schulleitung und Fachkonferenz

Lernstand der ehemaligen vierten Klassen (Schuljahr 2002/03 im oben angegebenen Fach:

– deutlich oberhalb des Mittelwertes ähnlich zusammengesetzter Klassen: 4__4__4__4__
– deutlich unterhalb des Mittelwertes ähnlich zusammengesetzter Klassen: 4__4__4__4__
– ohne bedeutsamen Unterschied zum Mittelwert ähnlich zusammengesetzter Klassen: 4__4__4__4__

Rahmenbedingungen der ehemaligen vierten Klassen					Handlungsbedarf zur Weiterentwicklung des Unterrichts	
					innerhalb der Schule	mit externer Unterstützung
Fördermaßnahmen:	4a	4b	4c	4d		
Binnendifferenzierung: nein (n) ja (j)						
Fördergruppen: nein (n) ja (j)						
Einzelförderung: nein (n) ja (j)						
zusätzliche Förderlehrkraft: nein (./.) ja (+ o –)						
Einsatz diagnostischer Verfahren: (+ o –)						
Wirksamkeit der Förderung: (+ o –)						

BBS / IFS / LI : Kompetenzen und Einstellungen von Schülerinnen und Schülern © KESS 4

Bereits in Abbildung XI.7 wird deutlich, dass der Punkt ‚ähnlich zusammengesetzte Klassen' als Referenz eine relevante Grundlage des weiteren Entwicklungsprozesses in Schule und Unterricht darstellt und seitens der politischen und pädagogischen Steuerungsinstanzen in Hamburg forciert wird.

Entsprechend erfreulich ist es, dass rund 80 Prozent der von der Universität Hamburg zum Rückmeldeprozess befragten Personen die Kriterien für die Erstellung ‚ähnlich zusammengesetzter Klassen' in KESS 4 als verständlich oder eher verständlich einstuften. Bei der Betrachtung der Ergebnisse aus der schriftlichen Nachbefragung ist jedoch zu beachten, dass nur für rund die Hälfte der Schulen Daten aus der Befragung zum Rückmeldeverfahren vorliegen (n = 153). Insgesamt hat die Rückmeldung von Ergebnissen aus KESS 4 an die Einzelschulen jedoch eine erstaunliche Resonanz in den Kollegien der Hamburger Grundschulen erfahren (vgl. Abb. XI.8).

Abbildung XI.8: Diskussionspunkte in den Kollegien als Folge der Ergebnisrückmeldungen

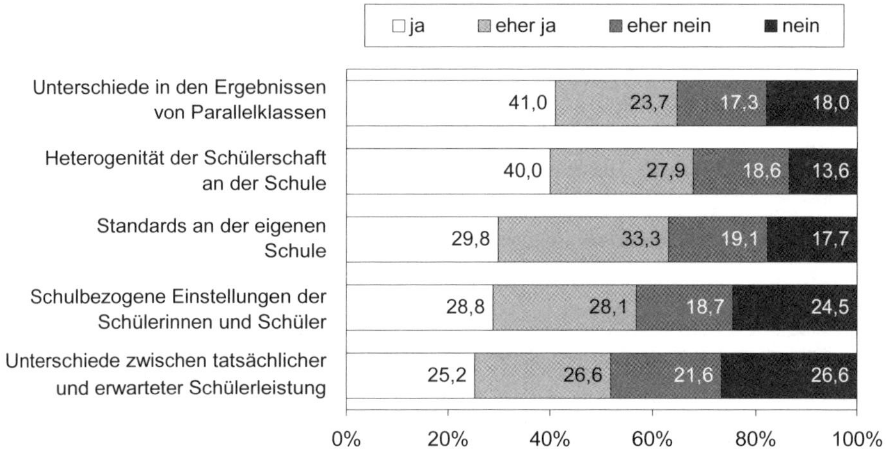

BBS / IFS / LI : Kompetenzen und Einstellungen von Schülerinnen und Schülern © KESS 4

So wurde in rund zwei Dritteln der Kollegien die KESS-4-Rückmeldung zum Anlass genommen, um über Leistungsunterschiede zwischen Parallelklassen oder die Heterogenität der Schülerschaft an der eigenen Schule zu diskutieren. In fast eben so vielen Kollegien waren darüber hinaus die Standards an der eigenen Schule und an immerhin mehr als 50 Prozent aller Schulen die Unterschiede zwischen tatsächlicher und erwarteter Schülerleistung sowie die schulbezogenen Einstellungen der Schülerinnen und Schüler ein Diskussionsthema, das in Folge der KESS-4-Rückmeldungen angesprochen wurde.

Abbildung XI.9: Nutzung der Informationen aus den KESS-4-Rückmeldungen an den Schulen

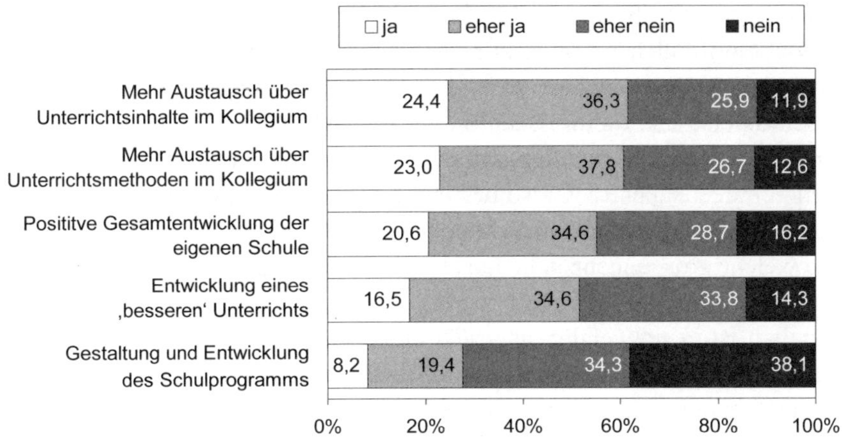

BBS / IFS / LI : Kompetenzen und Einstellungen von Schülerinnen und Schülern © KESS 4

Auch weitere Folgen wurden erfreulich häufig berichtet (vgl. Abb. XI.9). So haben die KESS-4-Rückmeldungen laut Angaben der schulpraktischen Experten an den Schulen u. a. dazu geführt, dass an der Mehrzahl der Hamburger Grundschulen ein vermehrter Austausch über unterrichtsrelevante Themen, wie Unterrichtsinhalte und Unterrichtsmethoden, statt gefunden hat. Auch Strategien, die hin zu einer positiven Gesamtentwicklung der einzelnen Grundschulen führen sollen, wurden, als Reaktion auf die zurückgemeldeten Ergebnisse aus KESS 4, mehrheitlich entwickelt. Ferner wurden darüber hinaus, nach Angabe der Befragten, Revisionsprozesse im Unterricht angeregt; so gaben rund 51 Prozent der Befragten an, dass an ihrer Schule die Rückmeldung der KESS-4-Ergebnisse zur Verbesserung des Unterrichts beigetragen habe. Wenig Einfluss hingegen scheinen die KESS-4-Rückmeldungen auf die Ausgestaltung der Schulprogramme – und damit auf strategische Lernprozesse – an den einzelnen Grundschulen gehabt zu haben. Nur an rund einem Viertel der Schulen wurden die KESS-4-Ergebnisse zur Überarbeitung des individuellen Schulprogramms genutzt.

5. Zusammenfassung

Nach Rolff (2002) sind Rückmeldungen aus Schulvergleichsuntersuchungen potentiell dazu geeignet, einzelnen Schulen Referenzdaten für die interne Evaluation bereitzustellen. Dass sich auf Basis der extern bereitgestellten Daten jedoch automatisch eine zielgenaue Schul- und Unterrichtsentwicklung ergibt, bezweifelt er hingegen. Seine Zweifel sind sowohl mit system- als auch organisationstheoretischen Annahmen begründet. So legen aktuelle Theorien aus den Bereichen der Organisationsentwicklung und des organisationalen Lernens ebenso wie etablierte Axiome der Systemtheorie die Annahme nahe, dass die Entwicklung von sozialen Einheiten, wie beispielsweise einer Einzelschule, nur aus sich selber heraus und mit den ihr eigenen Leitwerten und Handlungsstrategien gelingen kann. Allein innerhalb der einzelnen Schulen selber kann also bestimmt werden, welche Bedeutung den Ergebnissen aus vergleichenden Untersuchungen für die eigene Situation beigemessen wird und welche Konsequenzen hieraus letztlich erwachsen.

Grundsätzlich ist es notwendig, dass den individuellen Schulen Daten bereitgestellt werden, die von ihnen als relevante Information erachtet werden und die es ihnen ermöglichen abzugleichen, ob anvisierte Ziele erreicht oder verpasst wurden. Einen wichtigen Schritt hin zu einer Plausibilisierung von externen Daten für den Einzelschulgebrauch stellt die Erstellung von fairen Vergleichswerten dar. Da die Verantwortlichen an Einzelschulen sich normalerweise darüber im klaren sind, aus welcher Klientel sich ihre individuelle Schülerschaft zusammensetzt, können Daten, die z. B. den Leistungsstand der eigenen Schülerschaft im Vergleich zu einem landesspezifischen Mittelwert angeben, in der Regel nur äußerst begrenzt dazu beitragen, schulische Entwicklungsprozesse zu stimulieren. Stellt dieser Vergleich doch eher ein Rauschen als eine Information dar, da bekannt ist, dass andere Schulen andere Ergebnisse auch und gerade deshalb erzielen, weil ihre Klientel, ihre Ausstattung oder schlicht ihre räumliche Lage eine vollkommen andere ist als die der eigenen Schule.

Werden hingegen faire Vergleiche gezogen, bietet sich den Schulen die Möglichkeit, anhand von für sie relevanten Informationen zu betrachten ob innerschulisch gesteckte Ziele erreicht wurden oder nicht – und dies im Vergleich zu Schulen mit ähnlichen Voraussetzungen. In KESS 4 wurde entsprechend viel Wert auf die Erstellung eines Maßes gelegt, dass es ermöglicht, Schulen aufgrund der sozialen Voraussetzungen ihrer jeweiligen Schülerschaft vergleichbar zu machen. Angelehnt an den ressourcenorientierten Ansatz Bourdieus (1983) konnte ein Index zur sozialen Belastung generiert werden, der es ermöglicht, faire Vergleiche auch in Gruppen zu gewährleisten, bei denen traditionelle sozioökonomische Maße wie Prestige und Einkommen nicht mehr ausreichend differenzieren. Durch die Zuhilfenahme von Stadtteilstrukturdaten – die vor allem hoch mit den ökonomischen Voraussetzungen der Schülerfamilien an Einzelschulen korrelieren – konnte darüber hinaus sicher gestellt werden, dass Datenausfälle bei der Hintergrundbefragung nur geringe Verzerrungen der für die Schulen erstellten Belastungswerte nach sich zogen.

Die Rückmeldungen in KESS 4 wurden so gestaltet, dass sie größtmögliche Transparenz aufwiesen. Neben der Beschreibung darüber, wie die Vergleichsklassen erstellt wurden, erhielten die Schulen die Mittelwerte und Verteilungen der Leistungsstände auf Klassenebene zurückgemeldet. Darüber hinaus waren den Schulrückmeldungen Beispielaufgaben beigelegt, die neben dem sozialen auch einen kriterialen Vergleich ermöglichen sollten.

Der Rückmeldeprozess wurde sowohl auf administrativer Ebene als auch seitens des Landesinstituts für Lehrerbildung und Schulentwicklung und der Universität Hamburg begleitet. So stellte das Landesinstitut Gesprächsraster zur Verfügung, anhand derer Gespräche zwischen den Schulleitungen und den Fachlehrkräften, den Schulleitungen und der Fachkonferenz sowie den Schulleitungen mit den Schulaufsichten systematisch und zielorientiert – mit Hinblick auf die Schul- und Unterrichtsentwicklung – durchgeführt werden sollten. Das KESS-4-Projektteam an der Universität Hamburg evaluierte darüber hinaus den Rückmeldeprozess mit Hilfe einer Nachbefragung an den Schulen.

Bemerkenswert hoch waren die Bereitschaft, sich mit den KESS-4-Ergebnissen in den Grundschulen auseinander zu setzten sowie die tatsächliche Nutzung der Befunde zur Initiierung von schulinternen Entwicklungsprozessen. Insbesondere die Zusammenarbeit und der Austausch im Kollegium – die von grundlegender Bedeutung für innerschulische Lern- und Entwicklungsprozesse sind – hat bei der Nutzung der Rückmeldeergebnisse an den Schulen eine wichtige Rolle gespielt. So wurde in einer Vielzahl von Kollegien über Klassenunterschiede und die Zusammensetzung der Schülerschaft diskutiert. Auch schulinterne Standards sowie Unterschiede zwischen tatsächlicher und erwarteter Leistung sorgten in der Regel für Gesprächsstoff innerhalb der Lehrerkollegien. Entsprechend wurden die KESS-4-Schulrückmeldungen vor allem zum Anlass für Kommunikationsprozesse über Unterrichtsmethoden und Unterrichtsinhalte genommen, während die zurückgemeldeten Ergebnisse weniger auf die Revision von Schulprogrammen – und damit auf die Überarbeitung von Leitwerten an Schulen – Einfluss ausgeübt haben.

Auch wenn bislang Aussagen über die Nachhaltigkeit der Auseinandersetzung mit der KESS-4-Rückmeldung noch nicht getroffen werden können und die Ergebnisse der Nachbefragung darauf hinweisen, dass der Schwerpunkt der innerschulischen Lernprozesse vor allem auf der Elaboration vorhandener Techniken und Routinen liegt und strategisches Lernen – also das in Frage stellen und Revidieren vorhandener Leitannahmen – nur in wenigen Schulen eine Reaktion auf die KESS-4-Rückmeldungen darstellt, so zeigt sich doch der Wert des Verfahrens. Für einen Großteil der Grundschulen Hamburgs stellen die Schulrückmeldungen aus KESS 4 tatsächlich die intendierte ‚relevante Information' dar, die sie unterstützt, organisationale Lern- und Entwicklungsprozesse selbstgesteuert zu initiieren. Die Nutzung des innovativen Belastungsindex erweist sich dabei als conditio sine qua non für den ‚fairen Vergleich'. Der Index unterstützt die angemessene Interpretation der Leistungsrückmeldung im Kollegium und wird somit zu einem sinnvollen Instrument, mit dem sich Schulentwicklung – nicht allein, aber eben auch – auf Ebene der Einzelschule anregen lässt.

Literatur

Alba, R., Handl, J. & Müller, W. (1994). Ethnische Ungleichheit im deutschen Bildungssystem. *Kölner Zeitschrift für Soziologie und Sozialpsychologie, 46*, 209–237.

Argyris, C. (1992). *On organizational learning*. Cambridge: Blackwell.

Argyris, C. (1997). *Wissen in Aktion*. Stuttgart: Klett-Cotta.

Argyris, C. & Schön, D. (1978). *Organizational learning*. Reading: Addison-Wesley.

Baumert, J., Carstensen, C. & Siegle, T. (2005). Wirtschaftliche, soziale und kulturelle Lebensverhältnisse und regionale Disparitäten des Kompetenzerwerbs. In M. Prenzel, J. Baumert, W. Blum, R. H. Lehmann, D. Leutner, M. Neubrand, R. Pekrun, J. Rost & U. Schiefele (Hrsg.), *PISA 2003. Der zweite Vergleich der Länder in Deutschland – Was wissen und können Jugendliche?* (S. 330–365). Münster: Waxmann.

Bonsen, M., Büchter, A. & Peek, R. (2006). Datengestützte Schul- und Unterrichtsentwicklung. Bewertungen der Lernstandserhebungen in NRW durch Lehrerinnen und Lehrer. In W. Bos, H. G. Holtappels, H. Pfeiffer & R. Schulz-Zander (Hrsg.), *Jahrbuch der Schulentwicklung, Bd. 14. Daten, Beispiele und Perspektiven* (S. 125–148). Weinheim: Juventa.

Bonsen, M., von der Gathen, J. & Altrichter, H. (2001). Die Schlussfolgerungsleiter – eine Methode nicht nur für die Beratungspraxis. *Journal für Schulentwicklung, 5* (1), 46–51.

Bos, W., Pietsch, M., Gröhlich, C. & Janke, N. (2006). Ein Belastungsindex für Schulen als Grundlage der Ressourcenzuweisung am Beispiel von KESS 4. Versuch einer Klassifizierung von Schultypen. In W. Bos, H. G. Holtappels, H. Pfeiffer & R. Schulz-Zander (Hrsg.), *Jahrbuch der Schulentwicklung, Bd. 14. Daten, Beispiele und Perspektiven* (S. 149–160). Weinheim: Juventa.

Bourdieu, P. (1983). Ökonomisches Kapital, kulturelles Kapital, soziales Kapitel. In R. Kreckel (Hrsg.), *Soziale Ungleichheiten* (S. 183–198) (Soziale Welt, Sonderbd. 2). Göttingen: Schwartz.

Brentel, H. (2000). Chris Argyris/Donald Schön – Organizational learning. In K. Türk (Hrsg.), *Hauptwerke der Organisationstheorie* (S. 15–18). Wiesbaden: Westdeutscher Verlag.

Coleman, J. S. (1996). Der Verlust sozialen Kapitals und seine Auswirkungen auf die Schule. *Zeitschrift für Pädagogik, 34. Beiheft*, 99–105.

Förster, H. v. (1960). On self-organizing systems and their environments. In M. C. Yovits & S. Cameron (Hrsg.), *Self-organizing systems* (S. 31–50). London: Pergamon.

Friedrichs, J. (2000). Gruppenspezifische Ausprägungen sozialer Ungleichheit in Städten. Ethnische Segregation im Kontext allgemeiner Segregationsprozesse in der Stadt. In A. Harth, G. Scheller & W. Tessin (Hrsg.), *Stadt und soziale Ungleichheit* (S. 174–196). Opladen: Leske + Budrich.

Häußermann, H. & Siebel, W. (2000). Städte zwischen Segregation und Integration. Wohnverhältnisse und Ungleichheit. In A. Harth, G. Scheller & W. Tessin (Hrsg.), *Stadt und soziale Ungleichheit* (S. 120–140). Opladen: Leske + Budrich.

Kohler, B. & Schrader, F.-W. (Hrsg.). (2004). *Ergebnisrückmeldung und Rezeption. Von der externen Evaluation zur Entwicklung von Schule und Unterricht* (Empirische Pädagogik, 18. Themenheft). Landau: Empirische Pädagogik.

Kuper, H. & Schneewind, J. (2006). *Rückmeldung und Rezeption von Forschungsergebnissen. Zur Verwendung wissenschaftlichen Wissens im Bildungsbereich.* Münster: Waxmann.

Luhmann, N. (1984). *Soziale Systeme. Grundriss einer allgemeinen Theorie.* Frankfurt a. M.: Suhrkamp.

Luhmann, N. (1998). *Die Gesellschaft der Gesellschaft. Bd. 1 und 2.* Frankfurt a. M.: Suhrkamp.

Peek, R. (2006). Datenindizierte Schulentwicklung. In H. Buchen & H.-G. Rolff (Hrsg.), *Professionswissen Schulleitung* (S. 1343–1366). Weinheim: Beltz.

Rolff, H.-G. (2002). Rückmeldung und Nutzen der Ergebnisse von großflächigen Leistungsuntersuchungen. In H.-G. Rolff, H. G. Holtappels, K. Klemm, H. Pfeiffer & R. Schulz-Zander (Hrsg.), *Jahrbuch der Schulentwicklung, Bd. 12. Daten, Beispiele und Perspektiven* (S. 75–98). Weinheim: Juventa.

Watermann, R., Stanat, P., Kunter, K., Klieme, M. & Baumert, J. (2003). Möglichkeiten und Grenzen der Nutzung von Schulrückmeldungen im Rahmen von Schulleistungsuntersuchungen: Das Disseminationskonzept von PISA 2000. *Zeitschrift für Pädagogik, 49* (1), 92–111.

Abbildungsverzeichnis

Tabellenverzeichnis

HANSE – Hamburger Schriften zur Qualität im Bildungswesen

Band 2

Wilfried Bos, Carola Gröhlich, Marcus Pietsch (Hrsg.)

KESS 4 – Lehr- und Lernbedingen in Hamburger Grundschulen

2007, 270 Seiten, br., 19,90 €, ISBN 978-3-8309-1792-2

Längsschnittstudien im Bildungsbereich sind in Deutschland rar. Diese Lücke wird mit der Studie „Kompetenzen und Einstellungen von Schülerinnen und Schülern" (KESS) aufgefüllt. Im Rahmen von KESS wird eine Schülerpopulation an Hamburger Schulen systematisch zu mehreren Testzeitpunkten während ihrer Schulzeit begleitet. Dabei werden Fachleistungen, kognitive Kompetenzen und motivationale Aspekte ebenso berücksichtigt wie schulische und familiale Hintergründe. Mit den beiden Bänden aus KESS 4 *Kompetenzen und Einstellungen von Schülerinnen und Schülern am Ende der Jahrgangsstufe 4 in Hamburger Grundschulen* (Band 1) und *Lehr- und Lernumgebungen in Hamburger Grundschulen* (Band 2) Ergebnisse des ersten Messzeitpunktes zum Ende der vierten Jahrgangsstufe dargestellt.

HANSE – Hamburger Schriften zur Qualität im Bildungswesen

Band 3

Ulrich Trautwein, Olaf Köller, Rainer Lehmann, Oliver Lüdtke (Hrsg.)

Schulleistungen von Abiturienten

Regionale, schulformbezogene und soziale Disparitäten

2007, 170 Seiten, br., 19,90 €, ISBN 978-3-8309-1783-0

Welchen Leistungsstand erreichen Abiturienten in Mathematik, Englisch und den Naturwissenschaften? Wie stark fallen die Unterschiede zwischen einzelnen Bundesländern sowie traditionellem Gymnasium, Gesamtschule und beruflichem Gymnasium aus? Steht der familiäre Hintergrund in einem Zusammenhang mit dem Schulformbesuch und dem Leistungsstand? Diese Fragen stehen im Mittelpunkt dieses Bands, mit dem erstmalig für zwei Länder der Bundesrepublik Deutschland (Baden-Württemberg und Hamburg) ein systematischer Benchmark-Vergleich der Schulleistungen der Abiturienten vorliegt.

Die Befunde weisen auf substanzielle und praktisch relevante Bundesland- und Schulformunterschiede hin. Das Buch ist ein eindrucksvoller Beleg dafür, dass die Zeit, in der man sich in Hinblick auf die Erträge des Bildungssystems lieber auf Mutmaßungen und die Vorgabe von Lehrplänen als auf die Überprüfung der tatsächlich erreichten Leistungsstände verließ, vorbei ist.

Wilfried Bos, Eva-Maria Lankes, Manfred Prenzel, Knut Schwippert, Renate Valtin, Gerd Walther (Hrsg.)

IGLU

Vertiefende Analysen zu Leseverständnis, Rahmenbedingungen und Zusatzstudien

2005, 432 Seiten, br., 29,90 €, ISBN 978-3-8309-1580-5

Nachdem in den ersten beiden IGLU-Bänden die Leseleistung deutscher Schüler im internationalen und nationalen Vergleich analysiert wurden, werden hier zum einen weitere Analysen der Ergebnisse vorgelegt und zum anderen die Rahmenbedingungen schulischer Leistungen beschrieben und Zusatzstudien vorgestellt. Im Mittelpunkt stehen unter anderem der Leseverständnisprozess, die Lesekompetenzen in sehr leistungsschwachen Ländern, orthographischen Kompetenzen sowie die Beziehungen zwischen der Leseleistung und dem Textschreiben. Eine wichtige Rolle spielen außerdem die Faktoren Schulorganisation und Lernkultur und deren möglicher Einfluss auf die Lernleistungen.

Skalenhandbuch zur Dokumentation der Erhebungsinstrumente

2005, 456 Seiten, br., 89,00 €, ISBN 978-3-8309-1581-2

In dieser Skalendokumentation werden die von der internationalen Studienleitung (Boston College, Lynch School of Education) entwickelten und freigegebenen Instrumente als auch die im Rahmen der nationalen Ergänzungen entwickelten Erweiterungen (IGLU-E) dokumentiert.

Einige Länder der Bundesrepublik Deutschland im nationalen und internationalen Vergleich

2004, 236 Seiten, br., 16,90 €, ISBN 978-3-8309-1360-3

Dargestellt werden die Leistungen im Lesen, in Mathematik, in den Naturwissenschaften und in der Orthographie. Zur Einordnung der Ergebnisse werden die unterschiedlichen Ausgangsbedingungen der Schülerinnen und Schüler in den berichteten Ländern berücksichtigt

PISA-Konsortium Deutschland (Hrsg.)

PISA 2003

Untersuchungen zur Kompetenzentwicklung im Verlauf eines Schuljahres

2006, 330 Seiten, br., 19,90 €, ISBN 978-3-8309-1700-7

Dieser dritte Bericht des PISA-Konsortiums Deutschland stellt die Ergebnisse der an PISA 2003 angekoppelten Messwiederholung vor. Er legt offen, was Jugendliche an deutschen Schulen in einem Schuljahr lernen und wie ihre Kompetenzentwicklung durch das häusliche und schulische Umfeld beeinflusst wird.

Dokumentation der Erhebungsinstrumente

2006, 416 Seiten, br., 68,00 €, ISBN 978-3-8309-1606-2

Dieser Band dokumentiert die nationalen und internationalen Erhebungsverfahren, die bei PISA 2003 in Deutschland zum Einsatz gekommen sind. Es werden die Fragebögen im Wortlaut vorgestellt und für alle Erhebungsinstrumente die empirischen Kennwerte berichtet, die für die Einschätzung der Verfahren erforderlich sind. Der Band richtet sich an Wissenschaftlerinnen und Wissenschaftler, die im Feld der Bildungsforschung arbeiten bzw. an alle, die besser verstehen wollen, wie die Befunde bei PISA zustande kommen.

Der zweite Vergleich der Länder in Deutschland – Was wissen und können Jugendliche?

2005, 416 Seiten, br., 19,90 €, ISBN 978-3-8309-1560-7

Dieser Band ordnet die Befunde über die Kompetenzen der Schülerinnen und Schüler aus den Ländern international ein und gibt die Möglichkeit, die Ergebnisse innerhalb der Bundesrepublik Deutschland zu vergleichen.